"十二五"国家重点出版物出版规划项目

中国石油大学（华东）"211工程"建设重点资助系列学术专著

缝洞型碳酸盐岩油藏数值模拟

FRACTURED VUGGY CARBONATE RESERVOIR SIMULATION

姚 军 黄朝琴 等 著

中国石油大学出版社

CHINA UNIVERSITY OF PETROLEUM PRESS

图书在版编目(CIP)数据

缝洞型碳酸盐岩油藏数值模拟/姚军,黄朝琴等著
.—东营:中国石油大学出版社,2014.11
ISBN 978-7-5636-4549-7

Ⅰ.①缝… Ⅱ.①姚… ②黄… Ⅲ.①碳酸盐岩油气藏—油藏数值模拟②碳酸盐岩油气藏—气藏数值模拟
Ⅳ.①TE344

中国版本图书馆 CIP 数据核字(2014)第 263350 号

书　　名:缝洞型碳酸盐岩油藏数值模拟
作　　者:姚　军　黄朝琴 等
责任编辑:穆丽娜(电话 0532—86981531)
封面设计:悟本设计
出 版 者:中国石油大学出版社(山东 东营　邮编 257061)
网　　址:http://www.uppbook.com.cn
电子信箱:shiyoujiaoyu@126.com
印 刷 者:山东临沂新华印刷物流集团有限责任公司
发 行 者:中国石油大学出版社(电话 0532—86981532,86983437)
开　　本:185 mm×260 mm　印张:11.5　字数:280 千字
版　　次:2014 年 12 月第 1 版第 1 次印刷
定　　价:68.00 元

总　序

　　"211工程"于1995年经国务院批准正式启动,是新中国成立以来由国家立项的高等教育领域规模最大、层次最高的工程,是国家面对世纪之交的国内国际形势而作出的高等教育发展的重大决策。"211工程"抓住学科建设、师资队伍建设等决定高校水平提升的核心内容,通过重点突破,带动高校整体发展,探索了一条高水平大学建设的成功之路。经过17年的实施建设,"211工程"取得了显著成效,带动了我国高等教育整体教育质量、科学研究、管理水平和办学效益的提高,初步奠定了我国建设若干所具有世界先进水平的一流大学的基础。

　　1997年,中国石油大学跻身"211工程"重点建设高校行列,学校建设高水平大学面临着重大历史机遇。在"九五"、"十五"、"十一五""211工程"的三期建设过程中,学校始终围绕提升学校水平这个核心,以面向石油石化工业重大需求为使命,以实现国家油气资源创新平台重点突破为目标,以提升重点学科水平,打造学术领军人物和学术带头人,培养国际化、创新型人才为根本,坚持有所为、有所不为,以优势带整体,以特色促水平,学校核心竞争力显著增强,办学水平和综合实力明显提高,为建设石油学科国际一流的高水平研究型大学打下良好的基础。经过"211工程"建设,学校石油石化特色更加鲜明,学科优势更加突出,"优势学科创新平台"建设顺利,5个国家重点学科、2个国家重点(培育)学科处于国内领先、国际先进水平。根据ESI 2012年3月更新的数据,我校工程学和化学2个学科领域首次进入ESI世界排名,体现了学校石油石化主干学科实力和水平的明显提升。高水平师资队伍建设取得实质性进展,培养汇聚了两院院士、长江学者特聘教授、国家杰出青年基金获得者、国家"千人计划"、"百千万人才工程"入选者等一批高层次人才队伍,为学校未来发展提供了人才保证。科技创新能力大幅提升,高层次项目、高水平成果不断涌现,年到位科研经费突破4亿元,初步建立起石油特色鲜明的科技创新体系,成为国家科技创新体系的重要组成部分。创新人才培养能力不断提高,开展"卓越工程师教育培养计划"和拔尖创新人才培育特区,积极探索国际化人

1

才的培养,深化研究生培养机制改革,初步构建了与创新人才培养相适应的创新人才培养模式和研究生培养机制。公共服务支撑体系建设不断完善,建成了先进、高效、快捷的公共服务体系,学校办学的软硬件条件显著改善,有力保障了教学、科研以及管理水平的提升。

17年来的"211工程"建设轨迹成为学校发展的重要线索和标志。"211工程"建设所取得的经验成为学校办学的宝贵财富。一是必须要坚持有所为、有所不为,通过强化特色、突出优势,率先从某几个学科领域突破,努力实现石油学科国际一流的发展目标。二是必须坚持滚动发展、整体提高,通过以重点带动整体,进一步扩大优势,协同发展,不断提高整体竞争力。三是必须坚持健全机制、搭建平台,通过完善"联合、开放、共享、竞争、流动"的学科运行机制和以项目为平台的各项建设机制,加强统筹规划、集中资源力量、整合人才队伍,优化各项建设环节和工作制度,保证各项工作的高效有序开展。四是必须坚持凝聚人才、形成合力,通过推进"211工程"建设任务和学校各项事业发展,培养和凝聚大批优秀人才,锻炼形成一支甘于奉献、勇于创新的队伍,各学院、学科和各有关部门协调一致、团结合作,在全校形成强大合力,切实保证各项建设任务的顺利实施。这些经验是在学校"211工程"建设的长期实践中形成的,今后必须要更好地继承和发扬,进一步推动高水平研究型大学的建设和发展。

为更好地总结"211工程"建设的成功经验,充分展示"211工程"建设的丰富成果,学校自2008年开始设立专项资金,资助出版与"211工程"建设有关的系列学术专著,专款资助石大优秀学者以科研成果为基础的优秀学术专著的出版,分门别类地介绍和展示学科建设、科技创新和人才培养等方面的成果和经验。相信这套丛书能够从不同的侧面、从多个角度和方向,进一步传承先进的科学研究成果和学术思想,展示我校"211工程"建设的巨大成绩和发展思路,从而对扩大我校在社会上的影响,提高学校学术声誉,推进我校今后的"211工程"建设有着重要而独特的贡献和作用。

最后,感谢广大学者为学校"211工程"建设付出的辛勤劳动和巨大努力,感谢专著作者孜孜不倦地整理总结各项研究成果,为学术事业、为学校和师生留下宝贵的创新成果和学术精神。

中国石油大学(华东)校长

2012年9月

序

我国海相碳酸盐岩石油资源量达 150 亿吨，其中缝洞型油藏约占 60％，开发潜力巨大。然而，缝洞型碳酸盐岩油藏与常规碎屑岩油藏差异较大，表现在：① 缝洞型碳酸盐岩油藏储集类型多样，包括裂缝、溶洞和孔隙；② 缝洞型碳酸盐岩油藏储集空间的尺度变化范围大，从微米粒间孔隙到数十米甚至数公里的大尺度储集体都可能存在，比如大型裂缝和溶洞；③ 缝洞型碳酸盐岩油藏储集体空间分布复杂，一般具有各向异性、强烈非均质性的特点，且储集体间的连通性差、流体流动状态及油水关系复杂。现有的渗流理论和流动模拟方法已不适用于此类油气藏。目前国内外在缝洞型碳酸盐岩油藏的流动规律和数值模拟方面尚未形成相应的理论和方法。本书作者参加了两期"缝洞碳酸盐岩油藏开发基础理论研究"的 973 项目，提出了以离散介质模型为基础的缝洞型碳酸盐岩油藏数值模拟新思路，建立了一套适用于缝洞型碳酸盐岩油藏的流动数值模拟的理论和方法。

本书首先基于离散裂缝网络模型，利用 Galerkin 有限元、有限体积法和模拟有限差分等方法，形成了裂缝型碳酸盐岩油藏的流动数值模拟理论和方法。然后，针对缝洞型碳酸盐岩油藏提出了离散缝洞网络模型，将缝洞型介质划分为基岩、裂缝和溶洞三种介质系统，其中基岩和裂缝系统为渗流区域，而溶洞系统为自由流区域，成功刻画了缝洞型介质中的耦合流动和多尺度特征，基于体积平均方法建立了相应的两相流数学模型，结合有限元和有限体积方法，创建了离散缝洞网络模型流动数值模拟理论和方法。其次，在离散介质模型的基础上，基于等效渗透率张量建立了一套缝洞型碳酸盐岩油藏的等效介质流动数值模拟理论和方法。最后，针对缝洞型介质的多尺度特征，利用多尺度有限元方法创建了缝洞型碳酸盐岩油藏的流动数值模拟方法,提高了计算效率。

  《缝洞型碳酸盐岩油藏数值模拟》专著是姚军教授及其科研团队多年来的成果总结,该书的出版具有重要的学术意义,可为缝洞型碳酸盐岩油藏的高效开发提供理论基础和技术支持。

973 项目"碳酸盐岩缝洞型油藏开发基础"首席

中国工程院院士

李阳

2014 年 11 月

前　言

我国缝洞型碳酸盐油藏资源丰富,具有广阔的勘探开发前景,是今后增储上产的重要阵地。由于沉积成因不同,缝洞型碳酸盐岩油藏和常规砂岩油藏在地质特征和开发动态方面存在很大差异。缝洞型碳酸盐岩油藏的储集空间类型多样、多尺度特征显著、形态不规则、分布不连续,为典型的离散介质;其中的流体流动既有渗流又存在溶洞中的自由流,为典型的多尺度耦合流动问题。现有的渗流模型及数值模拟方法已不完全适用于此类油藏。

本书从离散介质概念出发,在经典的离散裂缝模型基础上,增加溶洞系统并提出了离散缝洞网络模型,以适用于缝洞型碳酸盐岩油藏的研究,本书主要内容即围绕该模型展开。首先,在第2章中详细介绍了离散裂缝模型的基本原理及目前常用的几种数值模拟方法,包括 Galerkin 有限元、控制体积和模拟有限差分方法等,重点阐述了嵌入式离散裂缝模型及其数值模拟方法。第3章在离散裂缝模型的基础上,增加溶洞系统,以刻画缝洞型碳酸盐油藏中的渗流-自由流耦合流特征;并从孔隙尺度上的 Navier-Stokes 方程出发,基于体积平均方法建立了离散缝洞网络模型的宏观两相流动数学模型。渗流区域为经典的离散裂缝模型,自由流区域为经典的宏观两流体模型,应用上游迎风 Petrov-Galerkin 有限元进行数值模拟,采用交替求解方案实现耦合。第4章基于离散介质模型,建立了一套等效介质数值模拟方法和技术,重点介绍了缝洞型介质的等效渗透率张量、拟相对渗透率、拟毛管压力的求取方法,并基于混合有限元建立了一套全张量数值模拟技术。第5章针对缝洞型介质的强烈的非均质性和多尺度性,提出并建立了混合模型,详细介绍混合模型的分类及其基本原理,并给出了相应的流动数值模拟方法和技术。为降低计算量、提高计算效率,在第6

1

章中引入了多尺度数值模拟,详细介绍了各种多尺度数值方法及其研究现状,介绍了离散裂缝、离散缝洞网络模型的多尺度有限元及多尺度混合有限元数值模拟方法和技术,重点阐述了多尺度基函数及其边界条件的建立。

本书出版得到了国家重点基础研究发展计划(973)课题"缝洞型碳酸盐岩油藏流动机理研究"(编号:2006CB202404)、"碳酸盐岩缝洞型油藏开采机理及数值模拟研究"(编号:2011CB201004)、国家重大科技专项"离散裂缝网络油藏数值模拟技术"(编号:2008ZX05014-005-003HZ)和"离散缝洞网络油藏数值模拟技术"(编号:2011ZX05014-005-003HZ)、"十二五"国家重点出版物出版规划项目及中国石油大学(华东)"211工程"建设重点资助系列学术专著资助与支持,在此表示衷心感谢!

本书总体框架和前四章内容由姚军和黄朝琴撰写,第5章由王月英执笔,第6章由姚军和张娜撰写,严侠参与撰写第2章和第4章。全书由姚军和黄朝琴统稿。

期望本书对于从事油气田开发,特别是缝洞型碳酸盐岩油藏开发的技术人员和科技工作者,能够提供一定的借鉴和参考价值。

作　者
2014 年 11 月

目　录

第 1 章 绪 论

1.1 研究背景

随着经济的快速发展,我国已经成为世界第二大能源消费国,石油需求量由 2005 年的 3.2×10^8 t 上升到 2013 年的 4.98×10^8 t,年均增长率达到 7.43%。自 1993 年成为石油净进口国以来,我国年进口石油从 1993 年的 1.567×10^7 t 迅速增加到 2013 年的 2.89×10^8 t,石油对外依存度已高达 58%,并有进一步加大的趋势[1]。为了保证我国经济的可持续发展,石油工业面临着严峻的挑战。

石油主要储存在陆相碎屑岩储层和海相碳酸盐岩储层中,后者又可以细分为孔隙型、裂缝-孔隙型和缝洞型三大类。陆相生油理论和注水开发理论奠定了我国石油工业半个世纪以来快速稳定发展的基础。随着陆相盆地勘探开发程度的提高,其勘探开发难度越来越大,我国勘探开发重点也由东部向西部转移、由陆相向海相转移。目前,世界已探明储量中碳酸盐岩油气藏储量约占 50%,产量占 60% 以上。我国海相碳酸盐岩油气资源量大于 300×10^8 t 油当量,石油资源量约 150×10^8 t,主要分布在塔里木盆地和华北地区,但探明率仅为 11%,其中缝洞型油藏占探明储量的 2/3,是今后增储的主要领域[2]。

我国缝洞型碳酸盐岩油藏开发已有二十多年的历史,胜利桩西油田于 1986 年投入开发,塔河油田也有十多年的开发历史。塔河油田目前以天然能量为主体开发方式,部分实施单井注水替油和缝洞单元注水开发试验,取得了较好的增加可采储量、增加产量的效果,但总体开发效果有待于进一步提高。目前,此类油藏的采收率只有 13%~15%,资源利用率低,不到碎屑岩的一半,产量年递减也高达 25% 以上,其主要原因之一是对油藏流体流动规律认识不清[3]。

缝洞型碳酸盐岩油藏一般经历多期构造运动、多期岩溶叠加改造、多期成藏等过程;储层介质具有强烈的非均质各向异性特点,储集空间类型多样化,油水关系复杂,多种流动形式共存;流体在其中的流动不仅有渗流而且存在大空间自由流动,流态从层流到湍流均有可能,是一种复杂的耦合流动[4]。因此,以传统渗流力学为基础的理论模型和方法已不完全适用于此类油藏的研究,建立一套适用于缝洞型油藏的流体流动数学模型和数值模拟方法亟待解决。

1.2 缝洞型油藏特点及流动模型

与常规的碎屑岩油藏不同,缝洞型碳酸盐岩油藏具有极强的非均质性和显著的多尺度特征,主要表现在:① 介质的储集类型多样,包括裂缝、溶洞和孔隙三大类别;② 介质的储集空间尺度变化范围大,尤其是裂缝和溶洞的空间大小可从毫米级跨越到米级;③ 受后期构造运动影响,裂缝和溶蚀孔洞充填比较严重,加剧了储层的非均质性,既有砂、泥质等机械物理充填,又存在硅质、方解石等化学充填。上述介质特点导致缝洞型碳酸盐岩油藏中的流体流动规律异常复杂,如何对其进行流动数值模拟和预测一直是缝洞型碳酸盐岩油藏开发中所面临的难题。

1) 三重介质模型

目前,在缝洞型碳酸盐岩油藏数值模拟研究中,大都仍是沿用或借鉴对裂缝性介质渗流特征的研究方法,主要包括双重介质、三重介质及其扩展的多重介质模型。这些方法仍属于传统的连续介质渗流力学范畴。双重介质模型于 20 世纪 60 年代由 Barrenblatt 等针对基岩-裂缝介质系统建立[5]。随后,Warren 和 Root 建立了更为完善的 Worren-Root 双重介质模型[6],目前该模型广泛应用于裂缝性油藏数值模拟中。之后,对双重介质模型的研究主要集中于基质和裂缝间窜流函数的计算,包括 Kazemi,Saidi,Thomas,Coats,Ueda 等[7-11]。最近,Pruess 等在双重介质模型基础上,对基岩网格进一步细分,提出了 MINC(Multiple INteraction Continua)模型[12,13]。然而,在缝洞型碳酸盐岩油田开发过程中遇到了一些特殊的现象和问题,利用现有的双重介质理论无法解释。例如,塔河油田的滚动勘探开发实践表明,缝洞型碳酸盐岩油藏存在第三种不可忽视的储渗空间,即溶洞系统。对此,沿用双重介质模型的研究思路,研究学者提出并建立了三重介质渗流模型,以刻画基岩-裂缝-溶洞介质系统的渗流特征[14]。目前,三重介质模型的研究主要集中于试井分析领域,通过试井曲线可识别油藏是否具有三重介质特征[2,15,16]。最近,康志江等将三重介质模型逐渐扩展至油藏数值模拟研究中[17,18]。

三重介质模型在一定程度上刻画了缝洞型介质中的优先流现象,同时考虑了裂缝-基岩-溶洞介质系统间的物质交换,较为符合实际。然而,该模型假设基岩和溶洞系统被裂缝分割成具有相同大小和形状的介质,过于简化,不能充分表征缝洞型介质的不连续、多尺度等特征。同时,对于如何确定介质间的物质交换系数,仍缺乏相应的理论和方法,尤其是对两相或多相流问题,其难点在于如何将重力和润湿性的影响机制有效地引入窜流函数中。此外,三重介质模型仍属于连续性介质模型,其三重连续性假设也只有在裂缝和溶洞发育程度高且连通性较好的情况下才成立;同时,三重介质模型并没有刻画出缝洞型介质中的多尺度耦合流动特征。因此,很多情况下其计算结果与实际相差较大。

2) 等效介质模型

与双重介质和三重介质模型不同,等效介质模型将整个缝洞介质视为一个连续性系统,通过等效参数来表征其非均质性。该模型计算效率高,参数需求简单,在岩石水力学中得到了长足的发展[19]。目前,该模型的研究大都仍局限于裂缝性介质中的单相流,对两相或多相流问题以及缝洞型介质,如何获取相应的等效参数(如等效渗透率参数和等效毛管力曲线等),尚未有成熟的理论和方法[20,21]。等效介质模型的理论基础为尺度升级理论,其数学本质是对数学模型进行降阶处理,因此,升级后的模型为宏观大尺度模型,人为地抹平了裂缝和缝洞型介质的强烈非均质性和多尺度特征。对此,黄朝琴等提出了超样本单元技术来刻画裂缝介质的宏观非均质性以及单元间裂缝的连通性,单相流计算结果较传统等效介质模型有一定的提高[22],但两相流和多相流计算结果仍存在较大误差。其根本原因在于等效介质模型过于宏观简化,不能充分捕捉裂缝性介质的小尺度特征。

3) 离散介质模型

碳酸盐岩储层在经历了长期的地质作用后,会产生不同类型、不同规模和不同力学性质的不连续面,包括节理、裂缝和断层;同时,在经历了不同时期的岩溶和冲蚀作用下,会形成离散的溶洞系统。因此,所有发育着裂缝和溶洞的岩体,从几何上来讲都是非连续的,应属于离散介质。如果能够得到准确的离散裂缝或缝洞网络模型,则能精细地刻画出缝洞型介质中的流体流动规律。对于表征单元体(Representative Elementary Volume,REV)不存的地层,上述两种连续性介质模型将会失效,此时离散介质模型优势明显。

离散裂缝的概念最早由 Snow 针对岩石水力学问题提出[23]。目前,油藏数值模拟中所涉及的离散裂缝模型则是由 Noorishad 和 Mehran 于 1982 年提出[24],他们采用具有上游迎风格式的有限元方法来求解裂缝性介质中的二维溶质扩散-对流问题,计算过程中基岩采用二维面单元进行离散,裂缝采用降维的一维线单元,应用叠加原理将两者耦合起来。由于当时裂缝性油藏数值模拟基本采用双重介质模型和有限差分法,该模型自提出后并未受到石油工业界的重视。直到 1999 年,Kim 和 Deo 才将其应用于裂缝性油藏数值模拟中[25],并对二维离散裂缝模型油水两相流问题进行了研究。近 15 年来,离散裂缝模型在裂缝性油藏数值模拟中得到了长足的发展,涌现出多种数值离散格式,数值方法囊括了有限差分法、伽辽金有限元法、控制体积法、有限体积法、混合有限元法和模拟有限差分法等。借鉴对裂缝性介质的研究方法和成果,姚军等针对缝洞型介质的特点提出了离散缝洞网络模型(Discrete Fracture-Vug Network Model,DFVN)[26],该模型在离散裂缝模型的基础上增加了溶洞系统,使其能适用于缝洞型介质的研究,是离散裂缝模型的有效延伸和拓展。

离散介质模型对介质中的裂缝或溶洞予以显式表征,应用流量等效原理将裂缝中的流动视为渗流,该模型具有计算精度高、拟真性好的优点,同时,该模型还可用于求解双重介质和等效介质模型的相关等效参数。近年来,随着地质建模技术的不断发展,目前已经能够建立精细的多尺度离散裂缝或缝洞地质模型,但相应的流动数值模拟方法和技术尚未形成。

1.3　本书内容和结构

近年来,笔者针对离散介质模型流动模拟开展了深入而系统的研究,形成了缝洞型碳酸盐岩油藏的离散介质流动数值模拟体系。本书主要内容和结构如下。

第 2 章离散裂缝模型数值模拟　首先简要介绍离散裂缝模型的基本原理,并对其流动数值模拟研究现状进行回顾。随后针对离散裂缝模型,基于多种数值求解方法推导建立相应的数值计算格式,包括有限单元法、有限体积法、模拟有限差分方法等。针对目前离散裂缝模型在非结构网格划分中面临的挑战,进一步基于模拟有限差分法建立嵌入式离散裂缝数值计算模型,旨在充分利用现有成熟的有限差分油藏数值模拟器。该模型能适用于离散裂缝模型的复杂几何形态,无须进行非结构化网格剖分,属于典型的非匹配网格模型,可大大减少计算量。

第3章离散缝洞网络模型数值模拟　在离散裂缝模型的基础上,增加了溶洞系统,首次提出离散缝洞网络模型。该模型将缝洞型介质划分为基质岩块(包含微裂缝和溶孔)、宏观裂缝和溶洞三大系统,其中基质岩块和裂缝系统为渗流区域,溶洞系统为自由流区域。首先,基于体积平均法通过两次尺度升级推导建立渗流-自由流相耦合的两相流数学模型,其中渗流区域为经典的 Darcy 渗流模型,自由流区域为宏观两流体模型,基于质量和动量守恒建立了两相流耦合界面条件。随后,在渗流区域通过对裂缝的降维处理建立了离散裂缝模型,基于 Galerkin 有限元推导相应的两相流数值计算格式;在自由流区域应用上游迎风Petrov-Galerkin 有限元对宏观两流体数学模型进行数值离散,采用算子分裂方法予以求解,应用交替求解方案实现离散缝洞网络模型的耦合两相流动模拟。

第4章等效介质模型数值模拟　基于离散裂缝和离散缝洞网络模型创建一套等效介质流动模拟理论和方法,以适用于油田级大尺度的流动模拟研究。首先,基于体积平均、均匀化理论等尺度升级理论,推导得到介质的等效绝对渗透率张量。然后,基于裂缝或缝洞优先流特点建立一套计算等效相对渗透率和毛管力曲线的解析方法。最后,分别应用混合有限元和有限体积法求解压力方程和饱和度方程,采用 IMPES 顺序求解方案编制高效的全张量数值模拟器,并通过算例验证理论和方法的正确性。

第5章混合模型数值模拟　复杂的裂缝性介质大多具有强烈的非均质性和裂缝尺度多样性,对此提出并建立混合模型,介绍混合模型的流动数值模拟方法和技术。首先,给出裂缝系统的尺度判别准则,在此基础上针对不同尺度和规模的裂缝采用不同的流动数学模型,并给出混合模型的不同分类。随后,重点阐述横向和纵向耦合模型的基本原理和数值计算方法及其耦合条件的建立,并给出相应的算例验证。

第6章多尺度数值模拟　首先阐述引入多尺度数值模拟方法的必要性及其研究现状,并简要介绍各种多尺度计算方法的基本原理及其应用。随后,针对缝洞型油藏的特征,重点阐述多尺度有限元方法的基本原理,针对离散裂缝和缝洞模型,建立相应的多尺度有限元、多尺度混合有限元数值计算格式,创建相适应的多尺度基函数,详细讨论多尺度基函数边界条件的建立。最后,形成适用于强烈非均质油藏、裂缝性油藏以及缝洞型油藏的油水两相流多尺度有限元数值模拟技术。

第 2 章　离散裂缝模型数值模拟

2.1　研究现状与发展动态

　　裂缝是指岩石中由于变形或物理成岩作用形成的不连续面,它是最小的地质构造[27]。几乎所有地壳中的岩石都存在裂缝。在地下流体动力学中,把裂缝发育的岩体称为裂缝介质,其两相渗流问题广泛存在于油气田开发、地下水污染治理和地下核废料处理等工程中[28,29]。裂缝介质一般划分为两大类:单一孔隙型和孔隙-裂缝型。这两类介质都由裂缝网络及包围着的岩块所组成,其区别在于岩块的渗透性:前者忽略了岩块的储渗能力,流体仅在裂缝网络中流动;后者则不忽略岩块的储渗性,流体在整个岩体中流动。裂缝的分布通常具有很强的随机性,其大小具有显著的多尺度特征[19,20,30](见图 2-1),因此,要建立一套准确有效的流动数学模型及其数值模拟方法是非常困难的,这也是当前石油工业界和岩石水力学中的研究热点[31-36]。

图 2-1　不同尺度下的裂缝介质

　　自 20 世纪 80 年代以来,离散裂缝模型(DFM)得到了极大的发展。DFM 的主要特点是对裂缝进行显式表示和降维处理,裂缝被看作是一个实体,裂缝和基岩之间不需要通过建立窜流函数来建立联系。该模型不仅降低了运算量和数据量,而且不影响计算精度。同时,模型考虑了基岩的渗透性,认为流体同时在基岩和裂缝内流动。因此,离散裂缝模型不仅可以精细刻画流体在裂缝内的流动特征,而且能够更好地描述裂缝介质的非均质性特征和独特的渗流特征。

　　离散裂缝模型最早是由 Noorishad 和 Mehran[24]针对二维孔隙介质中的单相渗流问题提出的。在该模型中,裂缝被看作是一维实体,采用有限元法求解瞬态运输方程。Kim 和 Deo[25]则是采用有限单元对离散裂缝模型进行离散化,基岩和裂缝组合是根据叠加原理,采用压力和饱和度全隐式格式及牛顿法求解非线性偏微分方程。

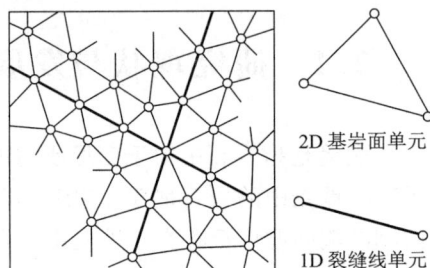

2D 基岩面单元

1D 裂缝线单元

图 2-2　离散裂缝模型网格剖分示意图

　　2003 年,Karimi-Fard 和 Firoozabadi[37]运用离散裂缝模型解决裂缝性介质的两相流渗流问题。如图 2-2 所示,该模型对裂缝使用线元进行离散,然后对基岩采用三角形等不规则网格单元进行离散,并基于隐式压力-显式饱和度方程,采用 Galerkin 有限元法进行数值模拟。该离散方法不仅大大简化了问题,可以应用到裂缝介质中的任何复杂结构中,而且与基于单孔隙介质模型的传统数值模拟结果相吻合。姚军等[33]在此基础上做了进一步的探究,通过算例验证了模型和算法的正确性,并分析了裂缝对注水开发效果的影响,认为对于裂缝发育程度不高,尤其是当油藏中存在数条控制流体流动方向的大裂缝时,离散裂缝模型具有很好的适用性。

　　2004 年,Arnaud Lange 等[38]又提出一种新的离散裂缝模型离散方法。该模型基于双重介质的概念,在裂缝和基岩介质明确表示的地质模型基础上,以计算量最小的原则对复杂裂缝进行离散,并在实际裂缝处确定裂缝压力。该模型在每一地层水平平面上进行离散,即在每条裂缝的交点和端点处确定计算节点,按照距离裂缝网格最近的原则,通过快速的凸显处理算法将基质岩块与每一个裂缝单元关联,具体如图 2-3 所示。

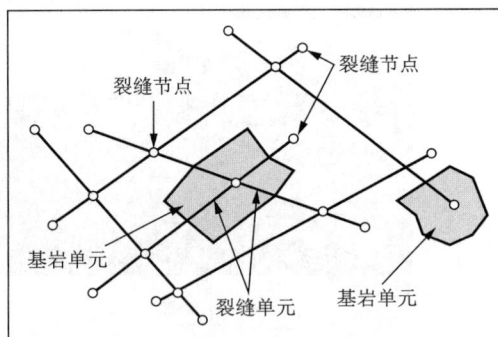

裂缝节点

裂缝节点

基岩单元

裂缝单元

基岩单元

图 2-3　离散裂缝模型示意图

　　上述学者在模型求解中大多采用有限元法,但有限元方法用于两相流时不能保证局部的质量守恒,因此部分学者在离散裂缝模型中应用基于物理守恒的有限体积法。2000 年,P. Bastian 等对离散裂缝模型应用有限体积法进行裂缝性介质两相流数值模拟[39],并编制相应的模拟器。2004 年,S. Geiger 等应用控制体积法求解流动势方程,而对饱和度方程采用有限体积法进行求解[40]。

　　近年来,随着裂缝性油气藏以及页岩气、致密油气等非常规资源的不断开发,离散裂缝模型在国内逐渐引起重视并成为研究热点。黄朝琴等基于离散裂缝模型在裂缝性油藏油水两相流动模拟方面进行了深入的研究与分析[41]。离散裂缝模型结合适当的非结构化网格剖分技术，能很好地保持裂缝发育和分布的任意性，描述裂缝性介质的非均质性、各向异性和非连续性特征，刻画裂缝内独特的渗流特征。2010 年，吕心瑞等基于控制体积法进行了离散裂缝网络流动模拟研究，并通过算例验证了基于有限体积法的离散裂缝模型流动模拟理论与算法的正确性和计算的高效性[42,43]。

近 15 年来，离散裂缝模型在裂缝性油藏数值模拟中得到了长足发展，涌现出多种数值离散格式，数值方法囊括了有限差分法、伽辽金有限元法、控制体积法、有限体积法、混合有限元法和模拟有限差分法等。

1）有限差分法

Slough 等基于离散裂缝模型，应用有限差分法对离散裂缝性介质多相流问题进行了研究[29]。在其研究中，离散裂缝模型被离散为规则的结构化网格以适用于有限差分计算格式。然而，实际问题中离散裂缝往往具有复杂的几何形态，因此该方法并未得到广泛推广。

随后，Lee 等首次提出了嵌入式离散裂缝模型[44]，旨在充分利用现有成熟的有限差分油藏数值模拟器，并能适用于离散裂缝模型的复杂几何形态。该模型属于典型的非匹配网格模型，如图 2-4(a)所示。近年来，Li 等、Moinfar 等、Panfili 等和周方奇等[45-48]将该模型做了进一步推广和改进。最近，严侠等基于模拟有限差分法建立了一种新的嵌入式离散裂缝数值计算格式，以适用于全张量渗透率情形[49]。

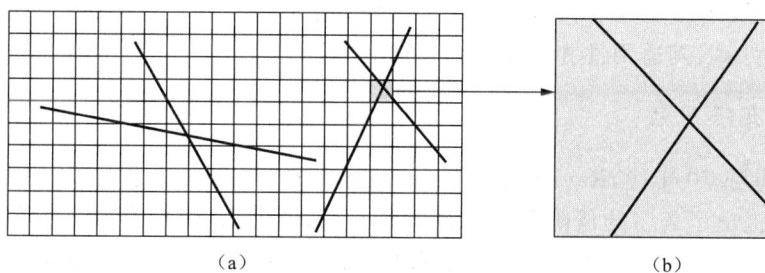

（a）　　　　　　　　　　　　　　　（b）

图 2-4　嵌入式离散裂缝模型示意图

2）伽辽金有限元法

在 Kim 和 Deo 工作的基础上[25]，Karimi-Fard 和 Firoozabadi 采用伽辽金有限元方法对离散裂缝模型的水驱油数值模拟予以研究[37]，考虑了基岩不同润湿性的影响，并通过与单孔隙介质模型（将裂缝视为狭小的高渗带）数值结果的对比验证了离散裂缝模型的正确性。然而，伽辽金有限元法虽然具有整体守恒性，但很难保证单元的局部守恒性，尤其是在注采井等奇点上，即使采用上游迎风格式也会出现解的震荡。对此，张娜等提出了局部守恒伽辽金有限元法[50]，该方法本质上是通过对单元节点的后处理来满足单元边界上的流量连续条件，以此来保证单元的局部守恒性，这一点类似于混合有限元法。目前，该方法尚未从数学上予以严格的分析和证明，能否推广至离散裂缝模型还有待深入研究。

3）控制体积法

针对伽辽金有限元法的缺陷，Monteagudo 和 Firoozabadi 基于控制体积法建立了一种具有良好局部守恒性的离散裂缝数值计算格式[51]，并对裂缝性介质三维非混两相流问题进行了研究。随后,Matthäi 等对该模型方法做了进一步的研究,建立了一种混合网格计算格式,提高了该方法对离散裂缝模型的适用性[52]。Reichenberger 等则基于控制体积方法形成一套全隐式数值计算格式[53]。在控制体积计算中需要两套网格:一套是以单元节点为基础的初始网格;另一套则是以单元中心点为基础的辅助网格系统,以求解每个网格单元节点的控制体积。因此,相对于伽辽金有限元法,其计算量增加不少。

4) 有限体积法

2001 年,Granet 等基于有限体积法建立了一套新的离散裂缝数值计算格式[54],并对其二维不可压缩两相流予以研究。随后,Karimi-Fard 等基于斯坦福大学的 GPRS 油藏数值模拟器将该方法进一步推广到三维多相流问题[55]。上述计算格式均属于两点流量计算格式(Two-Point Flux Approximation,TPFA),因此,对于全张量渗透率情形并不适用。对此,Sandve 等推导建立了离散裂缝模型的多点流量数值计算格式(Multi-Point Flux Approximation,MPFA)[56]。

有限体积法具有良好的局部守恒性,且相对于有限元方法,其计算量较小,在油藏数值模拟中得到了广泛的应用。然而,针对离散裂缝模型,有限体积法在处理交叉裂缝时并不像有限元方法那样方便和自然。对此,Karimi-Fard 等借鉴交叉电路中的电阻分析方法,提出了 Delta-Star 方法来处理交叉裂缝[55]。对于单相流,该方法具有较高计算精度;对于两相和多相流问题,Karimi-Fard 等指出,仅在裂缝密度较小时,其计算误差能够满足要求,但对于油藏大规模计算,其适用性和正确性尚未得到验证。

5) 混合有限元法

早在 20 世纪 70 年代,Raviart 和 Thomas 便将混合有限元方法成功地应用于油藏数值模拟中[57],并提出了著名的低阶 RT_0 混合有限元计算格式。混合有限元方法因其良好的局部守恒性,被视为有限元方法中的有限体积法。最近,Hoteit 和 Firoozabadi 结合混合有限元法和间断伽辽金有限元方法[58],对离散裂缝模型不可压缩两相流问题进行了研究。他们在处理交叉裂缝时,提出了一种加权上游迎风计算格式,具有较高的计算精度。对于混合有限元法,其压力和速度基函数的构造是其关键。目前,对于三角形、四边形以及规则六面体,其基函数的构造有成熟的理论和方法。然而,对于三维非结构化网格,如四面体和不规则多面体单元,尚无成熟通用的方法,这在一定程度上制约了混合有限元法在离散裂缝油藏数值模拟中的发展和应用。

6) 模拟有限差分法

对此,Huang 等基于模拟有限差分法推导建立了一种新的离散裂缝数值计算格式[59],并对不可压缩两相流问题进行了研究。模拟有限差分法由 Breezi 等提出[60],因其良好的局部守恒性和对复杂网格的适用性,目前模拟有限差分法在计算流体力学、电磁场和油藏数值模拟等研究中得到了广泛应用[61,62]。该方法被称为有限体积法中的混合有限元法,因此其计算格式与混合有限元法相似,其区别在于单元计算格式的构造。由于模拟有限差分法仅基于单个网格单元来构造计算格式,因此原则上适用于任意复杂网格系统,甚至是凹边形网格。相对于混合有限元法,模拟有限差分法降低了对网格的要求,更适用于复杂离散裂缝模型的流动模拟。

2.2　伽辽金有限元数值模拟

2.2.1　离散裂缝模型

岩体中的裂缝受生成环境(如应力、沉积、溶蚀、风化等)的影响,几何形态非常复杂。为研究方便,必须对裂缝进行简化。通常将裂缝简化为平行板模型,其中的流动符合 Navier-Stokes 方程。当流动为层流时,可以求得沿裂缝开度的速度分布。将其流量写成等效的 Darcy 定律形式,便可得到裂缝的等效渗透率。显然,等效后的流动参数及相关物理量沿裂缝开度方向不变,因此可对裂缝进行降维处理。对于二维问题,裂缝简化为一维线元;对于三维问题,裂缝则简化为二维裂缝面元,如图 2-5 所示。上述简化便是离散裂缝的基本概念。

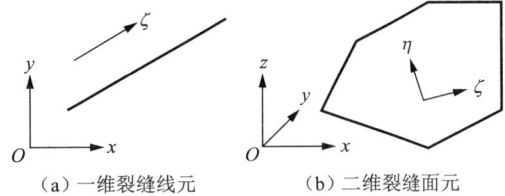

(a) 一维裂缝线元　　　(b) 二维裂缝面元

图 2-5　裂缝简化模型示意图

这里把微裂缝和岩块组成的基岩系统视为等效的多孔连续体,而宏观大裂缝则作为离散裂缝予以显式描述。从图 2-1 中可看出,实际裂缝介质具有显著的多尺度特征,裂缝的尺度可跨越多个数量级。因此,微裂缝和宏观大裂缝的划分应视具体研究问题及其数值模拟要求的精度而定。一般要求大裂缝的长度大于一个数值模拟网格的尺寸。

因此,整个裂缝介质由基岩系统和裂缝两部分组成,研究区域 $\Omega = \Omega_m + \sum a_i \times (\Omega_f)_i$,其中 m 代表基岩,f 代表裂缝,$a_i$ 为第 i 条裂缝的开度。假设基岩系统和裂缝系统的表征单元体均存在,则两相渗流方程 FEQ(Flow Equations)在整个研究区域上均适用,因此对于离散裂缝模型,渗流方程的积分形式可写成:

$$\int_{\Omega} FEQ \,\mathrm{d}\Omega = \int_{\Omega_m} FEQ \,\mathrm{d}\Omega_m + \sum_i a_i \times \int_{(\Omega_f)_i} FEQ \,\mathrm{d}(\Omega_f)_i \tag{2-1}$$

当不考虑基岩系统的储渗能力时,整个研究区域只有裂缝系统,上述模型蜕化为离散裂缝网络(Discrete Fracture Network,DFN)模型;当基岩系统的储渗性不可忽略时,上述模型即为离散裂缝模型;若所研究问题中的裂缝均视为微裂缝,则上述模型中仅有基岩系统,此时为经典的多孔介质渗流模型。

2.2.2　两相渗流数学模型

为简便起见,本节仅考虑不可压缩流体的等温渗流过程,其他流动问题的分析类似。其中流动方程包括质量守恒方程、多相流广义 Darcy 定律、饱和度约束方程以及毛管力关系,具体如下:

$$\phi \frac{\partial S_l}{\partial t} + \nabla \cdot \boldsymbol{v}_l = q_l, \quad l = \mathrm{w}, \mathrm{n} \tag{2-2}$$

$$\boldsymbol{v}_l = -\boldsymbol{K} \frac{k_{rl}}{\mu_l}(\nabla p_l + \rho_l g \nabla z), \quad l = \mathrm{w}, \mathrm{n} \tag{2-3}$$

$$S_w + S_n = 1 \tag{2-4}$$

$$p_c(S_w) = p_n - p_w \tag{2-5}$$

式中，ϕ 为孔隙度；S_l 为 l 相饱和度；v_l 为 l 相渗流速度，m/s；D 为 Hamilton 算子；q_l 为 l 相源汇项，s^{-1}；下标 w，n 分别表示润湿相和非润湿相；$\boldsymbol{K}$ 为渗透率张量，m²；k_{rl} 为 l 相相对渗透率；μ_l 为 l 相流体黏度，Pa·s；p_l 为 l 相流体压力，Pa；ρ_l 为 l 相流体密度，kg/m³；g 为重力加速度，m/s²；z 为高度，向上为正，m；p_c 为毛管压力，Pa。

定义流动势 Φ_l 如下：

$$\Phi_l = p_l + \rho_l g z \tag{2-6}$$

进而可得毛管压力势 Φ_c：

$$\Phi_c = \Phi_n - \Phi_w = p_c + (\rho_n - \rho_w) g z \tag{2-7}$$

基于上述定义，流动方程(2-2)、(2-3)和(2-5)可写成：

$$\phi \frac{\partial S_w}{\partial t} + \nabla \cdot (-\boldsymbol{K} \lambda_w \nabla \Phi_w) = q_w \tag{2-8}$$

$$\phi \frac{\partial S_n}{\partial t} + \nabla \cdot (-\boldsymbol{K} \lambda_n \nabla \Phi_n) = q_n \tag{2-9}$$

$$\Phi_c = \Phi_n - \Phi_w \tag{2-10}$$

其中：

$$\lambda_w = \frac{k_{rw}}{\mu_w}, \quad \lambda_n = \frac{k_{rn}}{\mu_n} \tag{2-11}$$

式中，λ_w 和 λ_n 分别为润湿相和非润湿相的流度系数。

将方程(2-4)和(2-10)代入方程(2-8)和(2-9)可得到润湿相流动势和润湿相饱和度方程，写成矩阵形式如下：

$$\begin{bmatrix} 0 & 0 \\ 0 & \phi \end{bmatrix} \frac{\partial}{\partial t} \begin{bmatrix} \Phi_w \\ S_w \end{bmatrix} + \nabla \cdot \left\{ -\begin{bmatrix} \boldsymbol{K}(\lambda_w + \lambda_n) & \boldsymbol{K}\lambda_n p_c' \\ \boldsymbol{K}\lambda_w & 0 \end{bmatrix} \nabla \begin{bmatrix} \Phi_w \\ S_w \end{bmatrix} \right\} = \begin{bmatrix} q_n + q_w \\ q_w \end{bmatrix} \tag{2-12}$$

其中：

$$p_c' \nabla S_w = \nabla \Phi_c = \frac{d\Phi_c}{dS_w} \nabla S_w = \frac{dp_c}{dS_w} \nabla S_w \tag{2-13}$$

初始条件和边界条件如下：

(1) 初始条件。

$$\Phi_l(\boldsymbol{x}, 0) = \Phi_l(\boldsymbol{x}), \quad S_l(\boldsymbol{x}, 0) = S_l(\boldsymbol{x}) \tag{2-14}$$

(2) Dirichlet 边界条件。

$$\Phi_l(\boldsymbol{x}, t) = \Phi_l, \quad S_l(\boldsymbol{x}, t) = S_l, \quad \text{on} \quad \Gamma_D \tag{2-15}$$

(3) Neumann 边界条件(不作特殊说明均为不渗透边界)，即

$$\begin{cases} v_l \cdot \boldsymbol{n} = (-\boldsymbol{K}\lambda_l \nabla \Phi_l) \cdot \boldsymbol{n} = 0 \\ \nabla S_l \cdot \boldsymbol{n} = 0 \end{cases}, \quad \text{on} \quad \Gamma_N \tag{2-16}$$

式中，$\boldsymbol{n}$ 为外边界的外法线方向单位矢量，对于二维问题，其为裂缝线与外边界交点的外法线方向；对于三维问题，其为裂缝面与外边界面交线的外法线方向。

(4) 内部不渗透边界条件主要是指断层和被淤泥充填裂缝等不渗透内边界，即

$$v_l \cdot \boldsymbol{n} = (-\boldsymbol{K}\lambda_l \nabla \Phi_l) \cdot \boldsymbol{n} = 0, \quad \text{on} \quad \Gamma_F \tag{2-17}$$

式中，$\boldsymbol{n}$ 为内边界的法线方向单位矢量。

把方程(2-12)作为裂缝介质两相渗流的流动方程 FEQ 代入式(2-1)中，结合以上初始

条件和边界条件便可得到离散裂缝模型的定解数学模型。

2.2.3　有限元计算格式

离散裂缝模型通常具有复杂的裂缝网络结构,裂缝的分布具有随机性。因此,在数值计算时往往需使用非结构化网格以适应其复杂的几何结构。对此,采用有限元方法进行数值求解。应用 Galerkin 加权残量法来推导式(2-12)的有限元计算格式,为推导方便,对式(2-12)中的润湿相流动势方程及其饱和度方程分别进行推导,其中权函数分别取为流动势和饱和度的变分,具体如下:

(1) 流动势方程。

$$\int_\Omega \nabla \cdot [-\boldsymbol{K}(\lambda_w + \lambda_n)\nabla\Phi_w]\delta\Phi_w d\Omega + \int_\Omega \nabla \cdot (-\boldsymbol{K}\lambda_n p_c'\nabla S_w)\delta\Phi_w d\Omega = \int_\Omega (q_n + q_w)\delta\Phi_w d\Omega$$

(2-18)

(2) 饱和度方程。

$$\int_\Omega \phi \frac{\partial S_w}{\partial t}\delta S_w d\Omega + \int_\Omega \nabla \cdot (-\boldsymbol{K}\lambda_w\nabla\Phi_w)\delta S_w d\Omega = \int_\Omega q_w \delta S_w d\Omega \qquad (2-19)$$

经分部积分,并结合不渗透边界条件式(2-16)可得:

$$\int_\Omega [\boldsymbol{K}(\lambda_w + \lambda_n)\nabla\Phi_w]\nabla(\delta\Phi_w)d\Omega + \int_\Omega (\boldsymbol{K}\lambda_n p_c'\nabla S_w)\nabla(\delta\Phi_w)d\Omega = \int_\Omega (q_n + q_w)\delta\Phi_w d\Omega$$

(2-20)

$$\int_\Omega \phi \frac{\partial S_w}{\partial t}\delta S_w d\Omega + \int_\Omega (\boldsymbol{K}\lambda_w\nabla\Phi_w)\nabla(\delta S_w)d\Omega = \int_\Omega q_w \delta S_w d\Omega \qquad (2-21)$$

对于二维问题,采用 Delaunay 三角网格对整个研究区域进行剖分,裂缝则采用一维线单元予以剖分。对于三维问题,裂缝面采用 Delaunay 三角网格予以剖分,整个研究区域则采用相应的四面体或六面体进行网格划分,如图 2-6 所示。

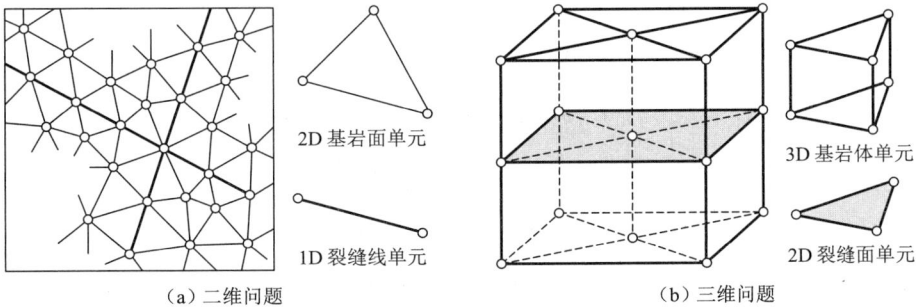

图 2-6　离散裂缝型模型网格剖分示意图

在每个单元上取流动势和饱和度的有限元近似值如下:

$$\Phi_w \approx \sum_{i=1}^m N_i(\Phi_w)_i = \boldsymbol{N}(\boldsymbol{x})\boldsymbol{\Phi}_w(t), \quad S_w \approx \sum_{i=1}^m N_i(S_w)_i = \boldsymbol{N}(\boldsymbol{x})\boldsymbol{S}_w(t) \qquad (2-22)$$

式中,m 为单元节点数;$\boldsymbol{N}=[N_1,\cdots,N_m]$ 为形函数;$\boldsymbol{\Phi}_w=[(\Phi_w)_1,\cdots,(\Phi_w)_m]^T$ 为单元节点润湿相的流动势值;$\boldsymbol{S}_w=[(S_w)_1,\cdots,(S_w)_m]^T$ 为单元节点润湿相的饱和度值。

把式(2-22)代入式(2-20)和(2-21)中,并考虑变分的任意性,可得如下求解方程:

$$\begin{bmatrix} 0 & 0 \\ 0 & \boldsymbol{M}_S \end{bmatrix} \begin{bmatrix} \dot{\boldsymbol{\Phi}}_w \\ \dot{\boldsymbol{S}}_w \end{bmatrix} + \begin{bmatrix} \boldsymbol{B}_{\Phi 1} & \boldsymbol{B}_{\Phi 2} \\ \boldsymbol{B}_{S1} & \boldsymbol{B}_{S2} \end{bmatrix} \begin{bmatrix} \boldsymbol{\Phi}_w \\ \boldsymbol{S}_w \end{bmatrix} = \begin{bmatrix} \boldsymbol{Q}_{\Phi} \\ \boldsymbol{Q}_S \end{bmatrix} \tag{2-23}$$

其中：

$$\boldsymbol{B}_{\Phi 1} = \sum_e \boldsymbol{B}_{\Phi 1}^e = \sum_e \int_{\Omega^e} \nabla^T \boldsymbol{N} \left[\boldsymbol{K}(\lambda_w + \lambda_n) \right] \nabla \boldsymbol{N} \mathrm{d}\Omega^e$$

$$\boldsymbol{B}_{\Phi 2} = \sum_e \boldsymbol{B}_{\Phi 2}^e = \sum_e \int_{\Omega^e} \nabla^T \boldsymbol{N} (\boldsymbol{K}\lambda_n p_c') \nabla \boldsymbol{N} \mathrm{d}\Omega^e$$

$$\boldsymbol{Q}_{\Phi} = \sum_e \boldsymbol{Q}_{\Phi}^e = \sum_e \int_{\Omega^e} \nabla^T \boldsymbol{N} (q_n + q_w) \mathrm{d}\Omega^e , \quad \boldsymbol{M}_S = \sum_e \boldsymbol{M}_S^e \int_{\Omega^e} \boldsymbol{N}^T \phi \boldsymbol{N} \mathrm{d}\Omega^e$$

$$\boldsymbol{B}_{S1} = \sum_e \boldsymbol{B}_{S1}^e = \sum_e \int_{\Omega^e} \nabla^T \boldsymbol{N} (\boldsymbol{K}\lambda_w) \nabla \boldsymbol{N} \mathrm{d}\Omega^e , \quad \boldsymbol{B}_{S2} = 0 , \quad \boldsymbol{Q}_S = \sum_e \boldsymbol{Q}_S^e = \sum_e \int_{\Omega^e} \nabla^T \boldsymbol{N} q_w \mathrm{d}\Omega^e$$

式中，e 表示单元。

由于在离散裂缝模型中对裂缝进行了降维，因此对裂缝和基岩交界处需要进行特殊的数值计算处理。从图2-6所示网格剖分可以看出，裂缝单元和基岩单元的节点在交界面处是重合的。假设润湿相为水相，则裂缝和基岩交界面处的水相压力是连续的，因而水相流动势连续。如图2-7所示，首先对基岩和裂缝单元进行单独计算，最后利用叠加原理形成整体矩阵求解方程。

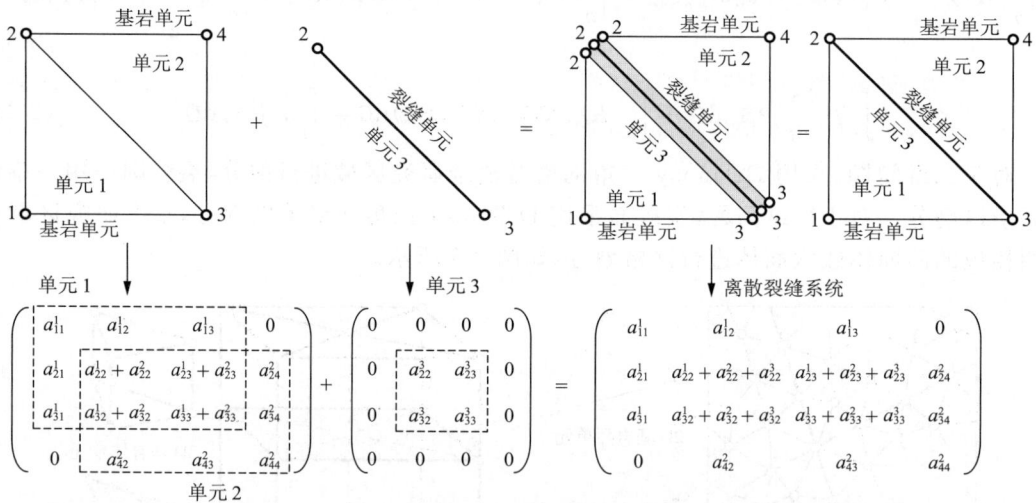

图2-7 基岩与裂缝单元处理示意图

如图2-8所示，通常情况下裂缝与基岩中的毛管压力曲线并不相同，因此裂缝和基岩交界面处的饱和度并不一定连续。此时，在上述叠加过程中需要对裂缝的水相饱和度方程进行特殊处理。由水相流动势连续可知，毛管压力势和毛管压力均是连续的，结合图2-8可知裂缝和基岩的饱和度满足如下关系：

$$S_w^f = \left[p_c^f \right]^{-1} \left[p_c^m (S_w^m) \right] \tag{2-24}$$

因此对于裂缝，式(2-12)应写成如下形式：

$$\begin{bmatrix} 0 & 0 \\ 0 & 0 \end{bmatrix} \frac{\partial}{\partial t} \begin{bmatrix} \boldsymbol{\Phi}_w^f \\ \boldsymbol{S}_w^f \end{bmatrix} + \nabla \cdot \left\{ - \begin{bmatrix} \boldsymbol{K}^f (\lambda_w^f + \lambda_n^f) & \boldsymbol{K}^f \lambda_n^f (p_c^f)' \\ \boldsymbol{K}^f \lambda_w^f & 0 \end{bmatrix} \nabla \begin{bmatrix} \boldsymbol{\Phi}_w^f \\ \boldsymbol{S}_w^f \end{bmatrix} \right\} = \begin{bmatrix} q_w^f + q_n^f \\ q_w^f \end{bmatrix} \tag{2-25}$$

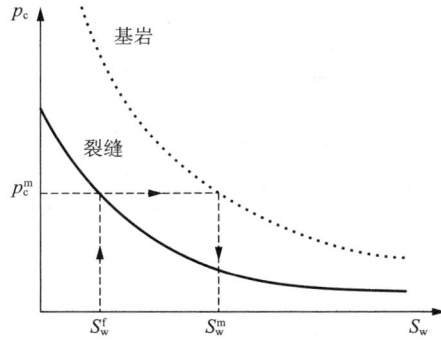

图 2-8　裂缝与基岩毛管力曲线

再把水相流动势连续条件和式(2-24)代入式(2-25)中,可得:

$$
\begin{bmatrix} 0 & 0 \\ 0 & \phi^{\mathrm f}\dfrac{\mathrm dS_{\mathrm w}^{\mathrm f}}{\mathrm dS_{\mathrm w}^{\mathrm m}} \end{bmatrix}\frac{\partial}{\partial t}\begin{bmatrix} \varPhi_{\mathrm w}^{\mathrm m} \\ S_{\mathrm w}^{\mathrm m} \end{bmatrix} + \nabla\cdot\left\{ -\begin{bmatrix} \boldsymbol{K}^{\mathrm f}(\lambda_{\mathrm w}^{\mathrm f}+\lambda_{\mathrm n}^{\mathrm f}) & \boldsymbol{K}^{\mathrm f}\lambda_{\mathrm n}^{\mathrm f}(p_{\mathrm c}^{\mathrm f})'\dfrac{\mathrm dS_{\mathrm w}^{\mathrm f}}{\mathrm dS_{\mathrm w}^{\mathrm m}} \\ \boldsymbol{K}^{\mathrm f}\lambda_{\mathrm w}^{\mathrm f} & 0 \end{bmatrix}\nabla\begin{bmatrix} \varPhi_{\mathrm w}^{\mathrm m} \\ S_{\mathrm w}^{\mathrm m} \end{bmatrix} \right\} = \begin{bmatrix} q_{\mathrm w}^{\mathrm f}+q_{\mathrm n}^{\mathrm f} \\ q_{\mathrm w}^{\mathrm f} \end{bmatrix}
$$

$$(2\text{-}26)$$

从式(2-26)中可看出,只有当 $\mathrm dS_{\mathrm w}^{\mathrm f}/\mathrm dS_{\mathrm w}^{\mathrm m}=1$ 时,才有 $S_{\mathrm w}^{\mathrm f}=S_{\mathrm w}^{\mathrm m}$,即饱和度连续。

把基岩和裂缝的方程按照式(2-1)和图 2-7 进行整体矩阵方程的组装。在裂缝相交处,对于每一个节点,与此节点相关的网格单元不一定在同一裂缝线或面上,因此在形成单元特性矩阵时,要把节点的整体坐标转换为局部坐标,再把计算得到的单元特性矩阵叠加到总体矩阵上,形成总的代数方程组。对于时间项,采用向后差分格式进行求解。至此,可求得水相流动势以及基岩的水相饱和度分布,通过式(2-24)可进一步求得裂缝中的水相饱和度值。水相饱和度方程的质量矩阵 $\boldsymbol{M}_{\mathrm S}$ 一般为非对角的一致质量矩阵,这里采用 Row-Sum Lumping 方法来求取集中质量矩阵[63],在单元 e 上其具体形式如下:

$$
[\hat{\boldsymbol{M}}]_{ii}^{e}=\sum_{j=1}^{m}\int_{\Omega}N_{i}^{e}\phi N_{j}^{e}\mathrm d\Omega, \qquad [\hat{\boldsymbol{M}}]_{ij}^{e}=0 \tag{2-27}
$$

基于上述数值计算格式,采用 Matlab 程序语言编制相应的油水两相离散裂缝有限元数值计算程序,其基本流程如图 2-9 所示。

标准 Galerkin 有限元法在求解两相流问题时,当对流项占优时可能会出现数值震荡。对此,采用上游迎风 Galerkin 计算格式来予以求解,具体如下:

$$
\lambda^{\mathrm{up}}=\begin{cases}\lambda_{i}, & \varPhi_{i}\geqslant\varPhi_{j} \\ \lambda_{j}, & \varPhi_{i}<\varPhi_{j}\end{cases} \tag{2-28}
$$

其中,流度系数 λ 是定义在单元的每一个节点上的。上游迎风 Galerkin 计算格式具有良好的稳定性和收敛性,相关分析证明可参考文献[64,65],在此不再赘述。

2.2.4　应用实例

1) 单裂缝模型

首先考虑单裂缝中的两相渗流问题。为研究方便,实例中的润湿相均为水,非润湿相为油。假设初始时刻裂缝充满油,然后在左端匀速注入水,右端保持初始压力。假设裂缝部分被充填,其长度为 100 m,孔隙度 $\phi=0.25$,开度 $a=1\ \mathrm{mm}$,绝对渗透 $K=1\ \mu\mathrm{m}^2$,水的黏度

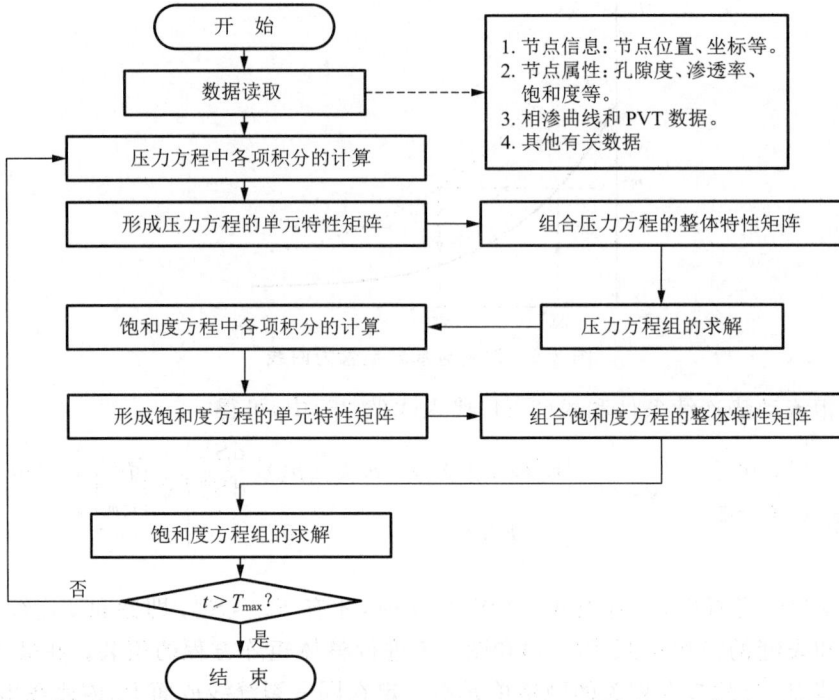

图 2-9　离散裂缝有限元数值计算流程

$\mu_w = 1$ mPa·s，油的黏度 $\mu_o = 5$ mPa·s，束缚水饱和度和残余油饱和度均为0，水相相对渗透率 $k_{rw} = S_w^2$，油相相对渗透率 $k_{ro} = (1-S_w)^2$，初始压力为 10 MPa，注水端速度 $q = 6.0 \times 10^{-6}$ m/s。

采用均匀网格予以剖分，节点数为251，计算中采用二次单元，忽略重力、毛管压力和流体压缩性的影响。本算例为典型的 Buckley-Leverett 问题，其解析表达式为：

$$x = \frac{f'_w(S_w)}{\phi A} \int_0^t q \, \mathrm{d}t \tag{2-29}$$

式中，A 为裂缝横截面积，m²；$f_w = \lambda_w / (\lambda_w + \lambda_o)$ 为含水率，$f'_w(S_w) = \mathrm{d}f_w / \mathrm{d}S_w$。

由图 2-10 可以看出，数值解与解析解吻合较好，从而验证了数值算法的正确性。

2）孔隙-裂缝型介质实例

研究图 2-11 所示的复杂裂缝性油藏模型，其中包含导流裂缝和断层，油藏厚 10 m。均质各向同性基岩的孔隙度 $\phi = 0.2$，渗透率 $K_m = 1\,000$ μm²；裂缝开度 $a = 1$ mm，渗透率 $K_f = a^2/12 = 8.33 \times 10^4$ μm²。水的黏度 $\mu_w = 1$ mPa·s，油的黏度 $\mu_o = 5$ mPa·s，束缚水饱和度 $S_{wc} = 0$，残余油饱和度 $S_{or} = 0.2$。

水相相对渗透率 $k_{rw} = S_w^2$，油相相对渗透率 $k_{ro} = (1-S_w)^2$，初始压力为 10 MPa，注水井和生产井的速度均为 $q = 30$ m³/d。假设模型为水湿性油藏储层，考虑基岩和裂缝中毛管压力的影响，假设两者的毛管压力均符合 Brooks-Corey 毛管压力函数：

$$p_c(S_w) = p_d \left(\frac{S_w - S_{wc}}{1 - S_{wc} - S_{or}} \right)^{-\frac{1}{\lambda}}, \quad 0.2 \leqslant \lambda \leqslant 3.0 \tag{2-30}$$

对于基岩，阈压值 $p_d = 10\,000$ Pa，λ 取 2.0；对于裂缝，阈压值 $p_d = 1\,000$ Pa，λ 取 1.0。

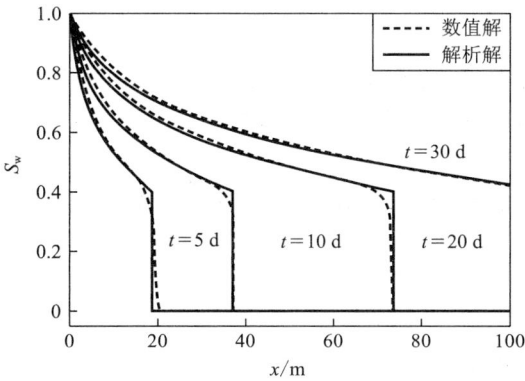

图 2-10　数值解和解析解的对比

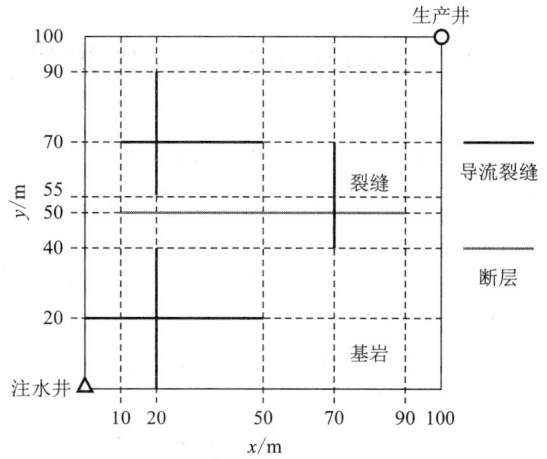

图 2-11　复杂裂缝性油藏模型

有限元计算网格如图 2-12 所示,其中节点数为 532,单元数为 982。图 2-13 为不同时刻的含水饱和度分布图。数值计算结果表明:注入水沿着基岩驱替油,当油水前沿遇见导流裂缝时,注入水将沿裂缝迅速窜进,如图 2-13(a)所示。同时可看出,断层作为流动屏障迫使流体沿断层延伸方向流动,如图 2-13(b)所示;而与断层相交的导流裂缝则可逾越断层引导下部流体迅速流入断层上部储层,如图 2-13(c)和(d)。因此,裂缝的存在导致了油藏强烈的非均质性和各向异性,对注水开发动态有着显著的影响。由于毛管压力的存在,使得注水波及面积扩大,注水开发的采收率有所提高,但整体开发效果仍由裂缝控制。

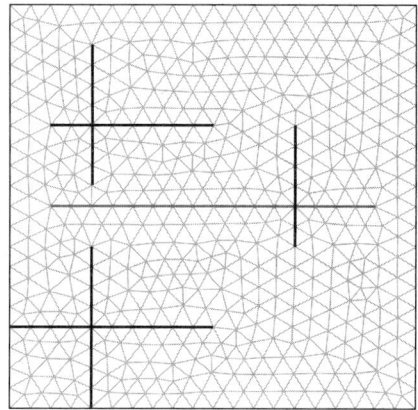

图 2-12　有限元网格剖分

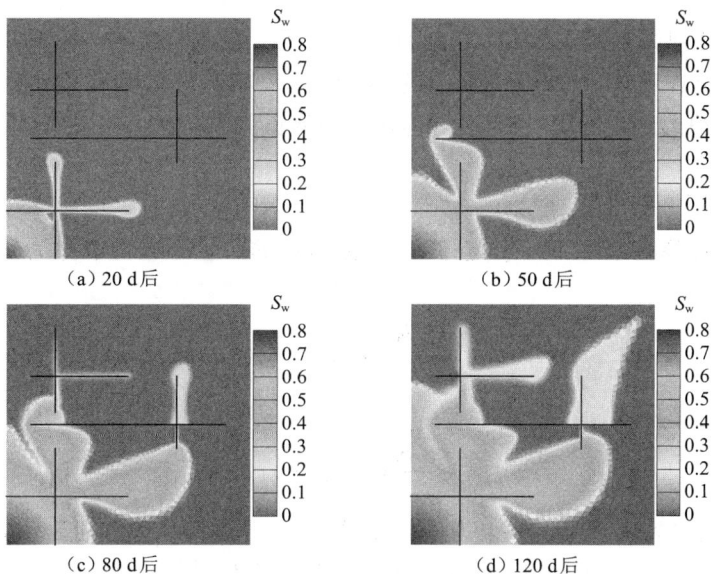

(a) 20 d 后

(b) 50 d 后

(c) 80 d 后

(d) 120 d 后

图 2-13　不同时刻含水饱和度分布图

2.3 控制体积方法数值模拟

本节首先建立油水两相流动控制方程,然后根据单裂缝流量等效的概念建立离散裂缝数学模型,并给出非均匀介质交界面处饱和度的变化关系。该油藏模型的基本假设为:

(1) 油藏中的渗流是等温渗流;

(2) 油藏中存在彼此不互溶、不起化学反应的油水两相,且各相流体的流动均符合达西定律;

(3) 考虑基岩与裂缝中均为微可压缩流体;

(4) 不考虑岩石的压缩性;

(5) 不考虑流体的重力影响,考虑毛细管力的影响。

2.3.1 油水两相流动控制方程

考虑油藏中微可压缩油水两相流动,其控制方程包括质量守恒方程、Darcy 定律、状态方程、饱和度方程及毛管压力关系等。考虑流体的重力和毛管压力,建立描述油藏中油水两相微可压缩流体非混相流动的数学模型。

1) 质量守恒方程

根据质量守恒原理分别建立油水两相的连续性方程。

对于油相:

$$-\nabla \cdot (\rho_o \cdot v_o) + Q_o = \frac{\partial(\phi\rho_o S_o)}{\partial t} \tag{2-31}$$

对于水相:

$$-\nabla \cdot (\rho_w \cdot v_w) + Q_w = \frac{\partial(\phi\rho_w S_w)}{\partial t} \tag{2-32}$$

式中,下标 o,w 分别为油相和水相(下面相同);ρ_l 为 l 相($l=$o,w)流体的密度,kg/m³;v_l 为 l 相流体的渗流速度,m/s;ϕ 为地层孔隙度;S_l 为 l 相流体的饱和度;Q_l 为源汇项,表示单位时间单位体积内 l 相的质量变化,若为注入井取正值,若为生产井取负值,kg/(m³·s)。

2) 运动方程

当油藏中流体渗流服从 Darcy 定律时,渗流速度的矢量形式可表达为:

对于油相:

$$v_o = -\frac{k_{ro}\boldsymbol{K}}{\mu_o}(\nabla p_o + \rho_o g\nabla z) \tag{2-33}$$

对于水相:

$$v_w = -\frac{k_{rw}\boldsymbol{K}}{\mu_w}(\nabla p_w + \rho_w g\nabla z) \tag{2-34}$$

式中,μ_l 为 l 相流体黏度,Pa·s;p_l 为 l 相流体压力,Pa;g 为重力加速度,m/s²;z 为由某一基准面算起的垂直深度坐标,向上为正,m;k_{rl} 为 l 相相对渗透率;$\boldsymbol{K}$ 为渗透率张量,在各向同性地层中可以用标量 K 表示，m^2。

在二维空间中，渗透率张量 $\boldsymbol{K}$ 定义为：

$$\boldsymbol{K} = \begin{bmatrix} K_{xx} & K_{xy} \\ K_{yx} & K_{yy} \end{bmatrix}$$

在三维空间中，$\boldsymbol{K}$ 则表示为：

$$\boldsymbol{K} = \begin{bmatrix} K_{xx} & K_{xy} & K_{xz} \\ K_{yx} & K_{yy} & K_{yz} \\ K_{zx} & K_{zy} & K_{zz} \end{bmatrix}$$

如果 $\boldsymbol{K}$ 的特征向量方向与坐标轴方向一致，那么 $\boldsymbol{K}$ 就可以简化为对角的张量：

$$\boldsymbol{K} = \begin{bmatrix} K_{xx} & & \\ & K_{yy} & \\ & & K_{zz} \end{bmatrix}$$

通常地，在求解渗流方程时，渗透率张量的主要方向不与坐标轴方向一致，尤其对于复杂地层，这就需要全渗透率张量来弥补此类偏差。但目前已经存在的大多数模拟器都不能模拟此类渗透率[66]。

3）状态方程

考虑油水均微可压缩，则有：
对于油相：

$$C_o = \frac{1}{\rho_o} \frac{\mathrm{d}\rho_o}{\mathrm{d}p_o} \tag{2-35}$$

对于水相：

$$C_w = \frac{1}{\rho_w} \frac{\mathrm{d}\rho_w}{\mathrm{d}p_w} \tag{2-36}$$

式中，ρ_l 为任一压力 p_l 时 l 相流体的密度，kg/m^3；p_l 为 l 相流体的压力，Pa；C_l 为 l 相流体的弹性压缩系数，Pa^{-1}。

4）辅助方程

饱和度方程：

$$S_o + S_w = 1 \tag{2-37}$$

毛管压力方程：

$$p_c(S_w) = p_o - p_w \tag{2-38}$$

式中，p_c 为毛管压力，Pa。

将上述油水两相的运动方程分别带入各自的连续性方程，可得：
对于油相：

$$\nabla \cdot \left[\rho_o \cdot \frac{k_{ro}\boldsymbol{K}}{\mu_o}(\nabla p_o + \rho_o g \nabla z) \right] + Q_o = \frac{\partial(\phi \rho_o S_o)}{\partial t} \tag{2-39}$$

对于水相：

$$\nabla \cdot \left[\rho_w \cdot \frac{k_{rw}\boldsymbol{K}}{\mu_w}(\nabla p_w + \rho_w g \nabla z) \right] + Q_w = \frac{\partial(\phi \rho_w S_w)}{\partial t} \tag{2-40}$$

由于油藏中流体为微可压缩流体,对式(2-39)和(2-40)等号右端项利用复合求导法则进行化简,可得:

对于油相:

$$\nabla \cdot \left[\rho_{\text{o}} \cdot \frac{k_{\text{ro}}\boldsymbol{K}}{\mu_{\text{o}}}(\nabla p_{\text{o}} + \rho_{\text{o}}g\nabla z) \right] + Q_{\text{o}} = \phi\left(\rho_{\text{o}}\frac{\partial S_{\text{o}}}{\partial t} + S_{\text{o}}\frac{\partial \rho_{\text{o}}}{\partial t} \right) \tag{2-41}$$

对于水相:

$$\nabla \cdot \left[\rho_{\text{w}} \cdot \frac{k_{\text{rw}}\boldsymbol{K}}{\mu_{\text{w}}}(\nabla p_{\text{w}} + \rho_{\text{w}}g\nabla z) \right] + Q_{\text{w}} = \phi\left(\rho_{\text{w}}\frac{\partial S_{\text{w}}}{\partial t} + S_{\text{w}}\frac{\partial \rho_{\text{w}}}{\partial t} \right) \tag{2-42}$$

式(2-41)和(2-42)中:

$$\frac{\partial \rho_l}{\partial t} = \frac{\partial \rho_l}{\partial p_l}\frac{\partial p_l}{\partial t}, \quad l = \text{o}, \text{w} \tag{2-43}$$

则式(2-41)和(2-42)可写为:

对于油相:

$$\nabla \cdot \left[\rho_{\text{o}} \cdot \frac{k_{\text{ro}}\boldsymbol{K}}{\mu_{\text{o}}}(\nabla p_{\text{o}} + \rho_{\text{o}}g\nabla z) \right] + Q_{\text{o}} = \phi\rho_{\text{o}}\left(\frac{\partial S_{\text{o}}}{\partial t} + S_{\text{o}}\frac{1}{\rho_{\text{o}}}\frac{\partial \rho_{\text{o}}}{\partial p_{\text{o}}}\frac{\partial p_{\text{o}}}{\partial t} \right) \tag{2-44}$$

对于水相:

$$\nabla \cdot \left[\rho_{\text{w}} \cdot \frac{k_{\text{rw}}\boldsymbol{K}}{\mu_{\text{w}}}(\nabla p_{\text{w}} + \rho_{\text{w}}g\nabla z) \right] + Q_{\text{w}} = \phi\rho_{\text{w}}\left(\frac{\partial S_{\text{w}}}{\partial t} + S_{\text{w}}\frac{1}{\rho_{\text{w}}}\frac{\partial \rho_{\text{w}}}{\partial p_{\text{w}}}\frac{\partial p_{\text{w}}}{\partial t} \right) \tag{2-45}$$

将微可压缩流体状态方程代入式(2-44)和(2-45),可得:

对于油相:

$$\nabla \cdot \left[\rho_{\text{o}} \cdot \frac{k_{\text{ro}}\boldsymbol{K}}{\mu_{\text{o}}}(\nabla p_{\text{o}} + \rho_{\text{o}}g\nabla z) \right] + Q_{\text{o}} = \phi\rho_{\text{o}}\frac{\partial S_{\text{o}}}{\partial t} + \phi\rho_{\text{o}}S_{\text{o}}C_{\text{o}}\frac{\partial p_{\text{o}}}{\partial t} \tag{2-46}$$

对于水相:

$$\nabla \cdot \left[\rho_{\text{w}} \cdot \frac{k_{\text{rw}}\boldsymbol{K}}{\mu_{\text{w}}}(\nabla p_{\text{w}} + \rho_{\text{w}}g\nabla z) \right] + Q_{\text{w}} = \phi\rho_{\text{w}}\frac{\partial S_{\text{w}}}{\partial t} + \phi\rho_{\text{w}}S_{\text{w}}C_{\text{w}}\frac{\partial p_{\text{w}}}{\partial t} \tag{2-47}$$

将式(2-46)和(2-47)等号两端同除各相流体密度 $\rho_l (l = \text{o}, \text{w})$ 即可得到描述油藏中油水两相微可压缩流体非混相驱替的标准控制方程:

对于油相:

$$\phi\frac{\partial S_{\text{o}}}{\partial t} + \phi S_{\text{o}}C_{\text{o}}\frac{\partial p_{\text{o}}}{\partial t} - \nabla \cdot \left[\frac{k_{\text{ro}}\boldsymbol{K}}{\mu_{\text{o}}}(\nabla p_{\text{o}} + \rho_{\text{o}}g\nabla z) \right] - q_{\text{o}} = 0 \tag{2-48}$$

对于水相:

$$\phi\frac{\partial S_{\text{w}}}{\partial t} + \phi S_{\text{w}}C_{\text{w}}\frac{\partial p_{\text{w}}}{\partial t} - \nabla \cdot \left[\frac{k_{\text{rw}}\boldsymbol{K}}{\mu_{\text{w}}}(\nabla p_{\text{w}} + \rho_{\text{w}}g\nabla z) \right] - q_{\text{w}} = 0 \tag{2-49}$$

其中,$q_l = Q_l/\rho_l$,表示单位时间内流入或流出的单位体积流量,s^{-1}。

令上述方程中:

$$\lambda_l = \frac{k_{\text{r}l}\boldsymbol{K}}{\mu_l} \tag{2-50}$$

第 l 相的流动势函数 Φ_l 定义为：

$$\Phi_l = p_l + \rho_l gz \tag{2-51}$$

毛管压力流动势函数定义为：

$$\Phi_c = \Phi_o - \Phi_w = p_c + (\rho_o - \rho_w)gz \tag{2-52}$$

基于以上定义,各向同性均质地层中用渗透率标量 K 来代替渗透率张量,油水两相微可压缩流体非混相流动,不考虑重力情况下的控制方程为：

对于油相：

$$\phi\frac{\partial S_o}{\partial t} + \phi S_o C_o\frac{\partial p_o}{\partial t} - \nabla\cdot(\boldsymbol{\lambda}_o\nabla p_o) - q_o = 0 \tag{2-53}$$

对于水相：

$$\phi\frac{\partial S_w}{\partial t} + \phi S_w C_w\frac{\partial p_w}{\partial t} - \nabla\cdot(\boldsymbol{\lambda}_w\nabla p_w) - q_w = 0 \tag{2-54}$$

将描述油相和水相的控制方程相加,并保留水相控制方程,结合两个辅助方程,定义综合压缩系数 $C_t = S_w C_w + S_o C_o$,且 $\frac{\partial p_c}{\partial t} \approx 0$,则可将上述数学模型转化为两个偏微分方程：

$$-\phi C_t\frac{\partial p_w}{\partial t} + \nabla\cdot[(\boldsymbol{\lambda}_o + \boldsymbol{\lambda}_w)\nabla p_w] + \nabla\cdot(\boldsymbol{\lambda}_o\nabla p_c) + (q_o + q_w) = 0 \tag{2-55}$$

$$\phi\frac{\partial S_w}{\partial t} + \phi S_w C_w\frac{\partial p_w}{\partial t} - \nabla\cdot(\boldsymbol{\lambda}_w\nabla p_w) - q_w = 0 \tag{2-56}$$

式(2-55)称为压力方程,式(2-56)称为饱和度方程。

数学模型的初始条件为：

$$p_l(\boldsymbol{x},0) = p_l(\boldsymbol{x}), \quad S_l(\boldsymbol{x},0) = S_l(\boldsymbol{x}), \quad l = w,o \tag{2-57}$$

边界条件可以为各种形式的 Dirichlet 边界条件、Neumann 边界条件以及二者的混合形式。其中,

Dirichlet 条件为：

$$p_l(\boldsymbol{x},t) = p_l, \quad S_l(\boldsymbol{x},t) = S_l, \quad l = w,o, \quad \text{on} \quad \Gamma_D \tag{2-58}$$

Neumann 条件(假设油藏的边界为不渗透边界)为：

$$\boldsymbol{v}_l\cdot\boldsymbol{n} = -(\boldsymbol{\lambda}_l\nabla p_l)\cdot\boldsymbol{n} = 0, \quad \nabla S_l\cdot\boldsymbol{n} = 0, \quad l = w,o, \quad \text{on} \quad \Gamma_N \tag{2-59}$$

以上即建立了油藏中微可压缩油水两相非混相流动的数学模型。

2.3.2 离散裂缝数学模型的建立

基于单裂缝流速等效的概念建立离散裂缝模型,如图 2-14 所示。以单裂缝流体流动平行板模型为基础,其中 a 为裂缝开度,假设裂缝中流体流动符合 N-S 方程,当流速很小时,平行板中的流动为层流,由此可求得沿裂缝开度的速度分布和流量。根据 Darcy 定律,由裂缝的流量可以求得裂缝的等效渗透率,进而可求得沿裂缝开度的等效渗流速度分布,其值沿裂缝开度不变。因此,根据等效后的流体流动参数及相关物理量沿裂缝开度的不变性,对裂缝进行降维处理,建立离散裂缝模型。在二维问题中,裂缝简化为一维线单元,如图 2-15 所示;对于三维问题,裂缝则简化为二维面单元。

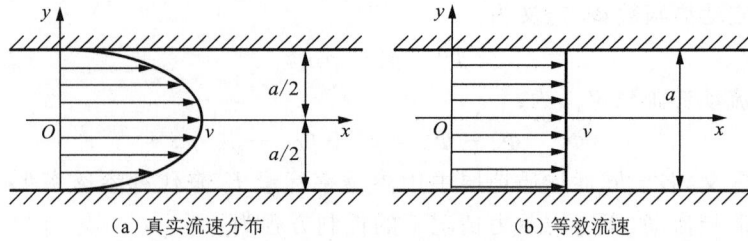

（a）真实流速分布　　　　　　　　（b）等效流速

图 2-14　单裂缝中流体流速分布

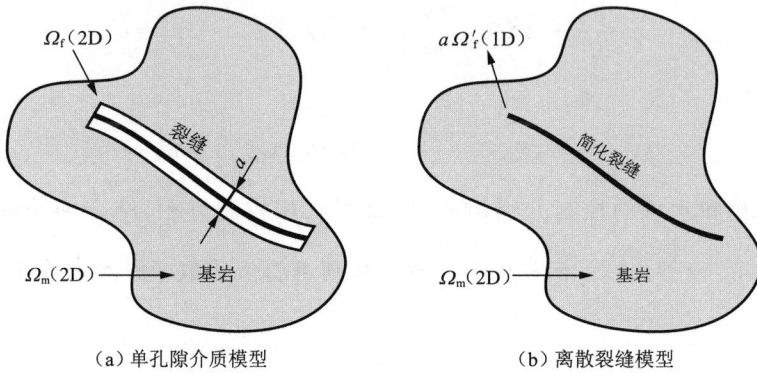

（a）单孔隙介质模型　　　　　　　　（b）离散裂缝模型

图 2-15　离散裂缝模型示意图

如图 2-15 所示,考虑含有单裂缝的二维多孔介质区域,整体区域表示为 Ω,其中基岩部分表示为 Ω_{m},在单孔隙介质模型中裂缝部分表示为 Ω_{f},在离散裂缝模型中表示为 $a\Omega_{\mathrm{f}}'$。因此,基于离散裂缝模型,油藏整体区域 Ω 可以表示为:

$$\Omega = \Omega_{\mathrm{m}} + a\Omega_{\mathrm{f}}' \tag{2-60}$$

其中 a 指的是裂缝的开度。

在上述二维离散裂缝模型中,二维基岩区域控制方程系统为:

$$-\phi^{\mathrm{m}}C_{\mathrm{t}}\frac{\partial p_{\mathrm{w}}^{\mathrm{m}}}{\partial t} + \nabla\cdot\left[(\lambda_{\mathrm{o}}^{\mathrm{m}} + \lambda_{\mathrm{w}}^{\mathrm{m}})\nabla p_{\mathrm{w}}^{\mathrm{m}}\right] + \nabla\cdot(\lambda_{\mathrm{o}}^{\mathrm{m}}\nabla p_{\mathrm{c}}^{\mathrm{m}}) + (q_{\mathrm{o}}^{\mathrm{m}} + q_{\mathrm{w}}^{\mathrm{m}}) = 0 \tag{2-61}$$

$$\phi^{\mathrm{m}}\frac{\partial S_{\mathrm{w}}^{\mathrm{m}}}{\partial t} + \phi^{\mathrm{m}}S_{\mathrm{w}}^{\mathrm{m}}C_{\mathrm{w}}\frac{\partial p_{\mathrm{w}}^{\mathrm{m}}}{\partial t} - \nabla\cdot(\lambda_{\mathrm{w}}^{\mathrm{m}}\nabla p_{\mathrm{w}}^{\mathrm{m}}) - q_{\mathrm{w}}^{\mathrm{m}} = 0 \tag{2-62}$$

一维裂缝区域控制方程系统为:

$$-\phi^{\mathrm{f}}C_{\mathrm{t}}\frac{\partial p_{\mathrm{w}}^{\mathrm{f}}}{\partial t} + (\lambda_{\mathrm{o}}^{\mathrm{f}} + \lambda_{\mathrm{w}}^{\mathrm{f}})\frac{\partial p_{\mathrm{w}}^{\mathrm{f}}}{\partial \xi} + \frac{\partial}{\partial \xi}\left(\lambda_{\mathrm{o}}^{\mathrm{f}}\frac{\partial p_{\mathrm{c}}^{\mathrm{f}}}{\partial \xi}\right) + (q_{\mathrm{w}}^{\mathrm{f}} + q_{\mathrm{o}}^{\mathrm{f}}) = 0 \tag{2-63}$$

$$\phi^{\mathrm{f}}\frac{\partial S_{\mathrm{w}}^{\mathrm{f}}}{\partial t} + \phi^{\mathrm{f}}S_{\mathrm{w}}^{\mathrm{f}}C_{\mathrm{w}}\frac{\partial p_{\mathrm{w}}^{\mathrm{f}}}{\partial t} - \frac{\partial}{\partial \xi}\left(\lambda_{\mathrm{w}}^{\mathrm{f}}\frac{\partial p_{\mathrm{w}}^{\mathrm{f}}}{\partial \xi}\right) - q_{\mathrm{w}}^{\mathrm{f}} = 0 \tag{2-64}$$

式中,ξ 表示沿裂缝方向的坐标系。

利用 f 来代表压力方程和饱和度方程系统,在单孔隙介质模型中,整体方程的积分形式可以写为:

$$\int_{\Omega}f\mathrm{d}\Omega = \int_{\Omega_{\mathrm{m}}}f^{\mathrm{m}}\mathrm{d}\Omega_{\mathrm{m}} + \int_{\Omega_{\mathrm{f}}}f^{\mathrm{f}}\mathrm{d}\Omega_{\mathrm{f}} = 0 \tag{2-65}$$

在离散裂缝模型中,根据 $\Omega = \Omega_{\mathrm{m}} + a\Omega_{\mathrm{f}}'$,压力方程和饱和度方程的积分形式可以写为:

$$\int_{\Omega} \boldsymbol{f} \mathrm{d}\Omega = \int_{\Omega_{\mathrm{m}}} \boldsymbol{f}^{\mathrm{m}} \mathrm{d}\Omega_{\mathrm{m}} + a \int_{\Omega'_{\mathrm{f}}} \boldsymbol{f}^{\mathrm{f}} \mathrm{d}\Omega'_{\mathrm{f}} = 0 \qquad (2\text{-}66)$$

这样便建立了油水两相离散裂缝模型流动方程，理论上离散裂缝模型可以用于任意复杂形状的裂缝性多孔介质。相比于单孔隙介质模型，离散裂缝模型在裂缝内的积分大大简化了问题，为了使积分形式保持一致性，裂缝开度作为系数出现在一维积分形式前面。

2.3.3　交界面处的饱和度间断处理方式

在对方程(2-66)中非线性项线性化以及对时间和空间离散化后，可得到系统的离散化方程：

$$\int_{\Omega} \boldsymbol{f} \mathrm{d}\Omega = \boldsymbol{A}^{\mathrm{m}} \boldsymbol{x}^{\mathrm{m}} - \boldsymbol{b}^{\mathrm{m}} + \boldsymbol{A}^{\mathrm{f}} \boldsymbol{x}^{\mathrm{f}} - \boldsymbol{b}^{\mathrm{f}} = 0 \qquad (2\text{-}67)$$

其中：

$$\boldsymbol{x} = [\boldsymbol{p}_{\mathrm{w}}, \boldsymbol{S}_{\mathrm{w}}]^{\mathrm{T}}$$

Karimi-Fard，Firoozabadi 及 Kim，Deo 等[37,25]没有考虑流体的压缩性，将式(2-67)转化为式(2-68)并进行了求解。

$$(\boldsymbol{A}^{\mathrm{m}} + \boldsymbol{A}^{\mathrm{f}})\boldsymbol{x} - \boldsymbol{b}^{\mathrm{m}} - \boldsymbol{b}^{\mathrm{f}} = 0 \qquad (2\text{-}68)$$

式(2-68)中隐含着 $\boldsymbol{x}^{\mathrm{m}} = \boldsymbol{x}^{\mathrm{f}} = \boldsymbol{x}$，它仅仅适合于一些特殊情况。因此，需要基于实际物理意义建立基岩和裂缝变量之间的关系，给出基岩和裂缝交界面处二者的相应表达式。

在基岩和裂缝交界面 Γ_{mf} 处，由于没有流体质量的变化，因此通过交界面的各相的流量及法向速度是连续的，即

$$v_l^{\mathrm{m}} \cdot \boldsymbol{n}_{\mathrm{mf}} = -v_l^{\mathrm{f}} \cdot \boldsymbol{n}_{\mathrm{mf}}, \quad l = \mathrm{w,o} \quad \text{on} \quad \Gamma_{\mathrm{mf}} \qquad (2\text{-}69)$$

式中，$\boldsymbol{n}_{\mathrm{mf}}$ 是基岩和裂缝上的法向向量。

由于在离散裂缝模型中利用叠加原理把流动方程整合在一起，当把基岩和裂缝的流动方程加在一起时这些项被消去，因此在流动方程中可以忽略基岩和裂缝交界面处的流量。

基岩和裂缝交界面处任意给定点的 z 坐标是相同的，由式(2-51)可知 $\Phi_l^{\mathrm{m}} = \Phi_l^{\mathrm{f}}$。由式(2-52)可知毛管压力势也相等，即

$$\Phi_{\mathrm{c}}^{\mathrm{m}}(S_{\mathrm{w}}^{\mathrm{m}}) = \Phi_{\mathrm{c}}^{\mathrm{f}}(S_{\mathrm{w}}^{\mathrm{f}}) \qquad (2\text{-}70)$$

这与毛管压力的连续性概念是等效的，图 2-16 为两种不同介质的交界面处的毛管压力，由于在基岩和裂缝交界处有相同的毛管压力，即 $p_{\mathrm{c}}^{\mathrm{f}} = p_{\mathrm{c}}^{\mathrm{m}} = p_{\mathrm{c}}^*$，而其中决定毛管压力函数的含水饱和度 $S_{\mathrm{w}}^{\mathrm{f}}$ 和 $S_{\mathrm{w}}^{\mathrm{m}}$ 在交界面处可能是不连续的。因此，利用毛管压力的连续性假设条件，在基岩和裂缝交界面处建立 $S_{\mathrm{w}}^{\mathrm{m}}$ 与 $S_{\mathrm{w}}^{\mathrm{f}}$ 之间的物理关系：

$$S_{\mathrm{w}}^{\mathrm{m}} = \begin{cases} 1, & S_{\mathrm{w}}^{\mathrm{f}} > S_{\mathrm{w}}^* \\ [p_{\mathrm{c}}^{\mathrm{m}}]^{-1} p_{\mathrm{c}}^{\mathrm{f}}(S_{\mathrm{w}}^{\mathrm{f}}), & S_{\mathrm{w}}^{\mathrm{f}} \leqslant S_{\mathrm{w}}^* \end{cases} \qquad (2\text{-}71)$$

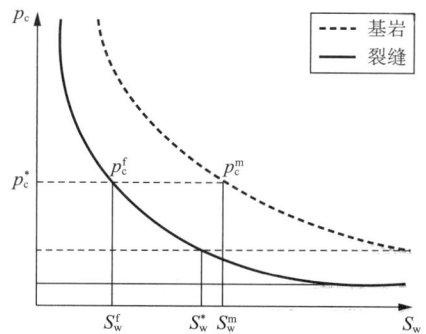

图 2-16　基岩和裂缝交界面处毛管压力

利用式(2-71)和复合求导法则，裂缝中饱和度方程可以应用基岩含水饱和度 $S_{\mathrm{w}}^{\mathrm{m}}$ 表示为：

$$\phi^{\mathrm{f}} \frac{\mathrm{d}S_{\mathrm{w}}^{\mathrm{f}}}{\mathrm{d}S_{\mathrm{w}}^{\mathrm{m}}} \frac{\partial S_{\mathrm{w}}^{\mathrm{m}}}{\partial t} + \phi^{\mathrm{f}} S_{\mathrm{w}}^{\mathrm{f}} C_{\mathrm{w}} \frac{\partial p_{\mathrm{w}}^{\mathrm{f}}}{\partial t} - \frac{\partial}{\partial \xi}\left(\lambda_{\mathrm{w}}^{\mathrm{f}} \frac{\partial p_{\mathrm{w}}^{\mathrm{f}}}{\partial \xi}\right) - q_{\mathrm{w}}^{\mathrm{f}} = 0 \qquad (2\text{-}72)$$

根据式(2-68)中 $x^m = x^f = x$ 的假设,仅当基岩和裂缝中毛管压力函数相同时,也就是 $dS_w^f/dS_w^m = 1$ 时适用。因此,对于不同的基岩和裂缝毛管压力表达式,需要计算相应的 dS_w^f/dS_w^m。这里没必要计算基岩与裂缝间的流体交换项,因为在控制体积单元内相加时会被抵消。

2.3.4 离散裂缝模型控制体积计算格式

控制体积方法最初被用于流体动力学计算,该方法本质上是基于 Delaunay 网格对偶单元的有限体积计算格式。因此,要建立基于控制体积方法的计算格式,首先需要生成 Delaunay 对偶网格,然后在每一控制体上对压力方程和饱和度方程进行积分,从而建立其数值计算格式。

1) 离散裂缝模型控制体积网格划分

由于裂缝性油藏中裂缝的分布是随机的,采用非结构化网格对离散裂缝模型进行几何离散。如图 2-17(a)所示,对于二维问题首先生成 Delaunay 三角网格,采用三角形单元对基岩进行离散,用一维线单元表示裂缝部分。所谓控制体积,就是将三角形单元重心与三个边的中点相连,将单元划分为三个子面积,相应于每一个节点的控制体积由此节点相连的所有子面积构成,是一个多边形面积。如图 2-17(b)所示,节点 a 的相邻节点为 $\{b_1, b_2, \cdots, b_6\}$,以节点 a 为顶点的各三角形为 $\{T_1, T_2, \cdots, T_6\}$,各三角形的重心为 $\{G_1, G_2, \cdots, G_6\}$,以节点 a 为顶点的各边中点分别为 $\{M_{ab_1}, M_{ab_2}, \cdots, M_{ab_6}\}$,连接各三角形重心以及相应边中点,可得节点 a 的控制体积单元为多边形 $G_1 M_{ab_1} G_2 M_{ab_2} G_3 M_{ab_3} G_4 M_{ab_4} G_5 M_{ab_5} G_6 M_{ab_6}$,同样地,可以得到研究区域中其余各节点的控制体积单元。其中,$\overline{ab_1}$ 代表裂缝。在标准控制体积单元中,Delaunay 三角形是局部均质的,而控制体积单元可能是非均质的。多边形控制体积的主要特征为:互不重叠地布满整个计算区域;三角形单元与控制体积的错落分布可保证计算精度。

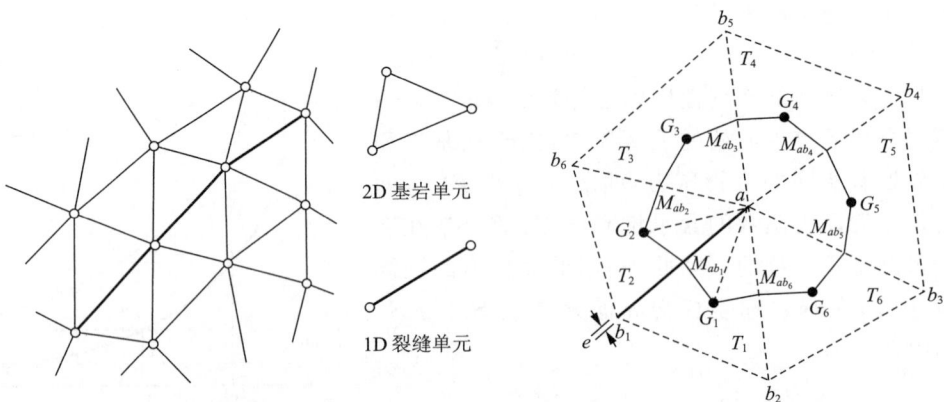

（a）Delaunay 三角剖分　　　　　　　（b）二维 Delaunay 对偶控制体网格

图 2-17　二维离散裂缝模型的 Delaunay 三角剖分及其对偶控制体网格

裂缝性多孔介质的基岩是均质的,考虑饱和度变量 (S_w, S_o) 在每个控制体积单元内恒定不变,而流动压力变量 (p_w, p_o, p_c) 由组成控制体积单元的各 Delaunay 网格单元(三角形

或四面体)的值通过线性逼近估计:

$$\Psi(\boldsymbol{x}) = \sum_{i=1}^{m} S_i(\boldsymbol{x}) \Psi_i \tag{2-73}$$

式中, $\boldsymbol{x}$ 代表相应控制体积单元维数下的坐标; m 为单元的顶点数; Ψ_i 代表坐标 x_i 处节点 i 的任意变量; S_i 为形状因子,有如下定义:

对于三角形:

$$S_i(\boldsymbol{x}) = \frac{\alpha_i + \beta_i x + \gamma_i y}{2A} \tag{2-74}$$

对于四面体:

$$S_i(\boldsymbol{x}) = \frac{\alpha_i + \beta_i x + \gamma_i y + \delta_i z}{6V} \tag{2-75}$$

式中, A 为三角形单元的面积, m^2 ; V 代表四面体单元的体积, m^3 ; $(\alpha_i, \beta_i, \gamma_i, \delta_i)$ 为单元节点几何坐标相关的常数。

假设三角形单元节点编码为 i, j, k ,以逆时针方向编码为正向,则式(2-74)中 $\alpha_i, \beta_i, \gamma_i$ 分别为[67]:

$$\begin{cases} \alpha_i = \begin{vmatrix} x_j & y_j \\ x_k & y_k \end{vmatrix} = x_j y_k - x_k y_j \\ \beta_i = -\begin{vmatrix} 1 & x_j \\ 1 & y_k \end{vmatrix} = y_j - y_k \\ \gamma_i = \begin{vmatrix} 1 & x_j \\ 1 & x_k \end{vmatrix} = -x_j + x_k \end{cases} \tag{2-76}$$

由方程(2-73)可知,在一个三角形内任意变量的梯度恒为:

$$\nabla \Psi = \sum_{i=1}^{m} \Psi_i \nabla S_i(\boldsymbol{x}) \tag{2-77}$$

三维四面体情况与上述二维三角形情况类似。

2) 控制体积计算格式的建立

采用控制体积方法建立数学模型的数值计算格式,需要分别对压力方程(2-55)和饱和度方程(2-56)在每一个控制体积单元上进行积分。在二维离散裂缝模型中,建立饱和度方程的控制体积离散格式方法如下:

在任意控制体积单元 CV_i 内对方程(2-56)进行积分,可得:

$$\iint_{\Omega} \left(\phi \frac{\partial S_w}{\partial t} + \phi S_w C_w \frac{\partial p_w}{\partial t} \right) \mathrm{d}A - \iint_{\Omega} \nabla \cdot (\boldsymbol{\lambda}_w \nabla p_w) \mathrm{d}A - \iint_{\Omega} q_w \mathrm{d}A = 0 \tag{2-78}$$

假设孔隙度 ϕ 仅在空间位置上变化,并对式(2-78)左端第二项应用高斯散度定理将面积分转化为线积分,可得:

$$\iint_{\Omega} \left(\phi \frac{\partial S_w}{\partial t} + \phi S_w C_w \frac{\partial p_w}{\partial t} \right) \mathrm{d}A - \int_{\Gamma} (\boldsymbol{\lambda}_w \nabla p_w) \cdot \boldsymbol{n} \mathrm{d}\Gamma - \iint_{\Omega} q_w \mathrm{d}A = 0 \tag{2-79}$$

式中, Γ 指的是控制体积单元 CV_i 的边界; $\boldsymbol{n}$ 是边界 Γ 上的单位外法线向量。

由于基岩含水饱和度和裂缝含水饱和度通过方程式(2-71)相关联,因此式(2-79)左端第一项可以近似表示为:

$$\iint_{\Omega} \left(\phi \frac{\partial S_w}{\partial t} + \phi S_w C_w \frac{\partial p_w}{\partial t} \right) dA \approx A_{\phi i} \left(\frac{\partial S_w^m}{\partial t} + S_w C_w \frac{\partial p_w}{\partial t} \right) \tag{2-80}$$

其中：

$$A_{\phi i} = \sum_{k=1}^{t} \phi_k A_k \phi_k^m + \sum_{l=1}^{s} \frac{dS_w^f}{dS_w^m} a_l |L_l| \phi_l^f \tag{2-81}$$

式中，$A_{\phi i}$ 为 CV_i 孔隙体积；t 表示以控制体节点 i 为顶点的 Delaunay 三角形单元总数；ϕ_k 为控制体积单元 CV_i 内三角形 k 的面积占所在 Delaunay 三角形 k 的面积比例；A_k 为 Delaunay 三角形 k 的面积；ϕ_k^m 指三角形 k 内基岩部分的孔隙度；s 表示 CV_i 内裂缝的总条数；ϕ_l^f，a_l 和 $|L_l|$ 分别为控制体积单元 CV_i 内第 l 条裂缝的孔隙度、开度与长度。

式(2-81)等号右端第一项表示 CV_i 内基岩孔隙体积；第二项表示 CV_i 内裂缝孔隙体积，乘以 dS_w^f / dS_w^m 是为了用基岩含水饱和度来表达整体方程。

方程(2-79)等号左端第二项积分可以表示为：

$$\int_{\Gamma} (\lambda_w \nabla \Phi_w) \cdot \mathbf{n} d\Gamma \approx \sum_{k=1}^{t} |s_k| [\lambda_w^m (S_w^{m,up}) \nabla p_w]_k \cdot \mathbf{n}_k + \sum_{l=1}^{s} a_l \lambda_w^f (S_w^{f,up}) \frac{\partial p_w^f}{\partial \xi} \tag{2-82}$$

式中，$|s_k|$ 为 CV_i 在三角形 k 内的边界，具有向外的单位法向量 $\mathbf{n}_k$；∇p_w 为 $|s_k|$ 处的水相流动压力梯度，可由式(2-47)近似计算；ξ 表示沿裂缝方向的局部坐标；$\partial p_w^f / \partial \xi$ 项代表第 l 条裂缝上的流动势梯度。

式(2-82)中等号右端第一项代表通过控制体积单元 CV_i 边界的流量；第二项表示通过 CV_i 内每条裂缝的流量。饱和度值采用上游权标准来确定，其中上标 up 表示上游值。裂缝上的流动可以看成一维的，因此 $dp_w^f / d\xi$ 可以通过下式近似计算：

$$\frac{dp_w^f}{d\xi} = \frac{p_j - p_i}{2 |L_l|} \tag{2-83}$$

式中，p_i，p_j 分别为一维相邻单元 i, j 的压力。

方程(2-79)等号左端第三项可以近似表达为：

$$\iint_{\Omega} q_w dA \approx q_{wi} A_i \tag{2-84}$$

其中，A_i 是指二维控制体积单元 CV_i 的面积，通过下式计算：

$$q_{wi} A_i = q_{wi}^m \sum_{k=1}^{t} \phi_k A_k + \sum_{l=1}^{s} a_l |L_l| q_{w,l}^f \tag{2-85}$$

基于上述近似，每个控制体积单元 CV_i 内饱和度方程的数值计算格式可写为：

$$A_{\phi i} \left(\frac{\partial S_w^m}{\partial t} + S_w C_w \frac{\partial p_w}{\partial t} \right) - \left\{ \sum_{k=1}^{t} |s_k| [\lambda_w^m (S_w^{m,up}) \nabla p_w]_k \cdot \mathbf{n}_k + \sum_{l=1}^{s} a_l \lambda_w^f (S_w^{f,up}) \frac{\partial p_w^f}{\partial \xi} \right\} -$$
$$q_{wi} A_i = 0 \tag{2-86}$$

上述步骤同样适用于压力方程，因为已经假设在基岩和裂缝的交界面处相应网格中的流动压力相同。对 2D 基岩 1D 裂缝系统，流动压力方程的数值计算格式可以表示为：

$$A_{\phi i} C_t \frac{\partial p_w}{\partial t} - \left[\sum_{k=1}^{t} |s_k| (\lambda^m \nabla p_w + \lambda_o^m \nabla p_c)_k \cdot \mathbf{n}_k + \sum_{l=1}^{s} \left(\lambda^f \frac{\partial p_w}{\partial \xi} + \lambda_o^f \frac{\partial p_c}{\partial \xi} \right) a_l \right] -$$
$$(q_{wi} + q_{oi}) A_i = 0 \tag{2-87}$$

其中，$\lambda = \lambda_w + \lambda_o$ 为总的流度，方程中流度值也需要依据上游权标准来确定，裂缝中的毛管压力梯度可由下式近似：

$$\frac{\partial p_c^f}{\partial \xi} = \frac{p_{cj} - p_{ci}}{2|L_l|} \tag{2-88}$$

式(2-86)和(2-87)即为基于控制体积方法建立的二维研究区域中离散裂缝模型的压力方程和饱和度方程的数值计算。这种方法很容易扩展到三维离散裂缝模型形式中。

3) 非均质基岩离散裂缝模型数值计算格式

前面建立了均质基岩的离散裂缝模型控制体积计算格式,已经有学者对采用控制体积方法如何考虑介质非均质性的问题进行了研究,但主要集中于绝对渗透率的非均质性和单相流的各向异性[68]。在非均质介质交界面处,由于渗透率变化较大,利用标准控制体积方法会产生不精确的速度场[69]。在标准控制体积方法中,Delaunay 三角形是局部均质的,控制体积单元多边形是非均质的,如图 2-18(a)所示。为了产生精确的速度场,有学者提出了局部均质的控制体积单元,如图 2-18(b)所示,从图中可以看出,Delaunay 三角形是非均质的。

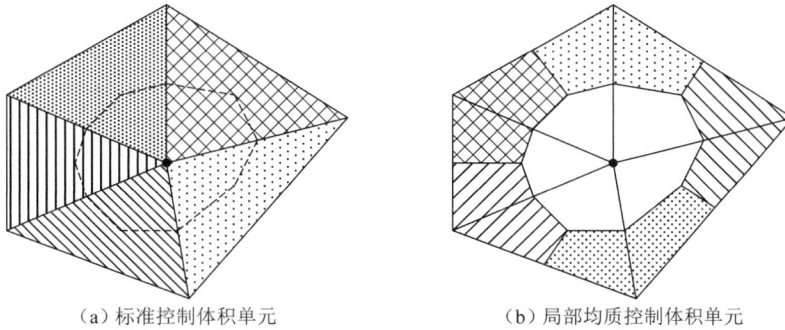

（a）标准控制体积单元　　　　　　　　（b）局部均质控制体积单元

图 2-18　非均质介质控制体积单元

基于控制体积方法,对压力方程和饱和度方程进行空间离散。首先对方程在一个控制体积单元上进行积分,控制体积单元即为二维 Delaunay 三角形或三维四面体的重心与各边(面)中点(重心)连线所构成的对偶网格。图 2-19(a)为考虑均质基岩的裂缝性多孔介质控制体积单元示意图,其离散裂缝模型微可压缩油水两相数值计算格式在前面已经建立;图 2-19(b)为考虑非均质基岩的裂缝性多孔介质控制体积单元示意图,下面将建立其微可压缩油-水两相数值计算格式。

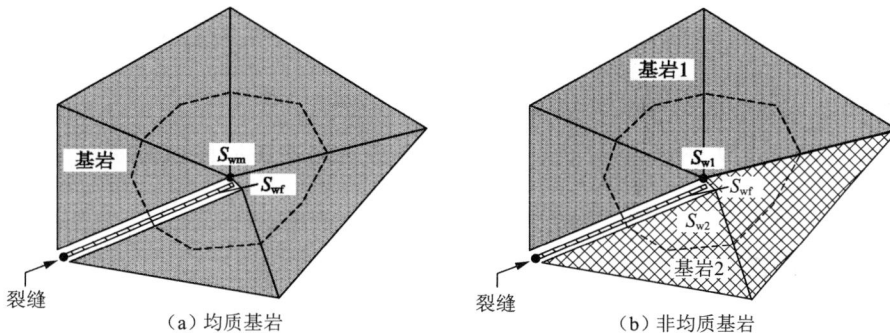

（a）均质基岩　　　　　　　　　　（b）非均质基岩

图 2-19　含有裂缝的控制体积单元

流动压力函数方程和饱和度方程都由三项组成:

(1) 时间导数项,在流动压力方程中为 $\phi C_t \dfrac{\partial p_w}{\partial t}$,在饱和度方程中为 $\phi \dfrac{\partial S_w}{\partial t}$ 和 $\phi S_w C_w \dfrac{\partial p_w}{\partial t}$;

（2）源汇项 q_l，其中 $l=(o,w)$；

（3）散度项 $\nabla \cdot \boldsymbol{F}$，流动矢量 $\boldsymbol{F}=\boldsymbol{F}(S_w)$，在流动压力方程中等于 $(\lambda_o+\lambda_w)\nabla p_w$ 和 $\lambda_o \nabla p_c$，在饱和度方程中等于 $\lambda_w \nabla p_w$。

如图 2-19(b) 所示，在一个控制体积单元内，存在一条裂缝和两种不同的基质岩块，同上节基岩与裂缝交界面处一样，认为不同基岩间毛管压力连续。因此，可以将非均质基岩块间的饱和度联系在一起：

$$\int_A \left(\phi \frac{\partial S_w}{\partial t} + \phi S_w C_w \frac{\partial p_w}{\partial t}\right)\mathrm{d}A = \sum_{k=1}^{m}\left(\frac{\partial}{\partial t}S_w^k \phi^k A^k + S_w^k C_w^k \phi^k A^k \frac{\partial p_w}{\partial t}\right) \tag{2-89}$$

式中，m 指的是控制体积单元内不同介质的数目。

式（2-89）可以根据参考介质的饱和度 S_w^+ 表示，参考介质的选取基于毛管压力模型式（2-90）中的参数 B。

$$p_c^k = -B^k \ln S_w^k \tag{2-90}$$

其中，上标 $k=1,\cdots,m$ 是控制体内不同介质的指数。

基于毛管压力连续的概念，可以建立不同介质饱和度的关系。例如，就裂缝介质而言：

$$S_w^m / S_w^f = \exp(-B^m/B^f)$$

这里选取方程（2-90）中 B^k 最大值为参考介质。

根据方程（2-89）和复合求导法则可以得到：

$$\int_A \left(\phi \frac{\partial S_w}{\partial t} + \phi S_w C_w \frac{\partial p_w}{\partial t}\right)\mathrm{d}A = \left(\sum_{k=1}^{m}\frac{\mathrm{d}S_w^k}{\mathrm{d}S_w^+}\phi^k A^k\right)\frac{\partial}{\partial t}S_w^+ + \left(\sum_{k=1}^{m}S_w^k C_w^k \phi^k A^k\right)\frac{\partial p_w}{\partial t} \tag{2-91}$$

源汇项的积分可以写为：

$$\int_A q_w \mathrm{d}A = \sum_{k=1}^{m}A^k q_w^k \tag{2-92}$$

散度项的积分可以依照下式来确定：

$$\int_A \nabla \cdot \boldsymbol{F}\mathrm{d}A = \int_{\Gamma_A}\boldsymbol{F}\cdot\boldsymbol{n}\,\mathrm{d}\Gamma_A \approx \sum_{j=1}^{n_b}[\boldsymbol{F}\cdot\boldsymbol{n}]_j \tag{2-93}$$

其中，n_b 表示边界单元的个数。

控制体积单元包含的每个三角形都是局部均质的，不同介质间饱和度可以通过方程（2-71）进行关联计算。将以上三个方程结合在一起即得到压力方程和饱和度方程的数值计算格式。

$$\left(\sum_{k=1}^{m}\frac{\mathrm{d}S_w^k}{\mathrm{d}S_w^+}\phi^k A^k\right)\frac{\partial}{\partial t}S_w^+ + \left(\sum_{k=1}^{m}S_w^k C_w^k \phi^k A^k\right)\frac{\partial p_w}{\partial t} - \sum_{j=1}^{n_b}[\boldsymbol{F}\cdot\boldsymbol{n}]_j - \sum_{k=1}^{m}A^k q_w^k = 0 \tag{2-94}$$

至此，基于控制体积方法，建立了考虑基岩非均质的离散裂缝模型流动方程的数值计算格式。

2.3.5 数值算例

如图 2-20 所示，考虑一简单的 1/4 五点注水井网模型，多孔介质模型尺寸为 1 m×1 m，初始压力 $p_i=10$ MPa，均质各向同性基岩的孔隙度 $\phi=0.2$，渗透率 $K_m=1\times10^{-3}$ μm^2，考虑多孔介质中分别含有一条方位角为 $\theta=0°$，$\theta=45°$，$\theta=90°$ 和 $\theta=135°$ 的裂缝，裂缝中心与多孔介质中心重合，裂缝长度 $L=60\sqrt{2}$ cm，开度 $a=1$ mm，渗透率 $K_f=a^2/12=8.33\times10^4$ μm^2，多

孔介质左下角有一口注水井,注入速度 $q_{in} = 0.01$ PV/d (PV 为 Pore Volume 的首字母缩写,表示孔隙体积倍数),右上角有一口生产井,保持采出速度 $q_{out} = 0.01$ PV/d,水相黏度 $\mu_w = 1$ mPa·s,油相黏度 $\mu_o = 5$ mPa·s,水的密度 $\rho_w = 1$ kg/m^3,油的密度 $\rho_o = 0.8$ kg/m^3,油的压缩系数 $C_o = 10 \times 10^{-4}$ MPa^{-1}, 水的压缩系数 $C_w = 5 \times 10^{-4}$ MPa^{-1},束缚水饱和度 $S_{wc} = 0$,残余油饱和度 $S_{or} = 0$,归一化饱和度 $S_e = (S_w - S_{wc})/(1 - S_{wc} - S_{or})$,基岩和裂缝的水相相对渗透率 $k_{rw} = S_e$,油相相对渗透率 $k_{ro} = 1 - S_e$,初始含水饱和度为 0,忽略毛管压力与重力因素的影响。

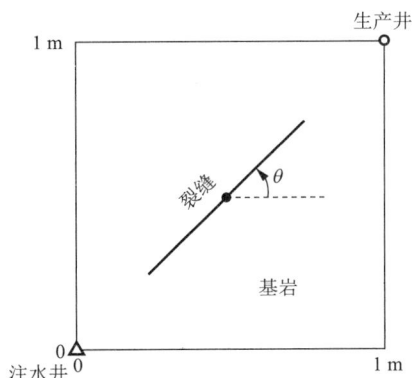

图 2-20　二维油藏模型示意图

如图 2-21 所示,分别基于三种模型对含有一条与水平方向夹角为 $\theta = 0°$,$\theta = 45°$,$\theta = 90°$ 和 $\theta = 135°$ 裂缝的多孔介质模型进行 Delaunay 三角形网格剖分。离散裂缝模型剖分后分别得到 874,878,875 和 878 个控制体积单元节点及 1 646,1 654,1 648 和 1 654 个三角形网格单元;在单孔隙介质模型中,由于裂缝开度只有 1 mm,与研究区域尺度相差三个数量级,因此在真实裂缝处需要大量的网格加密,在单孔隙介质模型 I 中,方位角 $\theta = 0°$ 的水平裂缝模型中控制体积单元节点数为 9 466 个,单元数为 18 854 个;方位角 $\theta = 45°$ 的裂缝模型中控制体积单元节点数为 9 343 个,三角形单元数为 18 620 个;方位角 $\theta = 90°$ 的竖直裂缝模型中控制体积单元节点数为 9 294 个,三角形单元数为 18 510 个;方位角 $\theta = 135°$ 的裂缝模型中控制体积单元节点数为 9 236 个,三角形单元数为 18 406 个。为了验证离散裂缝模型方法的高效性,对裂缝周围不采取网格加密的单孔隙介质模型 II 进行网格剖分,网格剖分后分别得到 1 094,1 088,1 096 和 1 092 个控制体积单元节点及 2 068,2 054,2 070 和 2 062 个 Delaunay 三角形单元。可以看出,基于离散裂缝模型和单孔隙介质模型 II 的控制体积单元数目相差不多,二者都远小于基于单孔隙介质模型 I 所得到的控制体积单元数目。

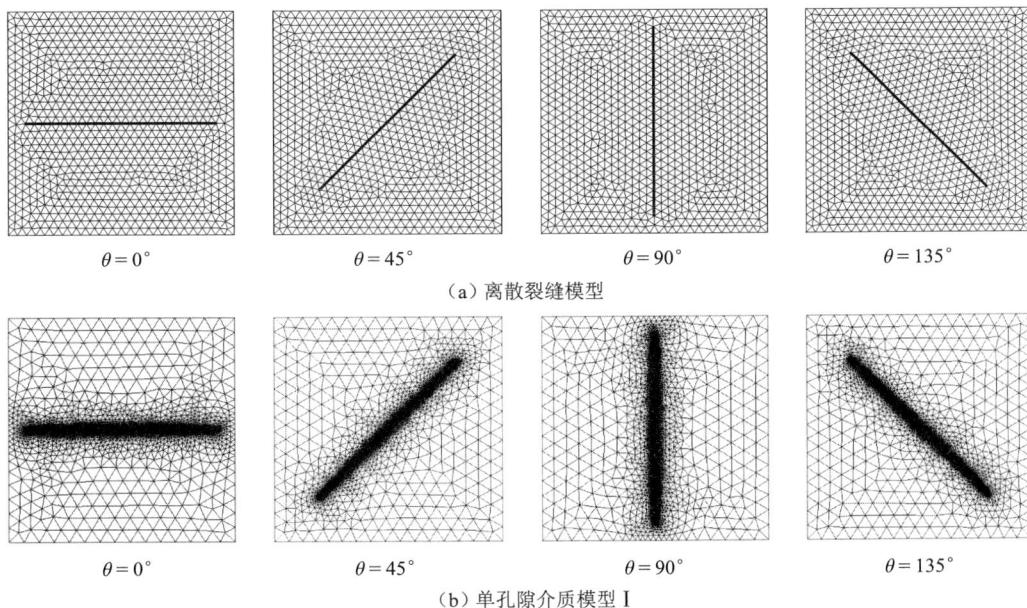

$\theta = 0°$　　$\theta = 45°$　　$\theta = 90°$　　$\theta = 135°$

(a) 离散裂缝模型

$\theta = 0°$　　$\theta = 45°$　　$\theta = 90°$　　$\theta = 135°$

(b) 单孔隙介质模型 I

图 2-21　含有不同方位角单裂缝的多孔介质几何离散

$\theta = 0°$ $\theta = 45°$ $\theta = 90°$ $\theta = 135°$

（c）单孔隙介质模型 Ⅱ

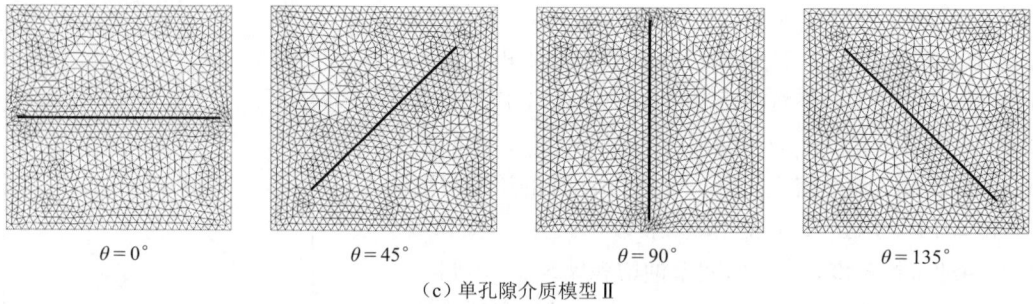

图 2-21（续）　含有不同方位角单裂缝的多孔介质几何离散

基于控制体积方法计算得到图 2-22 所示注水体积等于 0.5 PV 时的含水饱和度剖面。从图中可以看出，裂缝对流体流动影响显著，离散裂缝网络模型的计算结果与单孔隙介质模型 Ⅰ 的计算结果基本相同。

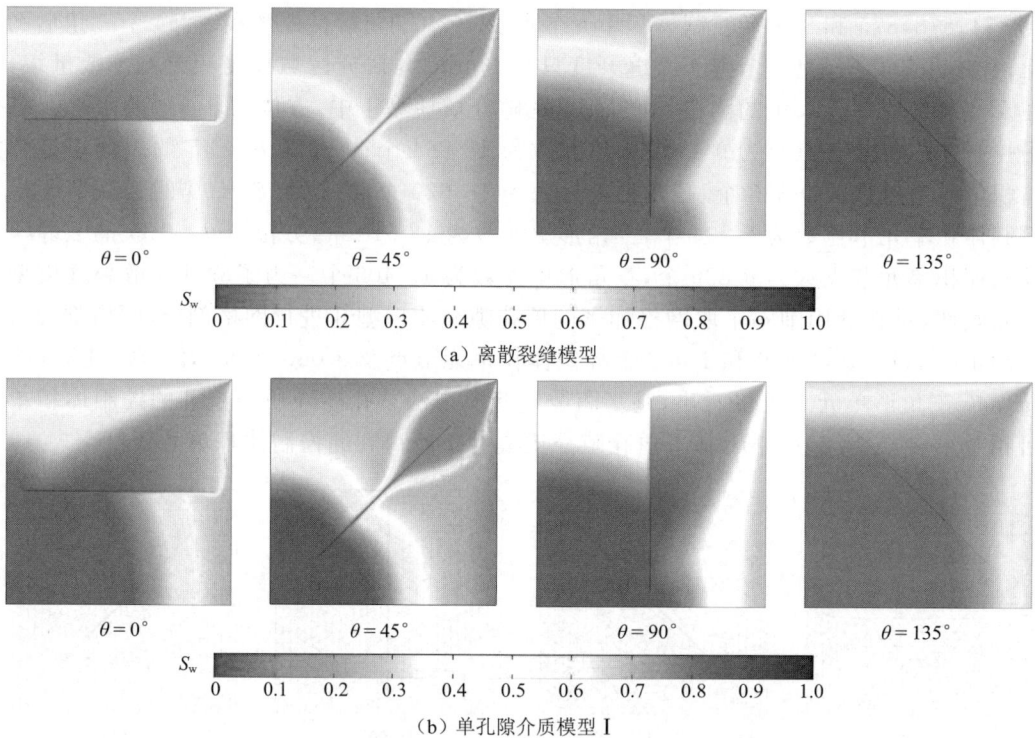

$\theta = 0°$ $\theta = 45°$ $\theta = 90°$ $\theta = 135°$

S_w　0　0.1　0.2　0.3　0.4　0.5　0.6　0.7　0.8　0.9　1.0

（a）离散裂缝模型

$\theta = 0°$ $\theta = 45°$ $\theta = 90°$ $\theta = 135°$

S_w　0　0.1　0.2　0.3　0.4　0.5　0.6　0.7　0.8　0.9　1.0

（b）单孔隙介质模型 Ⅰ

图 2-22　注水体积为 0.5PV 时两种模型的含水饱和度分布

图 2-23 所示为含有不同裂缝倾角的单裂缝介质基于离散裂缝模型和单孔隙介质模型 Ⅰ 生产 300 d 时的采出程度对比图。从图中可以看出，基于离散裂缝模型和基于单孔隙介质模型 Ⅰ 的计算结果具有很好的一致性。

由图 2-22 和图 2-23 可以看出，以裂缝局部加密的单孔隙介质模型 Ⅰ 为参考解，离散裂缝模型计算结果与之具有很好的一致性，从而验证了数值方法的正确性。

为了验证离散裂缝模型的高效性，分别考虑含有不同裂缝倾角的几何模型，基于离散裂缝模型、裂缝局部加密和裂缝局部不加密的单孔隙介质模型的计算时间。其中，CPU 主频为 2.93 GHz，所用时间如表 2-1 所示。

（a）$\theta = 0°$

（b）$\theta = 45°$

（c）$\theta = 90°$

（d）$\theta = 135°$

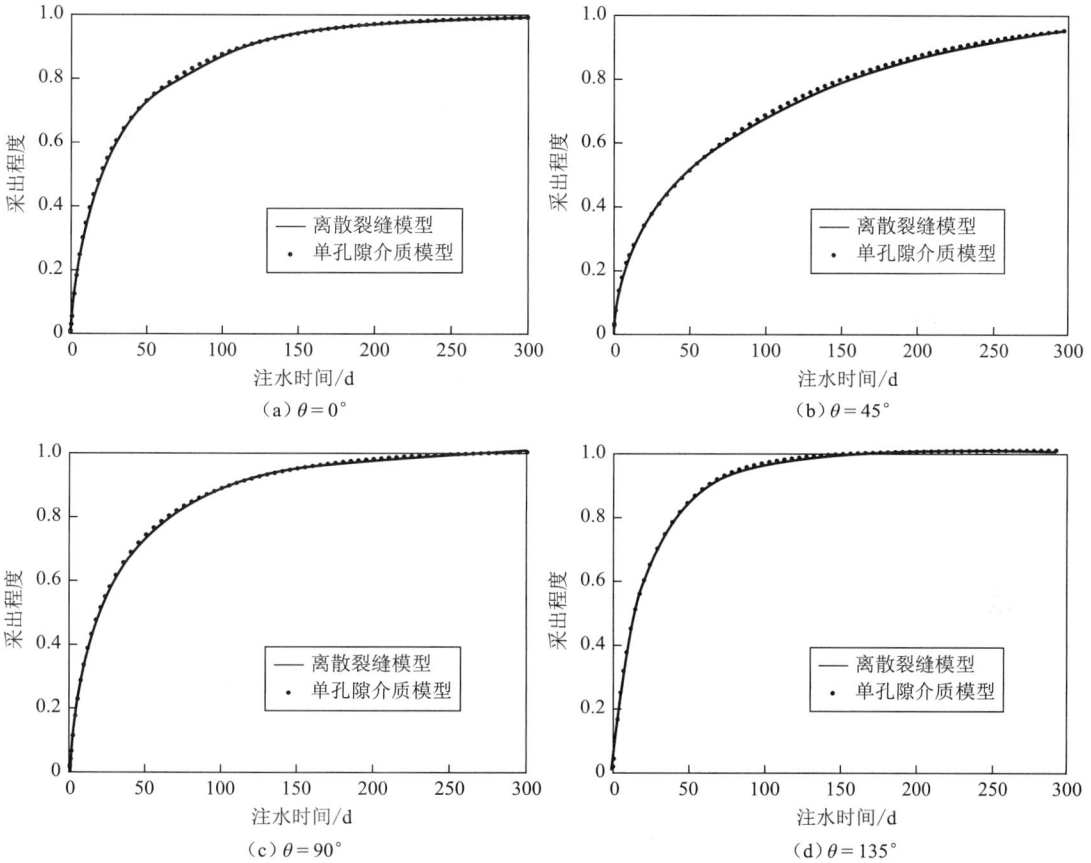

图 2-23　单裂缝介质基于两种模型的采出程度对比

表 2-1　基于各模型的不同多孔介质计算时间　　　　　　　单位：s

模　型 ＼ 裂缝倾角	0°	45°	90°	135°
离散裂缝模型	47.42	48.81	52.33	54.63
单孔隙介质模型Ⅰ	402.83	397.00	382.06	390.59
单孔隙介质模型Ⅱ	144.93	132.07	138.74	141.22

从表 2-1 中可以看出，离散裂缝模型计算精度与单孔隙介质模型Ⅰ精度相当，但前者计算时间远小于后者；离散裂缝模型计算时间低于单孔隙介质模型Ⅱ计算时间，但二者剖分网格数相差不多，这充分说明离散裂缝模型具有高效性，同时后者由于裂缝周围网格间的巨大差异，致使其收敛性远差于离散裂缝模型。

2.4　模拟有限差分数值模拟

现有的离散裂缝流动数值计算方法主要有两类：有限体积法和有限元法。前者在裂缝交叉处需进行简化和等效处理，导致在进行大规模计算时计算精度降低；后者则在守恒型计算格式构造和计算稳定性方面存在一定缺陷。模拟有限差分（Mimetic Finite Difference，

MFD)作为一种新型数值计算方法,因其具有良好的局部守恒性和对复杂网格的适用性,在计算流体力学、电磁场和油藏数值模拟中得到了成功应用。本节将该方法进一步推广至离散裂缝模型流动数值模拟研究中,详细阐述模拟有限差分方法的基本原理,建立相应的离散裂缝数值计算格式,并采用 IMPES(Implicit Pressure and Explicit Saturation Scheme)方法对其两相流问题进行求解,最后通过算例验证方法的正确性。

2.4.1 两相渗流数学模型

为简便起见,仅考虑不可压缩油水两相渗流问题,其他问题处理方法相类似。在此,采用经典的分流量数学模型,其中压力方程为:

$$\boldsymbol{v}=-\boldsymbol{K}\lambda \cdot \nabla p + \boldsymbol{K} \cdot (\lambda_w\rho_w + \lambda_o\rho_o)\boldsymbol{G}, \quad \nabla \cdot \boldsymbol{v}=q \tag{2-95}$$

式中,$v=v_w+v_o$ 为渗流总速度;$\boldsymbol{K}$ 为渗透率张量;$\lambda = \lambda_w + \lambda_o$ 为总流度系数,其中 $\lambda_l = k_{rl}/\mu_l (l=w,o)$,并定义分流函数 $f_l = \lambda_l/\lambda$;k_{rl} 为 l 相流体相对渗透率;μ_l 为 l 相流体黏度;ρ_l 为 l 相流体的密度;$\boldsymbol{G}=-g\nabla z$ 为重力作用项,其中 g 为重力加速度,z 为油藏深度(向上为正);$q=q_w+q_o$ 为源汇项;全局压力 p 定义如下:

$$p=p_o - \int_1^{S_w} f_w(\xi) \frac{\partial p_c}{\partial S_w}(\xi)\mathrm{d}\xi \tag{2-96}$$

式中,p_c 为毛管力,S_w 为水相饱和度。

相应的水相饱和度方程为:

$$\phi \frac{\partial S_w}{\partial t} + \nabla \cdot \boldsymbol{v}_w = q_w \tag{2-97}$$

$$\boldsymbol{v}_w = f_w[\boldsymbol{v} + \boldsymbol{K}\lambda_o \cdot \nabla p_c + \boldsymbol{K}\lambda_o(\rho_w - \rho_o)\boldsymbol{G}] \tag{2-98}$$

式中,ϕ 为孔隙度。

假设基岩和裂缝中的流动均满足 Darcy 定律,则上述方程在整个裂缝性介质区域上均适用。采用 IMPES 方案顺序求解方程(2-95)和(2-97)。其中,压力方程(2-95)采用模拟有限差分法进行求解,饱和度方程(2-97)则采用有限体积法进行显式求解。

为适应离散裂缝模型的复杂几何形状,采用非结构化网格剖分技术对研究区域进行离散,如图 2-24 所示。由于裂缝开度较小,对裂缝采用降维处理,即在二维问题中裂缝简化为裂缝线元,在三维问题中则简化为裂缝面元。通过降维处理,能够大大减少网格数量,提高计算效率;而裂缝开度仅需在具体的数值计算中考虑进来。

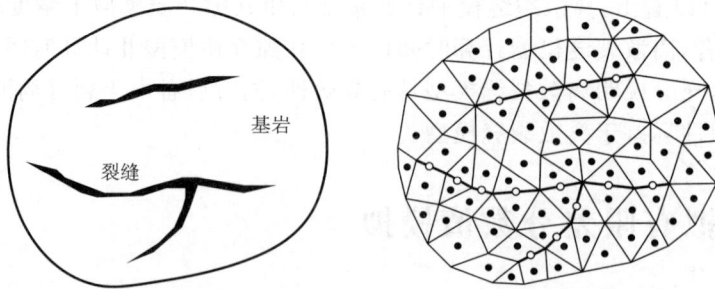

(a)实际物理模型　　　　　　　　(b)非结构化网格剖分

图 2-24　离散裂缝模型及其非结构化网格剖分示意图

2.4.2　压力方程求解

1）基岩部分

假设研究区域 $\Omega \in \mathbf{R}^d$ 被一组互不重叠的多边形($d=2$)或多面体($d=3$)网格 $\Omega_h = \langle \Omega_i \rangle$ 所剖分。如图 2-25 所示,取任意单元 Ω_i 进行分析,其中 Ω_j 为其相邻单元,交界面 $A_k = \Omega_i \bigcap \Omega_j$,$\boldsymbol{n}_k = |A_k|\hat{\boldsymbol{n}}_k$ 为交界面 A_k 的面积加权法向量,$\hat{\boldsymbol{n}}_k$ 为其单位外法线向量。

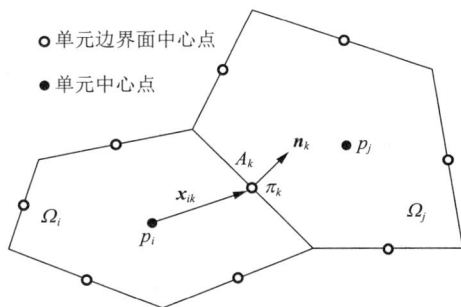

图 2-25　模拟有限差分网格单元分析示意图

首先,在单元中心点 $\boldsymbol{x}_i$ 和边界面中心点 $\boldsymbol{x}_k$ 上,分别定义单元压力 p_i 和边界面压力 π_k 如下:

$$p_i = \frac{1}{|\Omega_i|}\int_{\Omega_i} p \, \mathrm{d}\Omega, \quad \pi_k = \frac{1}{|A_k|}\int_{A_k} p \, \mathrm{d}A \tag{2-99}$$

注意,若把重力项考虑进来,则上述压力的定义应视作流动势。由 Darcy 定律可知,边界面上的法向渗流速度 v_i 可写成:

$$\boldsymbol{v}_i = \boldsymbol{T}_i \cdot (\boldsymbol{e}_i p_i - \pi_i) \tag{2-100}$$

式中,$\boldsymbol{T}_i$ 为传导矩阵;$\boldsymbol{v}_i = [v_1, \cdots, v_m]^\mathrm{T}$,$m$ 为单元 Ω_i 的边界面数;$\boldsymbol{e}_i = [1, \cdots, 1]^\mathrm{T}$。矩阵 $\boldsymbol{T}_i$ 的构造是 MFD 方法的关键。

假设压力在单元上呈线性变化,即 $p = \boldsymbol{a} \cdot \boldsymbol{x} + b$,则由 Darcy 定律可得:

$$v_k = -\mu^{-1}|A_k|\hat{\boldsymbol{n}}_k \cdot \boldsymbol{K} \cdot \nabla p = -\mu^{-1}|A_k|\hat{\boldsymbol{n}}_k \cdot \boldsymbol{K} \cdot \boldsymbol{a} \tag{2-101}$$

结合方程(2-100)和(2-101),考虑到 $p_i - \pi_k = \boldsymbol{a}(\boldsymbol{x}_i - \boldsymbol{x}_k)$,可得:

$$\boldsymbol{v}_i = \boldsymbol{T}_i \cdot \begin{bmatrix} \boldsymbol{x}_1 - \boldsymbol{x}_i \\ \vdots \\ \boldsymbol{x}_k - \boldsymbol{x}_i \\ \vdots \\ \boldsymbol{x}_m - \boldsymbol{x}_i \end{bmatrix} \cdot \boldsymbol{a} = \mu^{-1} \begin{bmatrix} |A_1|\hat{\boldsymbol{n}}_1 \\ \vdots \\ |A_k|\hat{\boldsymbol{n}}_k \\ \vdots \\ |A_m|\hat{\boldsymbol{n}}_m \end{bmatrix} \cdot \boldsymbol{K} \cdot \boldsymbol{a} \Rightarrow \boldsymbol{T}_i \boldsymbol{X} = \mu^{-1}\boldsymbol{N}\boldsymbol{K} \tag{2-102}$$

式中,$\boldsymbol{X} = [\boldsymbol{X}_1 | \cdots | \boldsymbol{X}_d]$,$\boldsymbol{N} = [\boldsymbol{N}_1 | \cdots | \boldsymbol{N}_d]$,且 $\boldsymbol{N}^\mathrm{T}\boldsymbol{X} = [Z_{ij}]_{d \times d}$。在此定义 $\boldsymbol{x}^{(i)}$ 表示 $\boldsymbol{x}$ 的第 i 维笛卡尔坐标,则有:

$$Z_{ij} = \boldsymbol{N}_i^\mathrm{T}\boldsymbol{X}_j = \sum_{k=1}^m |A_k|\hat{\boldsymbol{n}}_k^{(i)}(\boldsymbol{x}_k - \boldsymbol{x}_i)^{(j)} \tag{2-103}$$

注意,$\boldsymbol{x}_k - \boldsymbol{x}_i = \dfrac{1}{|A_k|}\displaystyle\int_{A_k}(\boldsymbol{x} - \boldsymbol{x}_i)\mathrm{d}A$,结合散度定理可得:

$$Z_{ij} = \sum_{k=1}^m |A_k|\hat{\boldsymbol{e}}_i \cdot \hat{\boldsymbol{n}}_k \frac{1}{A_k}\int_{A_k}(\boldsymbol{x} - \boldsymbol{x}_i)^{(j)}\mathrm{d}A = \sum_{k=1}^m \hat{\boldsymbol{e}}_i \cdot \int_{A_k}(\boldsymbol{x} - \boldsymbol{x}_i)^{(j)} \cdot \hat{\boldsymbol{n}}_k \mathrm{d}A$$

$$= \hat{\boldsymbol{e}}_i \cdot \int_{\Omega_i} \nabla \cdot (\boldsymbol{x} - \boldsymbol{x}_i)^{(j)}\mathrm{d}\Omega = \hat{\boldsymbol{e}}_i \cdot \hat{\boldsymbol{e}}_j |\Omega_i| = \delta_{ij}|\Omega_i| \tag{2-104}$$

$$\delta_{ij} = \begin{cases} 0, & i \neq j \\ 1, & i = j \end{cases}$$

即 $N^\mathrm{T}X = |\Omega_i|E_d$，其中 E_d 为 d 阶单位矩阵，故可通过方程（2-102）求得传导矩阵 T_i：

$$T_i = \frac{1}{\mu |\Omega_i|}NKN^\mathrm{T} + T_2 \qquad (2\text{-}105)$$

其中，$T_2X = 0$。为保证 T_i 矩阵逆的存在性，可应用 Brezzi-Lipnikov-Simoncini 定理来构造 T_i 矩阵[60]，这里采用如下形式：

$$T_i = \frac{1}{\mu |\Omega_i|}\left[NKN^\mathrm{T} + \frac{6}{d}\mathrm{trace}(K)A(E_m - QQ^\mathrm{T})A\right] \qquad (2\text{-}106)$$

式中，$A = \mathrm{diag}(|A_k|)$，$Q = \mathrm{orth}(AX)$，E_m 为 m 阶单位矩阵。对于方程（2-95）中的连续性方程，直接在单元 Ω_i 积分，结合散度定理可得：

$$\sum_{k=1}^{m} v_k^\mathrm{f} = \int_{\Omega_i} q_i \mathrm{d}\Omega \qquad (2\text{-}107)$$

考虑单元边界面上的速度连续条件，结合方程（2-103）和（2-107），可得到 MFD 数值计算格式：

$$\begin{bmatrix} B & -C & D \\ C^\mathrm{T} & 0 & 0 \\ D^\mathrm{T} & 0 & 0 \end{bmatrix}\begin{bmatrix} v \\ p \\ \pi \end{bmatrix} = \begin{bmatrix} g \\ q \\ f \end{bmatrix} \qquad (2\text{-}108)$$

式中，$v = [v_k]$ 为单元边界面渗流速度列阵；$p = [p_i]$ 为单元中心压力列阵；$\pi = [\pi_k]$ 为单元边界面中心压力列阵；$g = [g_k]$ 为重力作用项；$q = [q_i]$ 为单元 Ω_i 的源汇项；$f = [f_i]$ 为流量边界条件，$f = 0$ 表示不渗透边界。方程（2-108）的第一行对应于方程（2-95）中的 Darcy 定律，第二行对应于方程（2-95）中连续性方程，第三行则是单元边界面上的法向速度连续性条件。上述方程的系数矩阵具体如下：

$$B = \begin{bmatrix} T_1^{-1} & & \\ & \ddots & \\ & & T_{N_e}^{-1} \end{bmatrix}, \quad C = \begin{bmatrix} e_1 & & \\ & \ddots & \\ & & e_{N_e} \end{bmatrix}, \quad D = \begin{bmatrix} I_1 & & \\ & \ddots & \\ & & I_{N_e} \end{bmatrix} \qquad (2\text{-}109)$$

式中，下标 N_e 表示网格单元总数；$I_i = E_m$。

从上述推导过程可知：MFD 方法仅基于单个网格单元来构造数值计算格式，适用于任意复杂网格系统，且具有良好的局部守恒性，这一点类似于混合有限元。然而，对于复杂网格系统，混合有限元数值计算格式的构造存在很大困难。

2）离散裂缝模型压力方程求解

如前所述，裂缝和基岩中的流动均满足 Darcy 定律，考虑封闭外边界，则方程（2-108）可写为：

$$\begin{bmatrix} B_\mathrm{m} & -C_\mathrm{m} & D_\mathrm{m} \\ C_\mathrm{m}^\mathrm{T} & 0 & 0 \\ D_\mathrm{m}^\mathrm{T} & 0 & 0 \end{bmatrix}\begin{bmatrix} v_\mathrm{m} \\ p_\mathrm{m} \\ \pi_\mathrm{m} \end{bmatrix} = \begin{bmatrix} g_\mathrm{m} \\ q_\mathrm{m} \\ 0 \end{bmatrix} \qquad (2\text{-}110)$$

$$\begin{bmatrix} B_\mathrm{f} & -C_\mathrm{f} & D_\mathrm{f} \\ C_\mathrm{f}^\mathrm{T} & 0 & 0 \\ D_\mathrm{f}^\mathrm{T} & 0 & 0 \end{bmatrix}\begin{bmatrix} v_\mathrm{f} \\ p_\mathrm{f} \\ \pi_\mathrm{f} \end{bmatrix} = \begin{bmatrix} g_\mathrm{f} \\ q_\mathrm{f} \\ 0 \end{bmatrix} \qquad (2\text{-}111)$$

式中,下标 m 和 f 分别表示基岩和裂缝。

注意,由于对裂缝进行了降维处理,因此方程(2-111)比方程(2-110)的空间维数低一维。

对于 MFD 离散裂缝数值计算格式的构造,关键在于基岩和裂缝压力方程的耦合。对此,考虑图 2-26 所示的裂缝-基岩混合网格示意图。由于裂缝网格单元可视为基岩网格单元的边界面,因此裂缝单元压力 p_f 与相邻基岩单元的边界面压力 π_m 相等,因此,在数值计算格式中仅需保留 π_m。对于方程(2-110)和(2-111)中的渗流速度项,按照下述条件,在裂缝单元 $F = E \bigcap E'$ 上进行耦合。

(1) 若 F 为导流裂缝,则将裂缝单元与相邻基岩单元间总的流量交换记为 Q_f^F。对于裂缝单元,该流量可作为源汇项来处理,因此有:

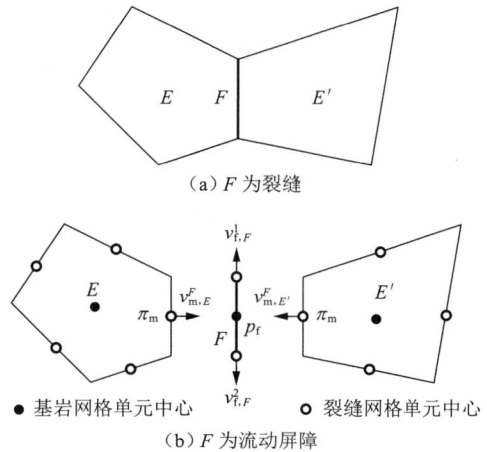

(a) F 为裂缝

(b) F 为流动屏障

● 基岩网格单元中心　　○ 裂缝网格单元中心

图 2-26　裂缝-基岩耦合流动分析示意图

$$\begin{cases} v_{m,E}^F + v_{m,E'}^F = Q_f^F \\ \sum_i v_{f,F}^i = Q_f^F + q_f^F \end{cases} \tag{2-112}$$

式中,$v_{m,E}^F$,$v_{m,E'}^F$ 分别为基岩单元 E 和 E' 流向裂缝的流量;q_f^F 为源汇项;$\sum_i v_{f,F}^i$ 为本裂缝单元与其相邻裂缝单元的流量交换。

上述方程组中的第二个方程对应于裂缝单元的连续性方程。

(2) 若 F 为流动屏障,则按照不渗透边界进行处理。

此时,方程(2-110)和(2-111)可通过方程(2-112)耦合起来形成相应的离散裂缝数值计算格式:

$$\begin{bmatrix} \boldsymbol{B}_m & -\boldsymbol{C}_m & \boldsymbol{D}_m & 0 & 0 \\ \boldsymbol{C}_m^T & 0 & 0 & 0 & 0 \\ \boldsymbol{D}_m^T & 0 & 0 & -\boldsymbol{C}_f^T & 0 \\ 0 & 0 & -\boldsymbol{C}_f & \boldsymbol{B}_f & \boldsymbol{D}_f \\ 0 & 0 & 0 & \boldsymbol{D}_f^T & 0 \end{bmatrix} \begin{bmatrix} \boldsymbol{v}_m \\ \boldsymbol{p}_m \\ \boldsymbol{\pi}_m \\ \boldsymbol{v}_f \\ \boldsymbol{\pi}_f \end{bmatrix} = \begin{bmatrix} \boldsymbol{g}_m \\ \boldsymbol{q}_m \\ -\boldsymbol{q}_f \\ \boldsymbol{g}_f \\ 0 \end{bmatrix} \tag{2-113}$$

2.4.3　饱和度方程求解

1) 有限体积法计算格式

采用 IMPES 方法对方程(2-95)和(2-97)进行顺序求解。首先,应用方程(2-113)求解离散裂缝模型的压力方程(2-95),计算过程中,与饱和度相关的参数均取上一个时间步的数值;对于饱和度方程(2-97),则采用有限体积法进行求解,在单元 Ω_i 上直接对方程(2-97)进行积分,可得:

$$\int_{\Omega_i} \phi \frac{\partial S}{\partial t} \mathrm{d}\Omega + \int_{\partial \Omega_i} \{ f_w [\boldsymbol{v} + \boldsymbol{K}\lambda_o \cdot \nabla p_c + \boldsymbol{K}\lambda_o \cdot (\rho_w - \rho_o)\boldsymbol{G}] \} \cdot \boldsymbol{n}_i \mathrm{d}\Gamma = \int_{\Omega_i} q_w \mathrm{d}\Omega$$

$$\tag{2-114}$$

为书写方便,在此去掉水相饱和度 S_w 的下标 w。对于时间维,应用 θ 准则可得到如下有限体积数值离散格式:

$$\frac{\phi_i}{\Delta t}(S_i^{n+1} - S_i^n) + \frac{1}{|\Omega_i|}\sum_{k=1}^{m}[\theta F_k(S^{n+1}) + (1-\theta)F_k(S^n)] = q_w(S_i^n) \quad (2\text{-}115)$$

其中:

$$F_k(S) = \int_{A_k} [f_w(S)]_k [\boldsymbol{v} \cdot \hat{\boldsymbol{n}}_k + \boldsymbol{K}\lambda_o \cdot \nabla p_c \cdot \hat{\boldsymbol{n}}_k + \boldsymbol{K}\lambda_o \cdot (\rho_w - \rho_o)\boldsymbol{G} \cdot \hat{\boldsymbol{n}}_k]\mathrm{d}A$$

$$(2\text{-}116)$$

式中,上标 n 表示时间步。

在边界面 A_k 上,采用下述上游迎风格式计算 $[f_w(S)]_k$:

$$[f_w(S)]_k = \begin{cases} f_w(S_i), & \boldsymbol{v} \cdot \hat{\boldsymbol{n}}_k \geqslant 0 \\ f_w(S_j), & \boldsymbol{v} \cdot \hat{\boldsymbol{n}}_k < 0 \end{cases} \quad (2\text{-}117)$$

对饱和度方程(2-115)进行显式求解,即 $\theta = 0$。为达到计算的稳定性,时间步长采用如下 CFL 条件:

$$\Delta t \leqslant \frac{\phi_i |\Omega_i|}{v_i^{in} \max\{f_w'(S)\}_{0 \leqslant S \leqslant 1}} \quad (2\text{-}118)$$

其中:

$$v_i^{in} = \max(q_i, 0) - \sum_{A_k}\min(v_k, 0), \quad \frac{\partial f_w}{\partial S} = \frac{\partial f_w}{\partial S^*}\frac{\partial S^*}{\partial S} = \frac{1}{1 - S_{wc} - S_{or}}\frac{\partial f_w}{\partial S^*}$$

式中,S^* 为归一化后的水相饱和度;S_{wc} 为束缚水饱和度;S_{or} 为残余油饱和度。

2) 裂缝交叉处饱和度计算

当两条或多条裂缝相交时,交叉处饱和度的计算是离散裂缝流动模拟中的关键。目前主要有两种处理方式:一种是基于 Delta-Star 传导率计算的上游迎风格式[55],该方法对交叉裂缝进行简化和等效处理;另一种则是上游迎风加权计算格式[58],该方法计算精度高,但需获取交叉处各裂缝单元的真实渗流速度。这里采用后者,如图 2-27 所示,假

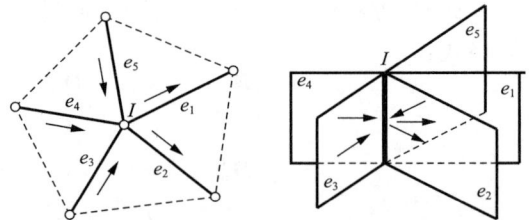

(a) 2D 问题　　　　(b) 3D 问题

图 2-27　裂缝交叉处饱和度计算示意图

设有 N_I 个裂缝单元 e_i 相交于 I,每个裂缝单元相应的分流函数为 f_{w,e_i},在交叉处的渗流速度为 v_{f,e_i}。定义 I 处的流入和流出如下:

$$\begin{cases} v_{f,e_i} \leqslant 0, & 0 < i \leqslant N(\text{流出}) \\ v_{f,e_i} > 0, & N < i < N_I(\text{流入}) \end{cases} \quad (2\text{-}119)$$

由质量守恒定律可知:

$$\sum_{i=N+1}^{N_I} v_{f,e_i} = -\sum_{i=1}^{N} v_{f,e_i} \quad (2\text{-}120)$$

进一步,由上游迎风计算格式定义可得:

$$\sum_{i=N+1}^{N_I} f_{\mathrm{w},i} v_{\mathrm{f},e_i} = -\sum_{i=1}^{N} f_{\mathrm{w},I} v_{\mathrm{f},e_i} = -f_{\mathrm{w},I} \sum_{i=1}^{N} v_{\mathrm{f},e_i} \tag{2-121}$$

因此,裂缝交叉处 I 的上游迎风加权分流函数为:

$$f_{\mathrm{w},I} = -\frac{\displaystyle\sum_{i=N+1}^{N_I} f_{\mathrm{w},i} v_{\mathrm{f},e_i}}{\displaystyle\sum_{i=1}^{N} v_{\mathrm{f},e_i}} \tag{2-122}$$

2.4.4　数值算例

本节首先给出两个简单离散裂缝模型数值算例,并通过与实验结果的对比验证 MFD 方法和程序的正确性;然后通过复杂离散裂缝模型数值算例进一步验证 MFD 方法的正确性和程序的鲁棒性。

1)简单离散裂缝模型算例

考虑图 2-28 和图 2-29 所示的一注一采物理模型,其尺寸为 $1\ \mathrm{m} \times 1\ \mathrm{m} \times 0.025\ \mathrm{m}$,可视为平面流动问题。图 2-28 为单裂缝模型,图 2-29 为两条交叉裂缝模型,均采用玻璃沙(160~180 目)结合环氧树脂胶结压实而成,然后用透明有机玻璃板封装。基岩可视为均质各向同性介质,其孔隙度 $\phi \approx 0.4$,渗透率 $K_{\mathrm{m}} = 10\ \mu\mathrm{m}^2$。模型制作时,裂缝由超薄钢片替代,待模型胶结后抽离钢片,裂缝开度约为 $1\ \mathrm{mm}$,渗透率 $K_{\mathrm{f}} = a^2/12 = 8.33 \times 10^4\ \mu\mathrm{m}^2$。注水井的流量 $q = 0.01\ \mathrm{PV/min}$,采出井与大气压相连。水的黏度 $\mu_{\mathrm{w}} = 1\ \mathrm{mPa \cdot s}$,油的黏度 $\mu_{\mathrm{o}} = 5\ \mathrm{mPa \cdot s}$,水的密度 $\rho_{\mathrm{w}} = 1\ 000\ \mathrm{kg/m}^3$,油的密度 $\rho_{\mathrm{o}} = 800\ \mathrm{kg/m}^3$。

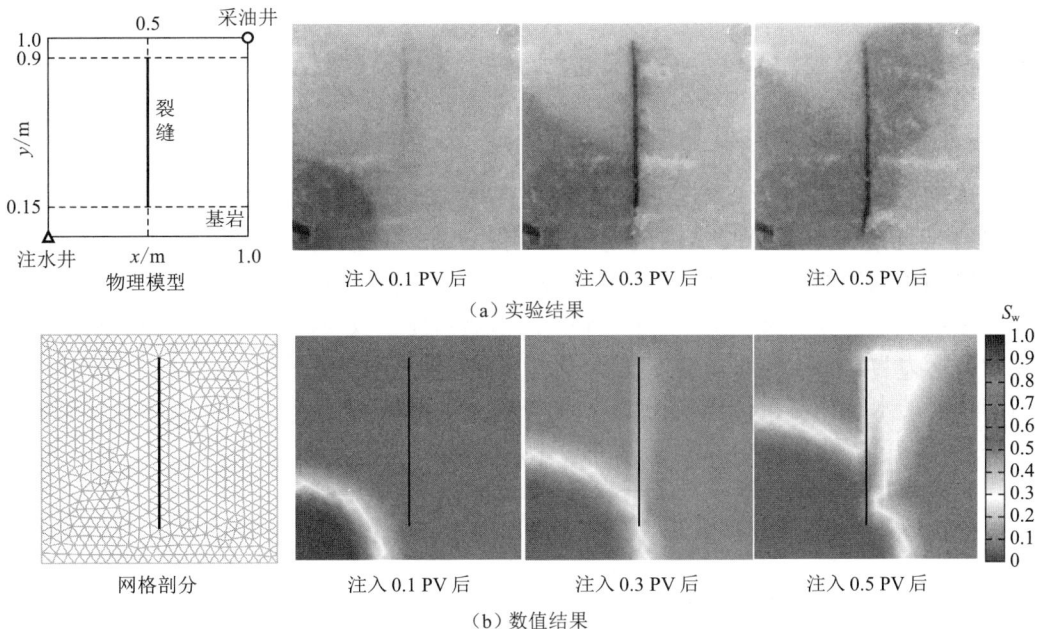

图 2-28　单裂缝模型及其含水饱和度结果对比

模型初始时刻饱和油,束缚水饱和度和残余油饱和度均为零。基岩和裂缝的水相相对渗透率 $k_{rw}=S_w$,油相相对渗透率 $k_{ro}=1-S_w$。应用 MFD 方法对单裂缝模型和两条交叉裂缝模型物理实验过程进行数值模拟,计算中忽略毛管压力和重力的影响,相应的 Delaunay 三角网格剖分和数值模拟结果如图 2-28 和图 2-29 所示。通过与实验真实流动过程的对比可看出:数值计算结果与实验结果基本一致,从而验证了 MFD 方法和程序的正确性。值得注意的是,图 2-28 所示实验结果在左边界的上半部分出现了快速流动现象,这是由于在模型制作时,侧面的有机玻璃板和玻璃沙胶接模型并未达到完全密封。

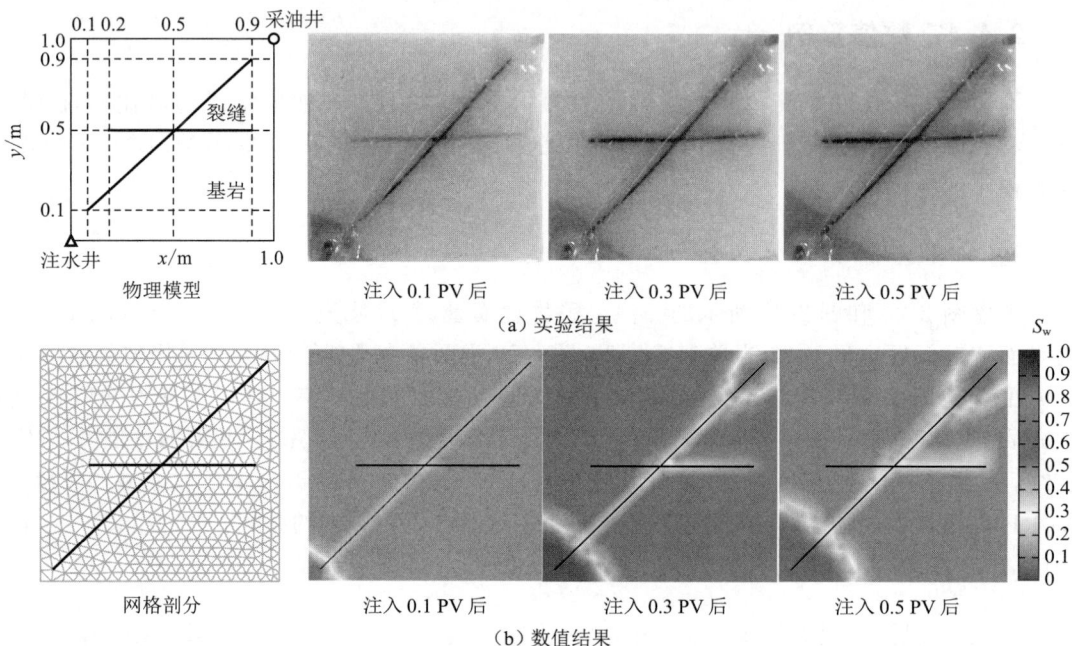

图 2-29 两条交叉裂缝模型及其含水饱和度结果对比

2）复杂离散裂缝模型算例

考虑图 2-30 所示的复杂裂缝性介质模型,研究区域为 $100\ m \times 50\ m(x \times y)$,图中粗黑线代表裂缝,基于地质统计信息随机生成,采用 Delaunay 三角形网格进行剖分(见图 2-30b)。均质各向同性基岩的孔隙度 $\phi = 0.2$,渗透率 $K_m = 10\ mD(1\ mD = 10^{-3}\ \mu m^2)$,裂缝开度 $a = 1\ mm$,渗透率 $K_f = a^2/12 = 8.33 \times 10^7\ mD$,油水的物性参数与简单离散裂缝模型算例一致。初始油藏压力为 10 MPa,初始含水饱和度为零,注水井和采油井的速度均为 0.01 PV/d。基岩和裂缝的水相相对渗透率 $k_{rw}=S_w^2$,油相相对渗透率 $k_{ro}=(1-S_w)^2$,假设模型为水湿性储层,考虑基岩和裂缝中毛管压力的影响,假设两者的毛管压力均符合 Brooks-Corey 毛管压力函数,见式(2-123)。对于基岩,阈压值 $p_d = 10\ 000\ Pa,\lambda = 2.0$;对于裂缝,阈压值 $p_d = 1\ 000\ Pa,\lambda = 1.0$。

$$p_c(S_w) = p_d \left(\frac{S_w - S_{wc}}{1 - S_{wc} - S_{or}} \right)^{-\frac{1}{\lambda}}, \quad 0.2 < \lambda < 3.0 \qquad (2-123)$$

图 2-31 为不同时刻的含水饱和度分布。模拟计算结果表明:注入水沿着大裂缝迅速窜进,裂缝的存在导致介质具有强烈的非均质性,毛管压力的存在使得注水波及面积有所增

加,但整体效果仍由宏观大裂缝控制。通过本算例,进一步验证了 MFD 方法的正确性,同时可以看到,MFD 方法对于异常复杂的网格系统仍具有良好的适用性。

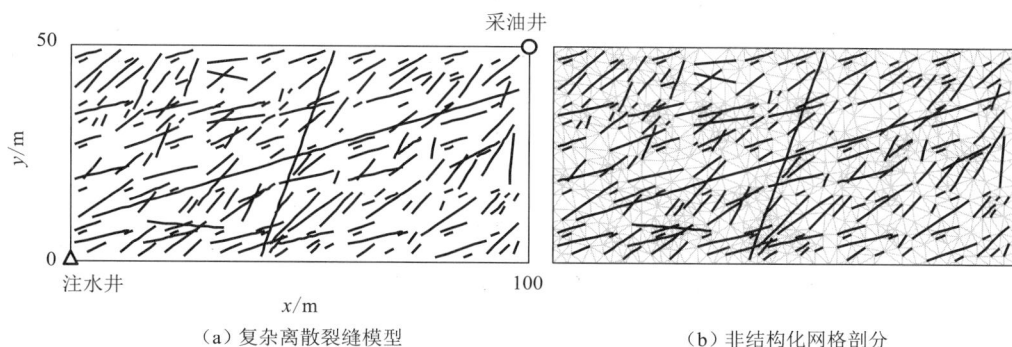

(a) 复杂离散裂缝模型   (b) 非结构化网格剖分

图 2-30 复杂离散裂缝模型及其非结构化网格剖分

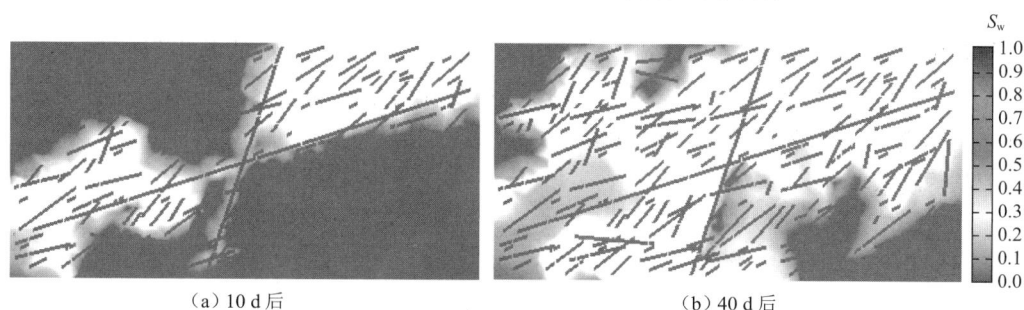

(a) 10 d 后   (b) 40 d 后

图 2-31 不同时刻含水饱和度分布

2.5 嵌入式离散裂缝数值模拟

目前,裂缝性油藏数值模拟大都基于双重介质模型,但该模型仅适用于裂缝发育程度高的储层。当存在数条控制着流体流动方向和规模的大裂缝时,其计算结果误差较大。对此,离散裂缝模型应运而生,并且随着非常规油气藏中人工压裂技术的广泛应用,其相关流动模拟技术得到长足发展。但现有的离散裂缝数值模型都是基于匹配型网格,即将裂缝作为内边界并以此为约束面来进行网格剖分。由于裂缝几何形态的复杂性,需采用非结构化网格技术,其剖分过程非常复杂和烦琐,尤其当裂缝间距离或夹角很小时,网格划分质量往往较差,导致计算出现偏差,如图 2-32(a) 所示。而嵌入式离散裂缝模型划分网格时不需要考虑内部的裂缝形态,基岩系统单独进行网格剖分,裂缝部则根据裂缝与基岩网格的相交情况来划分网格,如图 2-32(b) 所示,可大大降低网格划分的复杂度,从而能够提高计算效率。

对此,Lee 和 Moinfar 等提出了嵌入式离散裂缝模型,该模型将裂缝网络直接嵌入基岩结构化网格系统中[44-46],可避免上述复杂的非结构化网格剖分过程。虽然嵌入式离散裂缝模型需要计算裂缝与网格之间的几何信息,但相对于复杂的非结构化网格剖分过程,其计算复杂度大大降低,从而能够提高计算效率。

然而,现有的嵌入式离散裂缝模型均采用有限差分方法进行求解,尚不能准确处理全张量渗透率情形,且只适用于结构化网格。因此,有必要基于模拟有限差分方法建立一种新的嵌入式离散裂缝数值计算格式,以适用于复杂裂缝性油藏数值模拟。

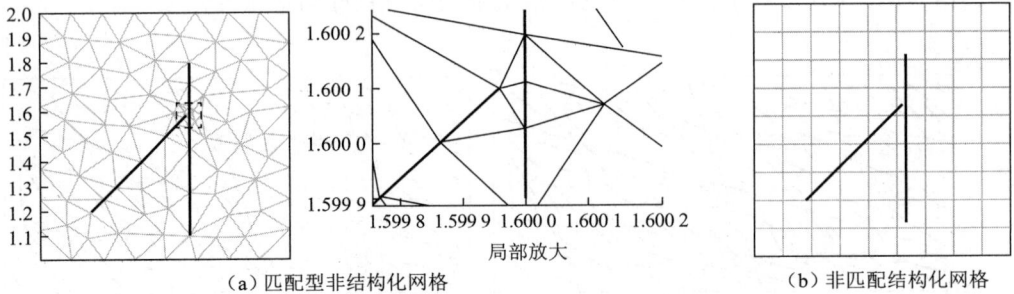

(a) 匹配型非结构化网格　　　　　　　　　　　(b) 非匹配结构化网格

图 2-32　离散裂缝模型和嵌入式离散裂缝模型网格划分对比

2.5.1　嵌入式离散裂缝数学模型

为研究方便,基于二维单相渗流问题阐述嵌入式数值模拟方法的基本思想和原理。假设流体流动过程恒温,不考虑基岩和流体的压缩性;基岩系统和裂缝系统中的流体流动满足 Darcy 定律;忽略重力和毛管压力的影响。

基岩系统数学模型:

$$\boldsymbol{v}_{\mathrm{m}} = -\frac{\boldsymbol{K}_{\mathrm{m}}}{\mu} \cdot \nabla p_{\mathrm{m}} \tag{2-124}$$

$$\nabla \cdot \boldsymbol{v}_{\mathrm{m}} = q_{\mathrm{m}} + \frac{q_{\mathrm{mf}}}{V_{\mathrm{m}}} \delta_{\mathrm{mf}} \tag{2-125}$$

裂缝系统数学模型:

$$\frac{K_{\mathrm{f}}}{\mu} \frac{\partial^2 p_{\mathrm{f}}}{\partial \xi^2} = q_{\mathrm{f}} + \frac{q_{\mathrm{mf}} + q_{\mathrm{ff}} \delta_{\mathrm{ff}}}{V_{\mathrm{f}}} \tag{2-126}$$

其中:

$$\delta_{\mathrm{mf}} = \begin{cases} 1 & (\text{基岩网格有裂缝嵌入}) \\ 0 & (\text{基岩网格没有裂缝嵌入}) \end{cases}$$

$$\delta_{\mathrm{ff}} = \begin{cases} 1 & (\text{裂缝单元与另一裂缝单元相交}) \\ 0 & (\text{裂缝单元不与其他裂缝单元相交}) \end{cases}$$

式中,v_{m} 为基岩渗流速度;$\boldsymbol{K}_{\mathrm{m}}$ 为基岩渗透率张量;K_{f} 为裂缝渗透率(标量);μ 为流体黏度;p_{m}, p_{f} 为基岩和裂缝的压力(或流动势);V_{m}, V_{f} 为基岩单元和裂缝单元的体积;q_{m}, q_{f} 为基岩和裂缝的源汇项;ξ 为沿裂缝方向的局部坐标系;q_{mf} 为基岩与裂缝之间的窜流量;q_{ff} 为相交裂缝单元之间的窜流量。

1) 基岩网格与裂缝单元间窜流量计算

由于裂缝开度与网格尺度相比很小,且裂缝渗透率远大于基岩渗透率,因此可以认为裂缝两侧的压力连续,基岩与裂缝之间的窜流量表达式可以写成:

$$q_{\mathrm{mf}} = -T_{\mathrm{mf}}(p_{\mathrm{m}} - p_{\mathrm{f}}) \tag{2-127}$$

其中:

$$T_{mf} = \frac{K_{mf} A_{mf}}{\mu \hat{d}}, \quad \hat{d} = \frac{\int x_{mf} dS}{S}, \quad K_{mf} = \frac{1}{\dfrac{1}{K_f} + \dfrac{1}{K_m}}$$

式中,$\hat{d}$ 为基岩网格与裂缝段间的等效距离,即基岩网格内所有点到裂缝段垂直距离的平均值;S 为基岩单元的体积;K_m 为基岩垂直于裂缝方向的渗透率(标量);K_f 为裂缝渗透率;A_{mf} 为裂缝段与基岩的接触面积;x_{mf} 为基岩网格内所有点到裂缝的垂直距离。

2）裂缝单元与裂缝单元间窜流量计算

借鉴 Karimi-Fard 计算相交裂缝段间传递系数的方法计算裂缝与裂缝间窜流量[55]:

$$q_{ff} = T_{ff}(p_{fi} - p_{fj}) \tag{2-128}$$

其中:

$$T_{ff} = \frac{T_{fi} T_{fj}}{T_{fi} + T_{fj}}, \quad T_{fi} = \frac{K_{fi} a_{fi}}{\mu \hat{d}_i}, \quad T_{fj} = \frac{K_{fj} a_{fj}}{\mu \hat{d}_j}$$

$$\hat{d}_i = \frac{l_{i1}}{l_{i1} + l_{i2}} \cdot \frac{1}{2} l_{i1} + \frac{l_{i2}}{l_{i1} + l_{i2}} \cdot \frac{1}{2} l_{i2}$$

$$\hat{d}_j = \frac{l_{j1}}{l_{j1} + l_{j2}} \cdot \frac{1}{2} l_{j1} + \frac{l_{j2}}{l_{j1} + l_{j2}} \cdot \frac{1}{2} l_{j2}$$

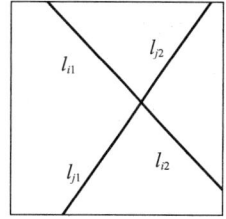

图 2-33　裂缝段相交示意图

式中,a_f 表示裂缝开度;l 表示裂缝长度。

2.5.2　数学模型求解

1）基岩部分模拟有限差分求解

基岩区域被一组互不重叠的多边形网格所剖分。如图 2-34 所示,取任意单元 Ω_i 进行分析,其中 Ω_j 为其相邻单元,交界面 $A_k = \Omega_i \cap \Omega_j$,$\boldsymbol{n}_k = |A_k| \hat{\boldsymbol{n}}_k$ 为交界面 A_k 的面积加权法向量,$\hat{\boldsymbol{n}}_k$ 为单位外法线向量。在单元中心点 $\boldsymbol{x}_i$ 和边界面中心点 $\boldsymbol{x}_k$ 上分别定义单元压力 p_{mi}^e 和边界面压力 p_{mk}^f,如下:

$$p_{mi}^e = \frac{1}{|\Omega_i|} \int_{\Omega_i} p_m d\Omega, \quad p_{mk}^f = \frac{1}{|A_k|} \int_{A_k} p_m dA \tag{2-129}$$

由方程(2-124)知,基岩网格边界面上的法向渗流速度 $\boldsymbol{v}_m^f$ 与压力梯度 ∇p_m 之间有如下关系:

$$\boldsymbol{v}_m^f = \boldsymbol{T}_{mi} \cdot (\boldsymbol{e}_i p_{mi}^e - \boldsymbol{p}_m^f) \tag{2-130}$$

式中,$\boldsymbol{T}_{mi}$ 为基岩网格的传导矩阵;$\boldsymbol{v}_m^f = [v_{m1}, v_{m2}, \cdots, v_{mn}]^T$;$n$ 为单元 Ω_i 的边界面数;$\boldsymbol{e}_i = [1, \cdots, 1]^T$。因此,模拟有限差分方法的关键问题是如何获取矩阵 $\boldsymbol{T}_{mi}$。在此,假设压力在基岩网格内呈线性变化,即 $p_m = \boldsymbol{a}_m \cdot \boldsymbol{x} + b_m$,

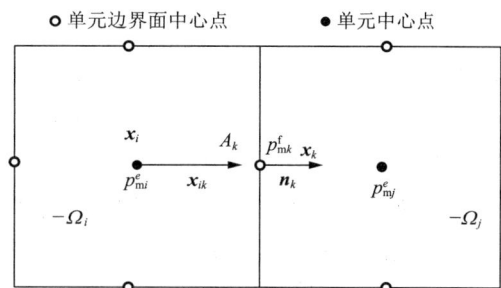

图 2-34　模拟有限差分网格单元分析示意图
$$(\boldsymbol{x}_{ik} = \boldsymbol{x}_k - \boldsymbol{x}_i)$$

显然，由方程(2-124)可得：

$$v_{mk}^f = -\mu^{-1} |A_k| \hat{n}_k \cdot K_m \cdot \nabla p_m = -\mu^{-1} |A_k| \hat{n}_k \cdot K_m \cdot a_m \quad (2\text{-}131)$$

同时，$p_{mi}^e - p_{mk}^f = a_m \cdot (x_i - x_k)$，结合方程(2-130)和(2-131)，可得：

$$v_m^f = T_{mi} \cdot \begin{bmatrix} x_1 - x_i \\ \vdots \\ x_k - x_i \\ \vdots \\ x_n - x_i \end{bmatrix} \cdot a_m = \mu^{-1} \begin{bmatrix} |A_1| \hat{n}_1 \\ \vdots \\ |A_k| \hat{n}_k \\ \vdots \\ |A_n| \hat{n}_n \end{bmatrix} \cdot K_m \cdot a_m \Rightarrow T_{mi}X = \mu^{-1} N K_m \quad (2\text{-}132)$$

其中，$X = [X_1 | , \cdots , | X_n]$，$N = [N_1 | , \cdots , | N_n]$，且 $N^T X = [Z_{ij}]_{n \times n} = |\Omega_i| E_d$，其中 E_d 为 d 阶单位矩阵。

因此，通过方程(2-132)求得传导矩阵：

$$T_{mi} = \frac{1}{\mu |\Omega_i|} N K_m N^T + T_2 \quad (2\text{-}133)$$

$$T_{mi} = \frac{1}{\mu |\Omega_i|} \left[N K_m N^T + \frac{6}{d} \text{trace}(K_m) A (E_n - Q Q^T) A \right] \quad (2\text{-}134)$$

其中：

$$A = \begin{bmatrix} |A_1| & & & & \\ & \ddots & & & \\ & & |A_k| & & \\ & & & \ddots & \\ & & & & |A_n| \end{bmatrix}, \quad Q = \text{orth}(AX) \quad (2\text{-}135)$$

式中，E_n 为 n 阶单位矩阵。

对于方程(2-125)，直接在基岩网格单元 Ω_i 上积分并运用散度定理：

$$\sum_{k=1}^{n} v_{mk}^f = \int_{\Omega_i} q_{mi} \mathrm{d}\Omega + q_{mf} \delta_{mf} \quad (2\text{-}136)$$

考虑单元边界面上的速度连续条件，结合方程(2-130)和(2-136)，可得到基岩部分模拟有限差分的数值计算格式：

$$\begin{bmatrix} B_m & -C_m & D_m \\ C_m^T & 0 & 0 \\ D_m^T & 0 & 0 \end{bmatrix} \begin{bmatrix} v_m \\ p_m \\ \pi_m \end{bmatrix} = \begin{bmatrix} 0 \\ f_m + Q_{mf} \\ 0 \end{bmatrix} \quad (2\text{-}137)$$

式中，$v_m = [v_{mk}^f]$；$p_m = [p_{mi}^e]$；$\pi_m = [p_{mk}^f]$；$f_m = [f_{mi}]$，其中 $f_{mi} = \int_{\Omega_i} q_{mi} \mathrm{d}\Omega$；$Q_{mf} = [q_{mfi} \delta_{mfi}]$，为了书写方便，这一项暂时放在等号右侧，在最后的计算格式中需要移到左侧。

显然，方程(2-137)中的第一行对应于方程(2-124)的 Darcy 定律，第二行对应于方程(2-125)质量守恒定律，第三行则表征单元边界面上的法向速度连续性条件。上述方程的系数矩阵表达式具体如下：

$$B_m = \begin{bmatrix} T_{m1}^{-1} & & \\ & \ddots & \\ & & T_{mN_e}^{-1} \end{bmatrix}, \quad C_m = \begin{bmatrix} e_1 & & \\ & \ddots & \\ & & e_{N_e} \end{bmatrix}, \quad D_m = \begin{bmatrix} I_1 & & \\ & \ddots & \\ & & I_{N_e} \end{bmatrix} \quad (2\text{-}138)$$

式中,下标 N_e 为网格单元总数; $I_i = E_n$。

从方程(2-138)可知,方程(2-137)中的各系数矩阵仅与网格单元的几何信息和油藏参数有关,而对网格的几何形状没有特殊要求,求解方便,原则上适用于任何复杂网格。

2) 裂缝部分有限差分求解

对于一维裂缝系统采用隐式差分,方程左右两端同乘以网格单元体积 V_f,则式(2-126)的差分方程为:

$$T_{\xi_{i+\frac{1}{2}}}(p_{fi+1} - p_{fi}) - T_{\xi_{i-\frac{1}{2}}}(p_{fi} - p_{fi-1}) = f_{fi} + q_{mfi} + q_{ffi}\delta_{ffi} \tag{2-139}$$

其中:

$$T_{\xi_{i\pm\frac{1}{2}}} = \frac{K_f}{\mu}\frac{d_{fi}}{0.5(\Delta\xi_{i\pm1} + \Delta\xi_i)}, \quad f_{fi} = V_{fi}q_{fi}$$

3) 嵌入式离散裂缝模型计算格式

以存在两条相交裂缝的裂缝性油藏为例,将基岩部分和裂缝部分的数值计算格式组装到一起,得到基于模拟有限差分的嵌入式离散裂缝模型计算格式:

$$\begin{bmatrix} B_m & -C_m & D_m & 0 & 0 \\ C_m^T & T_{mf1}+T_{mf2} & 0 & -T_{mf1} & -T_{mf2} \\ D_m^T & 0 & 0 & 0 & 0 \\ 0 & T_{mf1} & 0 & T_{f1}-T_{mf1}-T_{ff} & T_{ff} \\ 0 & T_{mf2} & 0 & T_{ff} & T_{f2}-T_{mf2}-T_{ff} \end{bmatrix}\begin{bmatrix} v_m \\ p_m \\ \pi_m \\ p_{f1} \\ p_{f2} \end{bmatrix} = \begin{bmatrix} 0 \\ f_m \\ 0 \\ f_{f1} \\ f_{f2} \end{bmatrix} \tag{2-140}$$

式中,$T_{mfi} = [T_{mfi}]$,表示第 i 条裂缝与基岩窜流系数矩阵; $T_{ff} = [T_{ff}]$,表示裂缝之间的窜流系数矩阵; T_{fi} 和 p_{fi} 分别表示第 i 条裂缝的有限差分传导系数矩阵和裂缝单元压力列阵。

多条裂缝的计算格式与式(2-140)类似。

2.5.3　算例分析

1) 裂缝性介质单相流实验验证

考虑图 2-35 所示的一注一采物理模型,其尺寸为 17 cm × 17 cm × 1 cm,可视为平面流动问题。模型采用石英砂(80~100 目)结合环氧树脂胶结压实而成,然后用透明有机玻璃板封装。基岩可视为均质各向同性介质,其孔隙度 $\phi \approx 0.3$,渗透率 $K_m = 10\ \mu m^2$。模型制作时,裂缝由薄钢片替代,待模型胶结后抽离钢片,裂缝开度约为 2 mm,裂缝内渗透率 $K_f = 6.67 \times 10^2\ \mu m^2$。水的黏度 $\mu_w = 1$ mPa·s,水的密度 $\rho_w = 1\ 000$ kg/m³。模型以定压差稳定流量注入采出。

模型初始时刻饱和水,通过玻璃管测量稳定流态下各点的液柱高度,从而计算出流体压力。应用嵌入式离散裂缝模型和离散裂缝模型对上述物理实验过程进行数值模拟,计算中忽略重力的影响,相应的数值模拟结果如图 2-36 所示。图 2-37 给出了注采两点之间直线上两种方法求得的压力曲线和实验测得的压力值对比结果。由图 2-37 可以看出,数值计算结果与实验结果基本一致,从而验证了嵌入式离散裂缝模型的正确性。值得注意的是,由于在模型制作时,侧面的有机玻璃板和石英砂胶接模型很难达到完全密封且模型内石英砂很难达到完全均质充填,因此,实验结果会有一定的误差。

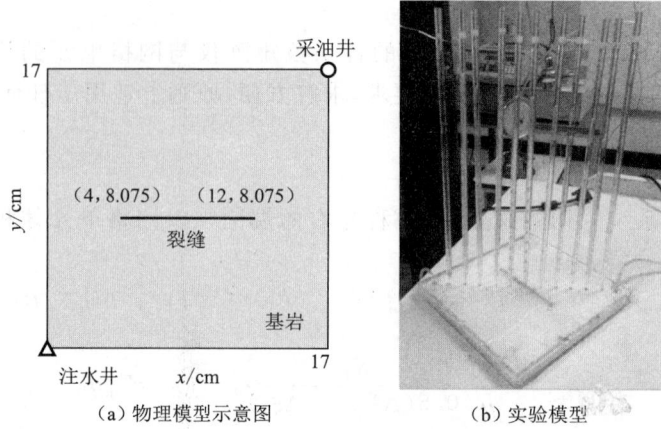

（a）物理模型示意图　　　（b）实验模型

图 2-35　物理模型示意图及实物图

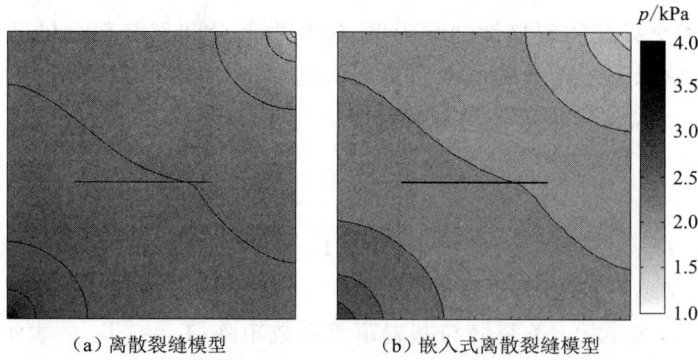

（a）离散裂缝模型　　　　（b）嵌入式离散裂缝模型

图 2-36　两种方法计算得到的压力场分布

2）不规则四边形裂缝性油藏

如图 2-38（a）所示，为一不规则四边形裂缝性油藏几何模型，基岩的渗透率为全张量形式。图 2-38（b）和图 2-38（c）分别是将裂缝作为内边界划分的匹配型三角网格和不考虑裂缝划分的嵌入式三角网格。模型参数为：裂缝渗透率 $K_f = 1 \times 10^4\ \mu m^2$，裂缝开度 $a = 1\ mm$，流体黏度为 $1\ mPa \cdot s$，基岩渗透率 $\boldsymbol{K}_m = \begin{bmatrix} 3 & 1 \\ 1 & 2 \end{bmatrix} \times 10^{-3}\ \mu m^2$。

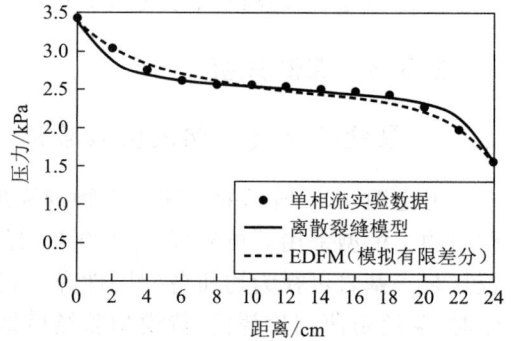

图 2-37　注采对角线上的压力分布比较

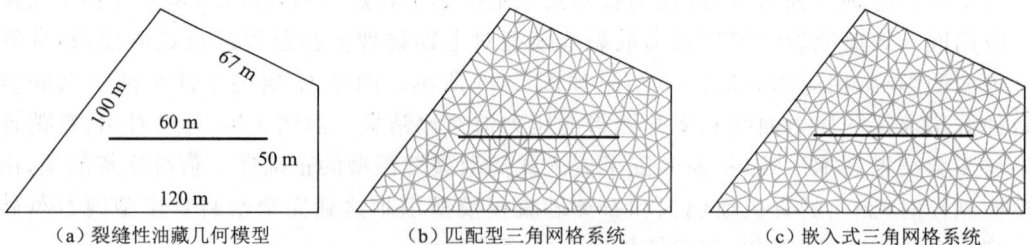

（a）裂缝性油藏几何模型　　（b）匹配型三角网格系统　　（c）嵌入式三角网格系统

图 2-38　裂缝性油藏几何模型及网格划分结果图

　　基于以上两种网格系统,分别运用离散裂缝模型(图 2-39a)和嵌入式离散裂缝模型结合模拟有限差分(图 2-39b)对该裂缝性油藏进行单相流数值模拟。图 2-40 给出了源、汇两点直线上两种方法求得的压力曲线,从图中可看到 EDFM 方法计算结果与离散裂缝模型参考解基本一致。因此,嵌入式离散裂缝模型同样适用于三角网格系统,将该方法与三角网格或者混合网格相结合可以用于各种复杂边界形状的裂缝性油藏流动模拟。

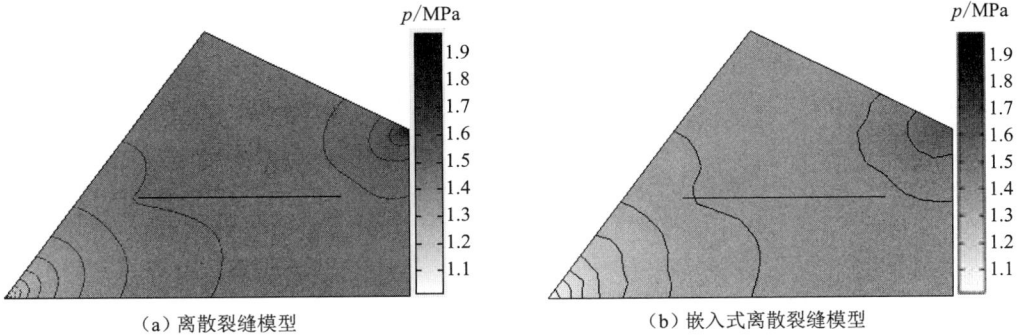

（a）离散裂缝模型　　　　　　　　　　　（b）嵌入式离散裂缝模型

图 2-39　两种方法计算得到的压力场分布

3） 实际复杂裂缝性油藏

　　根据某一实际裂缝性油藏的裂缝信息统计资料,包括裂缝密度、长度、开度、走向等,生成相应的实际复杂裂缝性油藏模型(见图 2-41),其中裂缝在垂直方向上都贯穿地层。模型参数为:裂缝渗透率 $K_f = 1 \times 10^4\ \mu m^2$,裂缝开度 $a = 1\ mm$,流体黏度为 $1\ mPa \cdot s$,基岩渗透率

$$\mathbf{K}_m = \begin{bmatrix} 3 & 1 & 0 \\ 1 & 2 & 0 \\ 0 & 0 & 1 \end{bmatrix} \times 10^{-3}\ \mu m^2 \text{。}$$

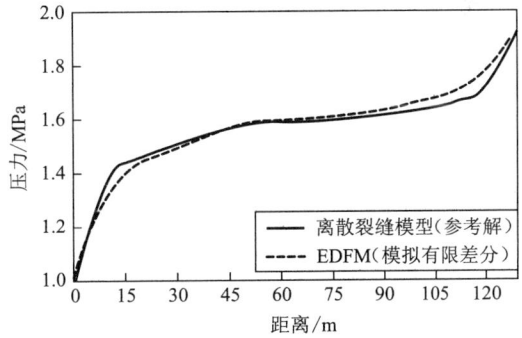

图 2-40　对角线上的压力分布比较

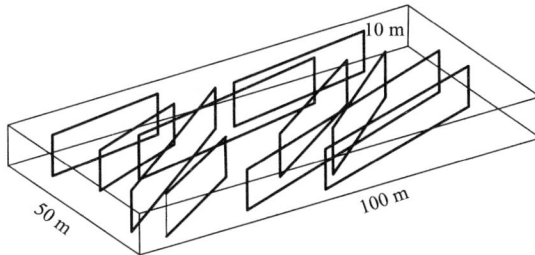

图 2-41　复杂裂缝性油藏模型

　　分别运用离散裂缝模型(图 2-42a)和嵌入式离散裂缝模型(图 2-42b),结合封闭定压边界条件对该复杂裂缝性油藏进行单相流数值模拟。图 2-43 和图 2-44 分别给出了地层上表面 $y = 26.25\ m$ 和 $x = 48.75\ m$ 两条直线上两种方法求得的压力曲线,可以看出两者结果基本一致。

（a）离散裂缝模型　　　　　　　　　　　　　（b）嵌入式离散裂缝模型

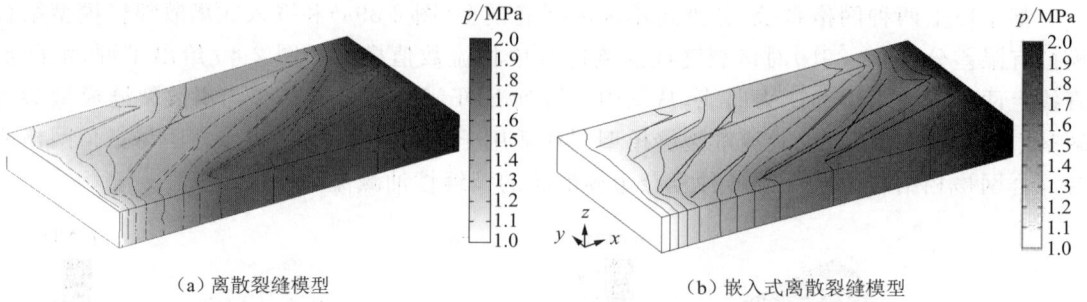

图 2-42　两种方法计算得到的压力场分布

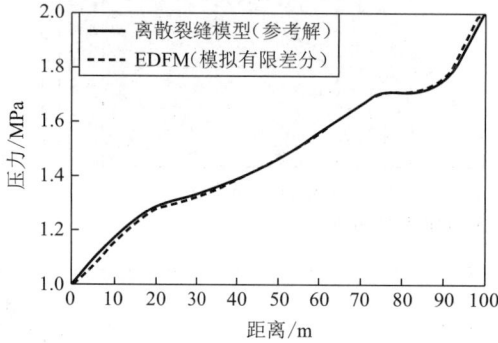

图 2-43　$y=26.25$ m 线上的压力分布　　　　图 2-44　$x=48.75$ m 线上的压力分布

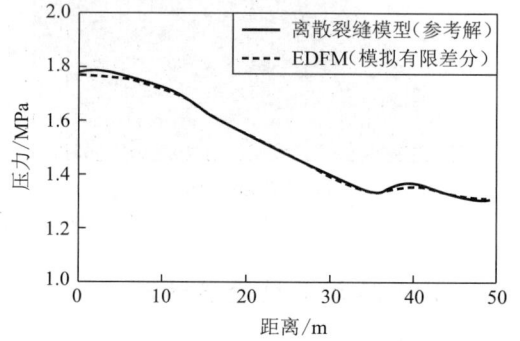

4）裂缝性油藏两相流算例

基于嵌入式离散裂缝单相流模型及求解方法，结合 2.4.3 中给出的饱和度方程有限体积求解方法，可以将嵌入式离散裂缝模型推广到两相流模拟。需要注意的是，在计算裂缝与基岩之间两相流窜流项中流度系数时需要采用上游权方法。

如图 2-45 所示三维裂缝性油藏几何模型，模型尺寸为：100 m × 100 m × 40 m，（x × y × z），油藏内发育有 6 条大裂缝，基岩的渗透率考虑标量形式和全张量形式两种，模型参数如表 2-2 所示。

表 2-2　三维裂缝性油藏参数

参　数	数　值
基岩物性参数	$\phi_m = 0.4, K_m = 1 \times 10^{-15}$ m^2, $\boldsymbol{K}_m = \begin{bmatrix} 1 & 0.5 & 0.8 \\ 0.8 & 1 & 0.5 \\ 0.5 & 0.5 & 1 \end{bmatrix} \times 10^{-15}$ m^2
裂缝物性参数	$\phi_f = 1.0, K_f = 8.33 \times 10^{-8}$ m^2, $a_f = 1 \times 10^{-3}$ m
流体物性参数	$\mu_w = \mu_o = 1.0$ mPa·s, $\rho_w = \rho_o = 1\,000$ kg/m^3
束缚水和残余油饱和度	$S_{wc} = 0.0, S_{or} = 0.0$
相对渗透率	$k_{rw} = S_e, k_{ro} = 1 - S_e, S_e = (1 - S_w)/(1 - S_{wc} - S_{or})$
毛管压力	忽　略
注入及采出量	0.01 PV/d

　　运用嵌入式离散裂缝模型对该裂缝性油藏进行注水驱油数值模拟,分别考虑基岩渗透率为标量和全张量两种形式。图 2-46 为注水量为 0.5 PV 时两种渗透率形式的含水饱和度分布图,图 2-47 给出了不同情况下的注采关系曲线。

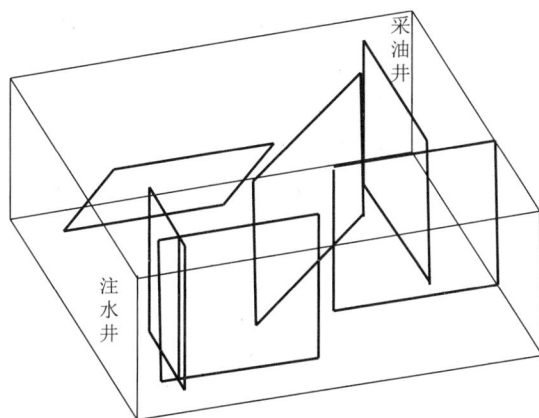

图 2-45　三维裂缝性油藏模型

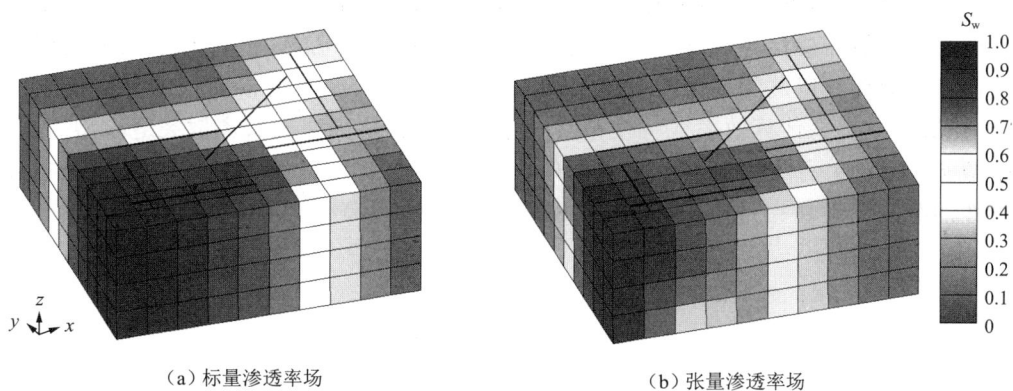

（a）标量渗透率场　　　　　　　　　　（b）张量渗透率场

图 2-46　注水量为 0.5 PV 时含水饱和度分布

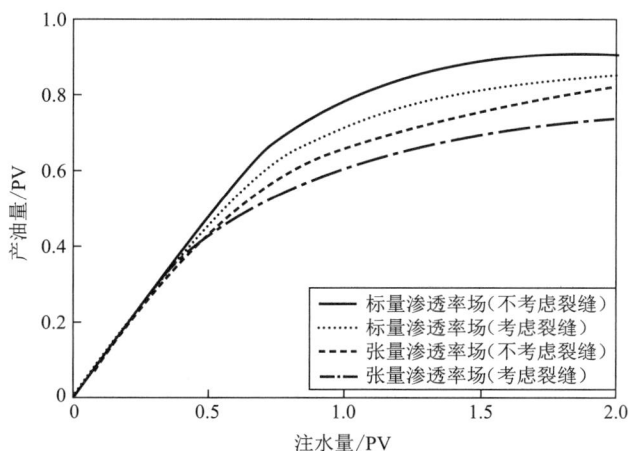

图 2-47　注入采出关系曲线

2.6　本章小结

（1）离散裂缝模型对介质中的每条裂缝予以显式表征，具有计算精度高、拟真性好的优点，但计算量较大。随着计算机技术的飞速发展，基于该模型的精细流动模拟将成为可能；同时，该模型可作为一种工具来获取双重介质和等效介质模型的相关参数，具有广阔的应用前景。本节基于单裂缝等效的概念，建立了离散裂缝模型并详细阐述了该模型的基本原理，给出了该模型的多种数值求解方法，包括有限单元法、有限体积法、模拟有限差分方法，通过算例验证了模型和算法的正确性。

（2）有限体积法在裂缝交叉处需进行简化和等效处理，导致在大规模计算时计算精度降低；有限元法在守恒型计算格式构造和计算稳定性方面存在一定缺陷；模拟有限差分法在构造数值计算格式时，仅基于单个网格的节点和面信息，理论上适用于任何复杂网格系统，且具有良好的局部守恒性，适用于离散裂缝流动模拟研究，具有广阔的应用前景。

（3）嵌入式离散裂缝模型划分网格时不需要考虑油藏内的裂缝形态，只需对基岩系统进行简单的网格剖分，可以有效避免由于裂缝间距离或夹角很小而导致所剖分的网格质量太差的情况。虽然需要计算裂缝单元与基岩网格之间的窜流信息，但相对于离散裂缝模型将裂缝作为内边界并以此为约束面来进行非结构化网格剖分，其网格划分的复杂度大大降低，从而能够有效提高计算效率。将模拟有限差分方法推广到嵌入式离散裂缝模型后，克服了该模型基于有限差分方法时不能有效处理全张量形式的渗透率以及不适用于复杂边界形状裂缝性油藏的局限性。

第 3 章　离散缝洞网络模型数值模拟

在岩溶和地质构造运动的共同作用下,地壳中会产生大量的溶洞和宏观裂缝,其空间尺度远大于粒间孔隙,对地层的岩石物理属性以及流体流动都有重要影响,在石油勘探与开发中将此类地层称为缝洞型介质。图 3-1 为典型的缝洞型介质野外露头照片。缝洞型介质广泛存在于自然界中,与人类生活密切相关,如缝洞型碳酸盐岩油气储层、地下喀斯特含水层等。裂缝(fracture)是最小的地质构造,几乎所有的地层都存在裂缝。Lucia 在其著作《Carbonate Reservoirs Characterization》中将溶洞(vug 或 cavity)定义为多孔介质中孔隙空间大于粒间孔隙的洞穴,它是碳酸盐和硫酸盐溶蚀和分解作用的结果[70]。在地层中溶洞可通过裂缝相互连接成更为复杂的缝洞网络,如图 3-1(b)和(f)所示。

缝洞型介质通常都具有复杂的内部结构,不仅包含基岩、裂缝,而且还有不同尺度空间的溶洞,这些溶洞的空间大小从毫米级跨越到米级[71]。同时,大量的测井、岩心和露头资料显示:受后期构造运动影响,裂缝和溶蚀孔洞充填比较严重,加剧了储层的非均质性,既有砂、泥质等机械物理充填又存在硅质、方解石等化学充填,如图 3-1(e)所示。

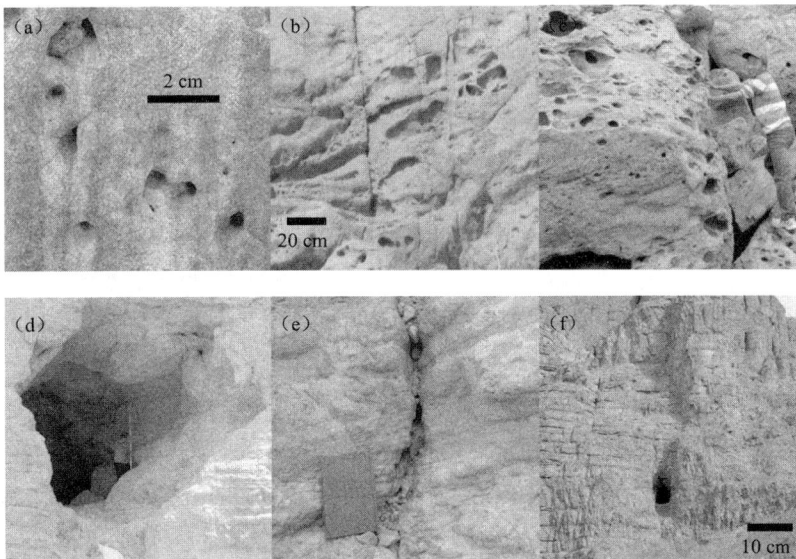

图 3-1　典型缝洞型介质野外露头

3.1 研究现状与发展动态

缝洞型介质结构的复杂性和多尺度性使得如何正确描述和模拟缝洞型介质中的流体流动成为一项具有挑战性的工作[72],其主要难点在于:流体在介质中的流动不仅有渗流而且还存在大空间自由流动,而流态从层流到湍流均有可能[73]。类似于人们对裂缝介质渗流特征的研究,可把目前用于缝洞型介质流体流动规律研究的数学模型划分为两大类:传统连续性介质模型和离散介质模型。前者又可细分为三重介质模型、等效介质模型及其演变模型。

3.1.1 传统连续性介质模型

1) 三重介质模型

在国内,三重介质的概念最早由吴玉树和葛家理提出[74],国外则由 Abdassah 和 Ershaghi 最早提出[75],他们的研究均是针对天然裂缝性油藏。他们发现,在生产实践中某些裂缝性油藏的压力特征曲线与以往的研究成果和认识有差异,即使应用双重介质渗流理论,也不能做出圆满的解释,为此他们提出了三重介质(triple porosity)的概念。在研究中,他们把基岩按孔隙度和渗透性的差异划分成两类:一类与裂缝系统之间的连通性较好;另一类则较差。这两类孔隙系统可能仅是由于地层中原生孔隙和连通性不均匀造成的,也可能是由于一部分基岩中含有孤立的溶洞而产生的,如图 3-2 所示,可以认为含有洞穴基岩的综合渗透性比未含洞穴的基岩块要好。这样就将岩块系统看作两个孔隙系统,与裂缝系统一起组成三重介质系统,基岩和裂缝系统间通过窜流函数联系起来。

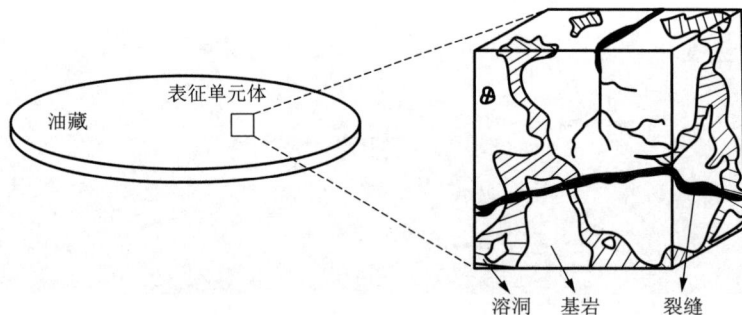

图 3-2 缝洞型介质三重介质系统示意图

Liu 等应用三重介质模型对裂缝性石泡岩的流体流动特征进行了研究[76]。石泡构造是酸性熔岩中较常见的一种原生的球状构造,由于凝黑曜岩中的石泡岩造固过程中气体逸出、体积缩小而产生具有空腔的多层同心圆球体,石泡多半为空腔,此类岩石结构是一种典型的缝洞型介质。在他们的研究中,流体只在裂缝网络系统中流动,基岩和溶洞作为主要的储集空间,其中的流体流向裂缝系统,系统间的流动通过拟稳态窜流函数予以描述。姚军等针对基岩孔隙系统、裂缝系统和溶洞系统组成的三重介质油藏,研究了变井筒储存条件下溶洞与井筒连通的试井解释模型[15,16,77]。在研究中,井筒仅与溶洞系统连通,忽略了裂缝和基岩向井筒的供液,而基岩和裂缝只作为源项,基岩、裂缝和溶洞之间发生拟稳态窜流。

随后,Camacho-Velazquez 等[78]、Y. S. Wu 等[79-81]、姚军等[2,82]均针对缝洞型介质的特点对三重介质模型做了进一步的发展,并把缝洞型介质划分为三个平行的连续性系统,即高渗透裂缝系统、低渗透岩块系统、溶洞系统,各系统间通过拟稳态窜流函数联系起来,并以此为基础研究了天然缝洞型油藏的压力变化特征曲线,制作了相关的试井曲线模板,提高了对缝洞型油藏流体流动特征的认识。

虽然三重介质模型在一定程度上刻画了缝洞型介质中的优先流现象,并考虑了裂缝系统、基岩系统和溶洞系统间的物质交换,比较符合实际模型,但由于假定被裂缝系统分割而成的基质岩块和溶洞系统具有相同的大小和形状,过于简化,不能充分表现出缝洞型介质的各向异性、不连续性和多尺度性等特征,同时物质交换系数也难以确定,其三重连续性假设也只有在裂缝和溶洞发育程度很高的情况下才成立,更为重要的是三重介质模型并没有体现出缝洞型介质中的多尺度耦合流动特征。因此,很多情况下其计算结果与实际相差较大。

2) 等效介质模型

与三重介质模型的三重连续性假设不同,等效介质模型把整个缝洞型介质看作一个假想的连续体,在裂缝、基岩和溶洞间流体充分交换作用下,系统中每一点的物理量都处于局部平衡状态。该模型重点研究介质整体所表现出来的宏观流动特征,首先将裂缝和溶洞中的溶质浓度、渗透性等效平均到整个介质中,再将其视为具有渗透率张量的各向异性介质,不考虑单个裂缝和溶洞的物理结构,介质被看作普通的多孔介质,利用现有的多孔介质渗流理论来研究其流动特征和流动数值模拟。其中,如何获取介质的等效渗透率和油藏参数是该模型的关键。

多孔介质渗透率的确定有两种方法:实验测量和理论计算。前者主要是通过测井、试井、示踪剂研究以及岩心等测试信息来确定地层的渗透性,但由于缝洞型介质中裂缝和溶洞在空间上的多尺度性,使得实验测量存在诸多问题[83],测量结果往往不能反映地层的真实渗透性。因此,理论计算逐渐受到重视,成为预测复杂介质渗透性的有力手段。理论计算的第一步是建立相应的流动数学模型以求解介质内部的流动细节;第二步是通过等效原理来求解介质的等效渗透率。

等效介质模型的优点是模型简单、理论成熟、容易求解,适合于研究裂缝和溶洞分布密集的大范围岩体渗流,但当岩体中的裂缝或溶洞高度离散时,运用连续介质理论分析会产生很大的误差。能否利用等效介质模型来对缝洞型介质进行研究,是一个有争议的问题,其中的关键问题是表征单元体(Representative Element Volume,REV)存在性的判定。事实上,由于大多数缝洞型介质都具有强烈的非均质性和多尺度性,基本不存在有效的表征单元体。

从上述分析可知,传统连续性介质模型对大多数缝洞型介质都是难以适用的,因此目前国内外专家学者均意识到:以传统渗流力学为基础的理论已不完全适用于该类介质的研究,必须建立一套适用于该类介质特征的新的流体流动研究方法、手段和数学表征方法。国内外在这些方面的研究尚处于探索阶段,没有成熟的研究基础。

3.1.2　离散介质模型

岩体在经历了长期的地质作用后会产生不同类型、不同规模和不同力学性质的不连续面,包括节理、裂缝和断层。因此,所有发育着裂缝的岩体都是非连续的,应属于离散介质。早在 1971 年,Louis 和 Wittke 便提出了类似于电路分析中回路法的网络线素模型[84],该方法根据节点流量守恒、回路压力守恒和条形基元水压差守恒建立方程,是最早的离散介质模型。该模型后来由 Wilson 和 Witherspoon 进一步发展为离散裂缝网络模型,在其研究中忽略了基岩的渗透性[85]。随后,Noorishad 等[24]和 Baca 等[86]建立了考虑基岩渗透性的离散介质模型,称为离散裂缝模型。近十年,随着裂缝性油气藏、致密砂岩气藏以及低渗透油气藏的不断投入开发,离散裂缝模型在国外逐渐受到重视并成为研究热点。最近,国内姚军等基于离散裂缝模型在裂缝性油藏油水两相流动模拟方面进行了深入的研究工作[33,41,87],研究结果表明,离散介质模型突出了单个裂缝的水力特征,能够准确地刻画出裂缝岩体的流体流动特征。

借鉴对裂缝岩体的研究方法和成果,Yao 等[88]针对缝洞型介质的特点提出了离散缝洞网络模型(Discrete Fracture-Vug Network Model,DFVN)。该模型在离散裂缝模型的基础上增加了溶洞系统,使其能适用于缝洞型介质的研究,它是离散裂缝模型的有效延伸和拓展。该模型不仅反映了缝洞型介质的结构特点,而且充分体现了其多尺度耦合流动特征。目前,DFVN 模型仍局限于单相流的研究[26,87],其渗流区域符合 Darcy 定律,自由流区域则应用 Navier-Stokes 方程予以描述,两区域间通过 Beavers-Joseph-Saffman 边界条件进行耦合。研究结果表明,DFVN 模型能够精确地描述裂缝和溶洞中的流动细节,并能显式地刻画出缝洞型介质的单相流动特征。

3.1.3　离散缝洞网络模型的提出

由于构造断裂、溶蚀、成岩及其后生作用等对地层影响的不同,缝洞型介质与常规碎屑岩储层以及一般裂缝性介质在空隙空间的形态、分布和产状等方面存在较大差异,主要有如下结构特征:

(1) 储集空间类型多样,包括孔隙、裂缝和溶洞。其中,孔隙是指空间尺度在三个方向上相近且小于 2 mm 的空隙,其孔隙度低,渗透性差,成因和类型较多。与孔隙相类似,溶洞是指三向空间尺度相近且不小于 2 mm 的空隙,可在岩心上完整识别,是重要的储渗空间。裂缝则是指一向尺度较小,另外两向尺度很大的空隙,比值一般小于 1∶10。裂缝是最小的地质构造,广泛存在于地层中,且能有效地沟通溶洞储集空间,形成主要的储渗空间。

(2) 储集空间尺度从几微米到几十米跨越了多个数量级,有显著的多尺度特征和强烈的非均质性。表 3-1 给出了裂缝和溶洞空间尺度大小的分类及其地质成因。

(3) 溶蚀孔洞和裂缝充填现象严重。大量的测井、岩心和露头资料显示:受后期构造运动的影响,裂缝和溶蚀孔洞充填比较严重,既有砂、泥质等机械物理充填,又存在硅质、方解石等化学充填,加剧了储层的非均质性。

上述结构特征表明,缝洞型介质实际上为一巨大的离散缝洞网络空间,如图 3-3(a)所示,其中的流体流动既有渗流又存在大空间自由流,为一复杂的耦合流动系统。应用现有的

表 3-1　裂缝、溶洞分类表

形　态	分　类	直径或开度/μm	地质作用
洞	大溶洞	$>5 \times 10^5$	溶　蚀
	中溶洞	$5 \times 10^5 \sim 1 \times 10^4$	
	小溶洞	$1 \times 10^4 \sim 2 \times 10^3$	
缝	构造溶蚀缝	大小不等	构造溶蚀
	构造缝	<1	构　造
	层间缝	$10 \sim 200$	沉　积
	压溶缝	几微米	沉积成岩

渗流理论来研究此类介质的流动规律存在较大困难,因此,提出了离散缝洞网络模型
(DFVN),旨在准确描述缝洞型介质中的真实流动,以适应缝洞型介质研究的需要。

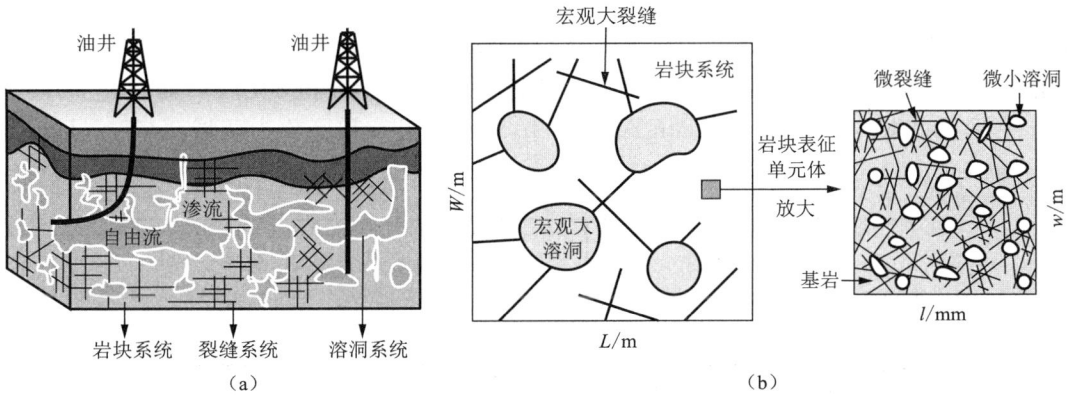

图 3-3　天然缝洞型介质示意图

　　如图 3-3(b)所示,DFVN 模型将缝洞型介质划分为岩块系统(包括基岩、微裂缝和微小
溶孔)、裂缝系统和溶洞系统,其中裂缝和溶洞嵌套于岩块中,并相互连接成网络;溶洞系统
视为自由流区域,岩块和裂缝系统视为渗流区域。渗流区域可视为经典的离散裂缝模型,因
此 DFVN 模型是离散裂缝模型的一种有效延伸和拓展。如图 3-4 所示,DFVN 模型可分解为
两种不同的流动区域:自由流区域(free flow region)和渗流区域(porous flow region)。如何建
立相应的耦合流动数学模型是本研究的主要内容之一。显然,DFVN 模型中主要涉及两个关
键科学问题:渗流-自由流的耦合以及渗流区域离散裂缝数学模型的建立。

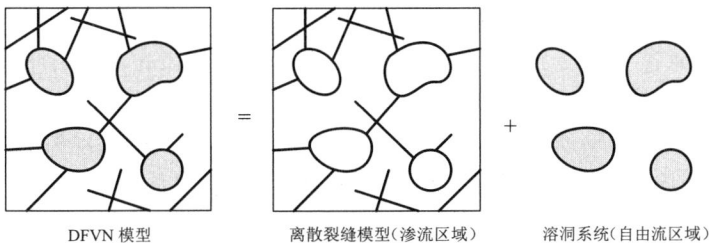

图 3-4　DFVN 模型分解图

3.2 渗流-自由流耦合流动理论

渗流-自由流耦合流动是自然界中普遍存在的一种流动现象,例如,土壤中的水分随大气流动蒸发过程、燃料电池中质子交换膜(为多孔介质材料)与两极通道中自由流的耦合流动系统、采油过程中井筒与地层流体的耦合流动、人体静脉血管流与肌肉组织或毛细管淋巴系统间的物质交换过程等。

如图 3-5(a)所示,在微观孔隙尺度上,无论是在自由流通道中还是多孔介质的孔隙、喉道中,流体的流动均满足 Navier-Stokes 方程。原则上,只要知道了孔隙的几何结构信息,就能得到耦合流动区域中流体流动的详细描述。然而,除了特别简单的情况以外(如直毛细管模型),几乎不可能精确描述出多孔介质中固体骨架的复杂几何形状。为了克服这一困难,通常是转向更粗的尺度来进行描述,即转向宏观的表征单元体(Representative Elementary Volume,REV)尺度。在 REV 尺度上,一般应用经典的 Darcy 定律来描述多孔介质中的宏观流动。此时,两种流动区域上的控制微分方程无论是在物理意义上还是微分阶次上均存在差异,这给两种流动的耦合带来了困难。目前,对于该类耦合物理问题的处理通常有两种方法:一种为单域法(Single-Domain Approach,SDA),另一种则称为两域法(Two-Domain Approach,TDA)。

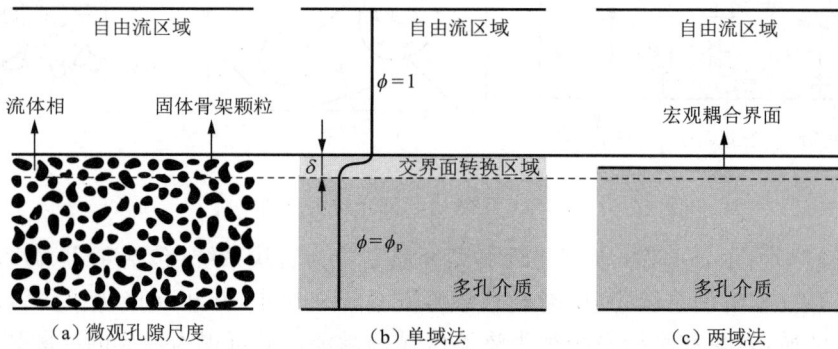

图 3-5 不同耦合方法对界面描述的比较

(δ 为过渡区域厚度;ϕ_p 为多孔介质的孔隙度)

3.2.1 耦合流动方法及其界面条件

1) 单域法

在单域法中,通过引入交界面转换区域(interface transition region)的概念把整个耦合流动区域视为一个连续性系统。其中,多孔介质的物理属性在空间上连续变化,如孔隙度和渗透率等参数,如图 3-5(b)所示,整个研究区域可用一组统一的流动方程予以描述。假设流体和均质多孔介质均为不可压缩的,则统一的流动方程可写成:

$$\nabla \cdot \boldsymbol{v} = 0 \tag{3-1}$$

$$\phi^{-1} \frac{\partial(\rho \boldsymbol{v})}{\partial t} + \phi^{-2} \nabla \cdot (\rho \boldsymbol{v} \boldsymbol{v}) = -\nabla p + \rho \boldsymbol{g} + \mu_\text{e} \nabla^2 \boldsymbol{v} - \underbrace{\mu \boldsymbol{K}^{-1} \cdot \boldsymbol{v}}_{\text{Darcy 项}} \tag{3-2}$$

式中，ρ，$\boldsymbol{v}$，μ 和 p 分别为流体的密度、速度矢量、黏度和压力；$\boldsymbol{g}$ 为重力加速度；ϕ 为孔隙度；μ_e 为有效黏度；$\boldsymbol{K}$ 为介质的渗透率张量。

对于自由流区域，$\phi=1$，$\mu_e=\mu$，$\boldsymbol{K}\to\infty$，因此式(3-2)中的 Darcy 项趋于零，此时式(3-2)蜕化为 Navier-Stokes 方程。对于多孔介质渗流区域，$\phi=\phi_p$，有效黏度 μ_e 与多孔介质的结构特征相关，一般取 $\mu_e=\mu/\phi$。虽然式(3-2)中与速度有关的各项均保留了下来，但对于渗流区域只有 Darcy 项起主导作用。单域法的优点在于：整个区域使用的是同一组方程来描述，故在交界面处自动满足连续性要求，无须引入额外的界面条件。对于单域法，界面过渡区域中参数的确定是至关重要的，但现有的研究方法尚不能有效地确定这些参数及其变化率。上述统一的方程系统仅适用于单相流，对于两相流至今尚无相应的统一方程，其研究难度非常大。

2）两域法

与单域法不同，两域法是在两个不同的流动区域分别建立相应的流动数学模型，然后通过引入特定的界面边界条件来耦合这两种流动，如图 3-5(c)所示。在自由流区域，通常采用经典的 Navier-Stokes 方程予以描述；在渗流区域，一般使用 Darcy 方程（或其修正方程）来描述。此时，在耦合交界面处需要引入合适的界面边界条件来耦合两个不同的流动区域。在过去的半个多世纪，已有许多研究学者对此问题进行了研究并取得了一系列的研究成果。

虽然 Rhodes 和 Rouleau 早在 1966 年就对此耦合流动问题进行了一定的讨论[89]，但系统的实验和理论研究则由 Beavers 和 Joseph 于 1967 年首次完成[90]。在实验结果和理论分析的基础上，Beavers 和 Joseph 提出一个半经验公式来耦合 Stokes 方程和 Darcy 方程，该式即为著名的 BJ 速度滑移条件，具体如下：

$$\left.\frac{\mathrm{d}u}{\mathrm{d}y}\right|_{y=0_+}=\frac{\alpha}{\sqrt{K}}(u_B-Q) \tag{3-3}$$

式中，u 为自由流区域中 x 方向的速度分量；0_+ 为自由流区域的下部边界，如图 3-6(a)所示；u_B 为该边界上的滑移速度；Q 为多孔介质中 x 方向的渗流速度；α 为无量纲滑移系数，用来表征交界面区域的孔隙结构特征；K 为多孔介质的渗透率。

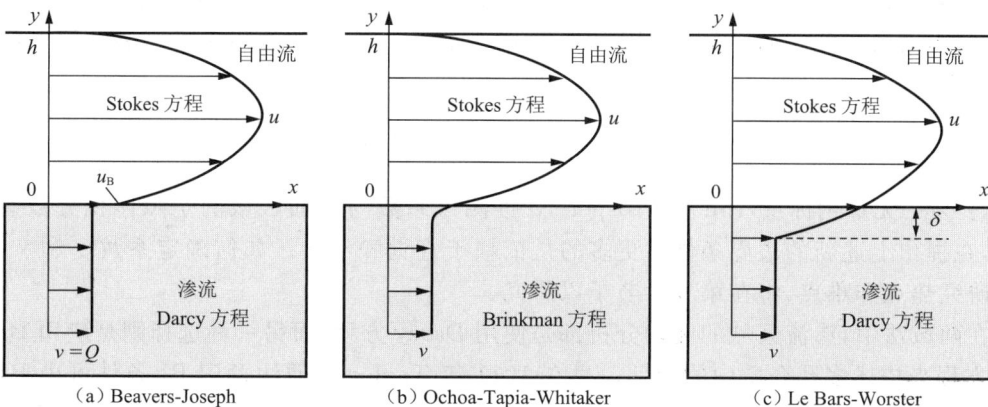

图 3-6　不同耦合流动模式的比较

（h 为自由流高度）

随后,Beavers 等[91]又做了一系列的实验进一步验证界面条件(3-3)的正确性。为了验证该界面条件的通用性,Beavers 等改用气体进行实验[92],实验结果再次验证了式(3-3)的正确性及普遍性。Saffman 从物理、数学理论层面证明了 BJ 条件的有效性,同时 Saffman 指出 BJ 条件仅适用于类似 Beavers-Joseph 实验装置的模型[93],并提出了更为通用的边界条件,即著名的 Beavers-Joseph-Saffman(BJS)条件:

$$u_B = \frac{\sqrt{K}}{\alpha} \frac{\partial u}{\partial n} + O(K) \tag{3-4}$$

式中,n 为交界面的法线方向,对比式(3-3)可看到:$Q = O(K)$。通常,渗流速度 Q 远小于滑移速度 u_B,因此可将其忽略掉。如果滑移速度比多孔介质中的最大渗流速度小,此时滑移速度可以忽略,即非滑移壁面条件。Dagan 给出了相同的结论[94]。Taylor[95] 和 Richardson[96]的研究进一步从理论上证明了 BJ 条件的正确性。随后 Jonse(1973)重新阐释了 BJ 条件的数学物理意义[97],他认为 BJ 条件的本质是将切应力与滑移速度联系起来,并建立了如下通用边界条件:

$$u \cdot \lambda = -\frac{\sqrt{\lambda \cdot K \cdot \lambda}}{\mu \alpha} (n \cdot \tau \cdot \lambda) \tag{3-5}$$

式中,λ 为交界面的单位切向量;n 为交界面的单位法向量;τ 为自由流区域中流体的黏滞应力。

在式(3-5)中,渗流速度项被忽略掉。

最近,Jäger 和 Mikelic[98,99]基于均化理论推导出相同的界面条件。式(3-4)和(3-5)两种界面条件均可视为 BJ 条件的修正或拓展延伸。

相对于非滑移壁面条件,在引入速度滑移条件后自由流区域的总流量将增大。对此,Beavers 和 Joseph 在研究中定义了一个参数 Φ 来表征该变化量,通过调整滑移系数 α 得到了与实验数据基本一致的结果,其中滑移系数取值为 $0.1 \leqslant \alpha \leqslant 4.0$。同时他们认为滑移系数 α 与流体的性质无关,仅与多孔介质的结构特征相关。随后,Beavers[91],Richardson[96] 和 Goyeau[100]等就如何确定滑移系数 α 进行了研究,结果表明滑移系数 α 与界面的局部几何结构有密切关系,但至今尚未给出明确的表达式。最近,Zhang 和 Prosperetti[101]的研究结果表明:对于同一研究模型,压力驱动流和黏滞应力驱动流中的滑移系数 α 有所不同,并与雷诺数有关。随后 Liu 和 Prosperetti[102]提出一个新的边界条件来表征这一特点,具体如下:

$$\left. \frac{\mathrm{d}u}{\mathrm{d}y} \right|_{y=0_+} = \frac{\alpha}{\sqrt{K}} (u_B - \gamma Q) \tag{3-6}$$

式中,γ 为一无量纲标量,Liu 和 Prosperetti 推测该系数与界面区域的空隙体积分数有关。显然,在提出上述新的边界条件时更多的是依赖于直觉和经验。如何确定系数 α 和 γ 是目前的研究热点和难点,将在第 3.3 节予以研究。

在两域法中,渗流区域的流动分析都是使用 Darcy 方程,而另一种选择则是应用 Brinkman 方程来描述多孔介质中的流动。早在 1971 年 Taylor[95]便注意到 BJ 条件可由 Brinkman 方程演绎推导得到,虽然他并未使用 Brinkman 方程这一术语。随后,Neale 和 Nader[103]的研究表明:在渗流区域使用 Brinkman 方程得到的结果与使用 Darcy 方程结合 BJ 条件得到的结果是一致的,且 $\alpha = \sqrt{\mu_e/\mu}$。Ochoa-Tapia 和 Whitaker[104,105]基于 Stokes 方程的非局部平均方程提出了应力跳跃条件和速度连续条件。在其研究中渗流区域采用 Brinkman 方程,而自由流区域则应用 Stokes 方程,如图 3-6(b)所示。该应力跳跃条件具体如下:

$$\mu_e \frac{\partial v}{\partial y} - \mu \frac{\partial u}{\partial y} = \frac{\beta}{\sqrt{K}}u, \quad y = 0 \tag{3-7}$$

式中,v 为渗流速度,u 表示自由流区域的流速,β 为一无量纲标量系数,且 $\mu_e/\mu = 1/\phi$。通过调整系数 β,上述模型的解析解也能基本吻合 Beavers-Joseph 实验数据。事实上,应力跳跃条件与 BJ 条件一样都是界面区域多孔介质结构快速变化的一种表征。Chandesris 和 Jamet[106-108]提出一种通用的两步尺度升级方法,并用该方法结合渐进展开法推导建立了单相层流和湍流的相应耦合界面条件。

然而,Nield[109]指出该耦合模型并不适用于两相和多相流的研究,因为在界面区域考虑界面张力的影响时该方法和模型将会遇到很大困难,同时介质的突变性会干扰 Marangoni 效应的连续性,给研究带来困难。因此,Nield 认为在处理此类耦合流动时,最好的方法是引入一个很小的界面过渡区域,然后应用 BJ 条件予以处理。

在两域法中除上述两种主要耦合模型外,Le Bars 和 Worster[110]提出一种新的耦合模型,在渗流-自由流界面下的多孔介质中定义一个黏性过渡区域,在此区域 Stokes 方程仍然适用,而该区域之外的渗流区域的流动满足 Darcy 定律,如图 3-6(c)所示,具体如下:

$$u(x, -\delta_+) = v(x, -\delta_-), \quad \delta = c\sqrt{K} \tag{3-8}$$

式中,c 为无量纲标量系数,且 $c = O(1)$。

当孔隙度在界面区域是连续变化时,基于界面条件(3-8)的解析解与 Beavers-Joseph 实验数据的吻合度比 BJ 条件略好。然而,在工程实际中很难应用该界面条件,其主要原因是难以定义和精确描述出实际问题中的耦合界面。

从上述讨论分析可知,对于单相流耦合问题,无论是层流还是湍流,目前已对其耦合流动特征有了深入的认识。然而,对于两相或多相流尚未开展相关的研究,这主要有两方面的原因:一方面在于两相和多相渗流-自由流耦合问题的研究难度非常大;另一方面则是由于之前的工程实际问题中基本都为单相流问题,随着人类活动范围的扩大以及研究的深入,两相和多相耦合流动逐渐受到重视。

Mosthaf 等[111]在研究地表水分蒸发对气候的影响时,将大气自由流视为一单相两组分流动模型,而土壤中则采用两相两组分渗流模型,在界面上应用法向速度连续、法向应力连续以及 BJS 等界面条件来耦合两种流动。显然,他们只是将单相流中的研究结果简单地推广到所建立的模型中,尚缺乏足够的理论支持。尽管如此,其研究成果仍推进了耦合两相流的研究。如何建立相适应的两相耦合流动数学模型仍是一件具有挑战性的工作。对于该问题,将在第 3.3 节中基于两域法应用体积平均法和双尺度升级方法从理论上建立相应的两相耦合流动数学模型及其界面条件。

3.2.2　离散缝洞网络两相流数学模型

在微观孔隙尺度上,无论是自由流区域还是渗流区域,流体的流动均可由 Navier-Stokes 方程和两相间的界面张力方程予以描述,因此,在孔隙尺度水平上流体运动的控制微分方程不存在任何尺度差异。然而,多孔介质渗流区域往往需要在更粗的尺度上进行描述和分析,通常采用宏观的 Darcy 方程或其修正式[112]。此时,两流动区域上的控制微分方程存在尺度差异,如何消除该尺度差异是渗流-自由流耦合流动数学模型建立中的关键问题。

本节将基于体积平均方法进行两次尺度升级以解决此问题,从而建立渗流-自由流耦合两相流数学模型。首先,基于体积平均方法,直接从微观孔隙尺度上的流动方程出发对两流动区域同时进行尺度升级,在不引入任何尺度限制的情况下,得到一组通用的体积平均方程,该方程在整个耦合流动区域上均适用。然后,通过引入特定的尺度限制条件,将上述体积平均方程在自由流区域和渗流区域予以简化,在渗流区域简化为两相流 Darcy 方程,在自由流区域则简化为经典的两流体模型。为了消除上述简化在耦合界面区域中带来的误差,通过引入 surface-excess 函数来建立相应的耦合界面条件,形成完整的渗流-自由流耦合两相流数学模型。下面将首先阐述体积平均方法的基本概念和相关定理,为后面的理论推导奠定基础。

1) 体积平均法基本概念

考虑如图 3-7 所示的两相流系统,任意取出一平均体积(average volume)V,该体积不随时间发生变化,其中包含固体骨架(s-phase)、润湿流体相(w-phase)和非润湿流体相(n-phase)。在体积平均法中,主要涉及以下五个基本定义和定理。

(1) 表相平均(superficial average)。

$$\langle \psi_k \rangle \big|_x = \frac{1}{V} \int_{V_k} \psi_k \big|_{x+y_k} \, dV \tag{3-9}$$

式中,ψ_k 为 k 相($k = w, n$)的某一物理属性,可以为标量、矢量或高阶张量,如压力、速度、应力等;V 为物质区域中的平均体积;V_k 为 V 中 k 相物质所占的体积。

在应用体积平均法时,很多情况下还需应用另一平均值来表征宏观物理量,即本征平均。

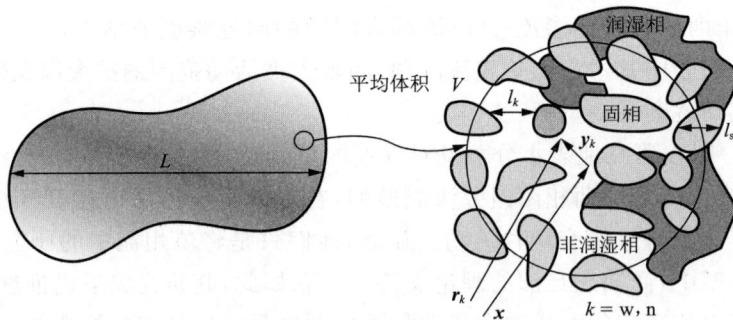

图 3-7　研究区域表征单元体

(L 为区域的空间特征尺度;l_k, l_s 为 V 中离散相的空间特征尺度)

(2) 本征平均(intrinsic average)。

$$\langle \psi_k \rangle^k \big|_x = \frac{1}{V_k} \int_{V_k} \psi_k \big|_{x+y_k} \, dV \tag{3-10}$$

显然,$\langle \psi_k \rangle = \varepsilon_k \langle \psi_k \rangle^k$,其中 $\varepsilon_k = V_k/V$ 为 k 相物质的体积分数。

（3）物理量的空间分解。

通常平均体积中任一点的真实物理量 ψ_k 与体积平均值 $\langle\psi_k\rangle^k$ 并不相等，其偏差由多孔介质的内部结构及流动形态决定，一般把物理量 ψ_k 写成如下形式：

$$\psi_k = \langle\psi_k\rangle^k + \widetilde{\psi}_k \tag{3-11}$$

在此，注意到本征平均值 $\langle\psi_k\rangle^k$ 仅在空间特征尺度 L 上发生变化，而偏差值 $\widetilde{\psi}_k$ 则在空间尺度 l_k 上有变化，如图 3-7 所示。

（4）空间平均定理。

在应用体积平均法时，通常会涉及物理量的梯度和散度运算，对此 Slattery 和 Whitaker 等[113,114] 建立了相应的空间平均定理，具体如下：

$$\langle\nabla\psi_k\rangle\big|_x = \nabla\langle\psi_k\rangle\big|_x + \frac{1}{V}\int_{A_k}\boldsymbol{n}_k\psi_k\Big|_{x+y_k}\mathrm{d}A \tag{3-12}$$

如果物理量 ψ_k 为矢量，则有：

$$\langle\nabla\boldsymbol{\psi}_k\rangle\big|_x = \nabla\langle\boldsymbol{\psi}_k\rangle\big|_x + \frac{1}{V}\int_{A_k}\boldsymbol{n}_k\cdot\boldsymbol{\psi}_k\Big|_{x+y_k}\mathrm{d}A \tag{3-13}$$

式中，A_k 为 k 相和 i 相物质的交界面，i 代表 V 中的某一相物质（如图 3-7 中的 w 相、n 相，或 s 相，但 $i\neq k$），其外法线单位向量 $\boldsymbol{n}_k$ 从 k 相指向 i 相。

上述空间平均定理同样适用于物理量为高阶张量的情形。

（5）物质传输方程[115]（又称莱布尼茨法则）。

设 $V_k(t)$ 是可随时间变化的空间区域，其界面为 $A_k(t)$，则物理量 ψ_k 在区域 V_k 上的总量随时间的变化率有如下关系：

$$\left\langle\frac{\partial\psi_k}{\partial t}\right\rangle\bigg|_x = \frac{\partial\langle\psi_k\rangle\big|_x}{\partial t} - \frac{1}{V}\int_{A_k}\psi_k\Big|_{x+y_k}\boldsymbol{w}_k\cdot\boldsymbol{n}_k\mathrm{d}A \tag{3-14}$$

式中，$\boldsymbol{w}_k$ 为两相界面的速度。

当 $\psi_k=1$ 时，式（3-13）和（3-14）有如下简化形式：

$$\nabla\varepsilon_k = -\frac{1}{V}\int_{A_k}\boldsymbol{n}_k\mathrm{d}A \tag{3-15}$$

$$\frac{\partial\varepsilon_k}{\partial t} = \frac{1}{V}\int_{A_k}\boldsymbol{w}_k\cdot\boldsymbol{n}_k\mathrm{d}A \tag{3-16}$$

2）孔隙尺度微观两相流描述

如图 3-7 所示，在微观孔隙尺度上两相流系统由各单相流体的封闭区域组成。假设在孔隙尺度上各单相流体的流动区域均可视为连续性介质。此时，在微观孔隙尺度上两相流可由下述基本微分方程予以描述。

$$\frac{\partial\rho_k}{\partial t} + \nabla\cdot(\rho_k\boldsymbol{v}_k) = 0 \tag{3-17}$$

$$\frac{\partial(\rho_k\boldsymbol{v}_k)}{\partial t} + \nabla\cdot(\rho_k\boldsymbol{v}_k\boldsymbol{v}_k) = -\nabla p_k + \mu_k\nabla^2\boldsymbol{v}_k + \rho_k\boldsymbol{g} \tag{3-18}$$

$$\boldsymbol{v}_k = 0, \quad \text{at} \quad A_{ks} \tag{3-19}$$

$$(-p_k \mathbf{I} + \boldsymbol{\tau}_k) \cdot \mathbf{n} = (-p_m \mathbf{I} + \boldsymbol{\tau}_m) \cdot \mathbf{n} + 2\sigma\kappa\mathbf{n}, \quad \text{at} \quad A_{km} \tag{3-20}$$

式中，$m \in \{\text{w}, \text{n}\}$ 且 $m \neq k$；σ 和 κ 分别为界面张力和两相交界面 A_{km} 的曲率；$\mathbf{I}$ 为单位矩阵。

显然，若能精确地描述出流动区域的微观孔隙结构，应用上述基本微分方程和边界条件就能获得其中的流动细节。然而对于多孔介质，以现有的技术手段几乎不可能准确地获取其内部孔隙结构。即使可以得到精确的孔隙内部结构，求解上述偏微分方程组也存在诸多困难，如数值计算的稳定性问题、两相界面的描述手段以及巨额的计算量。因此，需要在更粗的尺度上对其进行研究，即所谓的尺度升级（upscaling）。目前已提出多种尺度升级方法，如体积平均法、均化理论等，这里采用体积平均法。

3）基于体积平均法的尺度升级

（1）连续性方程尺度升级。

对于连续性方程（3-17），首先对方程两端应用表相平均算子，可得：

$$\left\langle \frac{\partial \rho_k}{\partial t} \right\rangle + \langle \nabla \cdot (\rho_k \boldsymbol{v}_k) \rangle = \langle 0 \rangle \tag{3-21}$$

对上述方程应用空间平均定理（3-13）和物质传输方程（3-14），可得：

$$\frac{\partial \langle \rho_k \rangle}{\partial t} + \nabla \cdot \langle \rho_k \boldsymbol{v}_k \rangle + \frac{1}{V} \int_{A_{km}} \rho_k (\boldsymbol{v}_k - \boldsymbol{w}_k) \cdot \boldsymbol{n}_{km} \mathrm{d}A = 0 \tag{3-22}$$

上式等号左端最后一项为两相间界面上的物质传输表征项。若不考虑两相间物质扩散和物理化学反应，则有 $\boldsymbol{v}_k = \boldsymbol{w}_k$，在此仅考虑非混两相流，故最后一项恒等于零。因此，方程（3-22）可写为：

$$\frac{\partial \langle \rho_k \rangle}{\partial t} + \nabla \cdot \langle \rho_k \boldsymbol{v}_k \rangle = 0 \tag{3-23}$$

为研究方便，假设流体和多孔介质骨架均不可压缩，则上式可进一步简化为：

$$\frac{\partial \varepsilon_k}{\partial t} + \nabla \cdot \langle \boldsymbol{v}_k \rangle = 0 \tag{3-24}$$

上述方程中的速度为流体的表相平均值，而在两相流研究中一般使用本征平均值，因此上述方程可进一步写为：

$$\frac{\partial \varepsilon_k}{\partial t} + \nabla \cdot (\varepsilon_k \langle \boldsymbol{v}_k \rangle^k) = 0 \tag{3-25}$$

在上述推导过程中，并未引入任何尺度限制条件，因此式（3-25）在整个流动区域均适用。

（2）动量方程尺度升级。

对于动量方程（3-18），可应用类似的分析推导过程，首先对方程两端应用表相平均算子可得：

$$\left\langle \frac{\partial \langle \rho_k \boldsymbol{v}_k \rangle}{\partial t} \right\rangle + \langle \nabla \cdot \langle \rho_k \boldsymbol{v}_k \boldsymbol{v}_k \rangle \rangle = -\langle \nabla p_k \rangle + \mu_k \langle \nabla^2 \boldsymbol{v}_k \rangle + \varepsilon_k \rho_k \boldsymbol{g} \tag{3-26}$$

对上式等号左端两项分别应用传输定理和空间平均定理，结合 $\boldsymbol{v}_k = \boldsymbol{w}_k$，可得：

$$\rho_k \frac{\partial \langle \boldsymbol{v}_k \rangle}{\partial t} + \rho_k \nabla \cdot \langle \boldsymbol{v}_k \boldsymbol{v}_k \rangle = -\langle \nabla p_k \rangle + \mu_k \langle \nabla^2 \boldsymbol{v}_k \rangle + \varepsilon_k \rho_k \boldsymbol{g} \tag{3-27}$$

对上式等号右端第一项应用空间平均定理,则有:

$$\langle \nabla p_k \rangle = \nabla \langle p_k \rangle + \frac{1}{V} \int_{A_{km}} \boldsymbol{n}_{km} p_k \Big|_{x+y_k} \mathrm{d}A \tag{3-28}$$

进一步写成本征平均值形式如下:

$$\langle \nabla p_k \rangle = \varepsilon_k \nabla \langle p_k \rangle^k + \langle p_k \rangle^k \nabla \varepsilon_k + \frac{1}{V} \int_{A_{km}} \boldsymbol{n}_{km} p_k \Big|_{x+y_k} \mathrm{d}A \tag{3-29}$$

此时,应用式(3-15),则上式可进一步写成如下形式:

$$\langle \nabla p_k \rangle = \varepsilon_k \nabla \langle p_k \rangle^k + \frac{1}{V} \int_{A_{km}} \boldsymbol{n}_{km} (p_k \big|_{x+y_k} - \langle p_k \rangle^k \big|_x) \mathrm{d}A \tag{3-30}$$

同理,对于式(3-27)等号右端第二项应用空间平均定理,可得:

$$\mu_k \langle \nabla \cdot \nabla \boldsymbol{v}_k \rangle = \mu_k \nabla \cdot \langle \nabla \boldsymbol{v}_k \rangle + \frac{1}{V} \int_{A_{km}} \boldsymbol{n}_{km} \cdot \nabla \boldsymbol{v}_k \Big|_{x+y_k} \mathrm{d}A \tag{3-31}$$

对上式等号右端第一项进一步应用空间平均定理,则有:

$$\mu_k \langle \nabla \cdot \nabla \boldsymbol{v}_k \rangle = \mu_k \nabla \cdot \nabla \langle \boldsymbol{v}_k \rangle + \frac{1}{V} \int_{A_{km}} \boldsymbol{n}_{km} \cdot \nabla \boldsymbol{v}_k \Big|_{x+y_k} \mathrm{d}A + \frac{1}{V} \nabla \cdot \left(\int_{A_{km}} \boldsymbol{n}_{km} \boldsymbol{v}_k \Big|_{x+y_k} \mathrm{d}A \right)$$

$$\tag{3-32}$$

对上式等号右端第一项应用本征平均并应用式(3-15),则有:

$$\mu_k \langle \nabla \cdot \nabla \boldsymbol{v}_k \rangle = \mu_k \varepsilon_k \nabla^2 \langle \boldsymbol{v}_k \rangle^k + \mu_k (\nabla^2 \varepsilon_k \langle \boldsymbol{v}_k \rangle^k + \nabla \varepsilon_k \cdot \nabla \langle \boldsymbol{v}_k \rangle^k) +$$

$$\frac{1}{V} \int_{A_{km}} \boldsymbol{n}_{km} \cdot (\nabla \boldsymbol{v}_k \big|_{x+y_k} - \nabla \langle \boldsymbol{v}_k \rangle^k \big|_x) \mathrm{d}A +$$

$$\frac{1}{V} \nabla \cdot \left(\int_{A_{km}} \boldsymbol{n}_{km} \boldsymbol{v}_k \Big|_{x+y_k} \mathrm{d}A \right) \tag{3-33}$$

把式(3-30)和(3-33)代入式(3-27),则有:

$$\rho_k \varepsilon_k^{-1} \left(\frac{\partial \langle \boldsymbol{v}_k \rangle}{\partial t} + \nabla \cdot \langle \boldsymbol{v}_k \boldsymbol{v}_k \rangle \right) = -\nabla \langle p_k \rangle^k + \rho_k \boldsymbol{g} + \mu_k \nabla^2 \langle \boldsymbol{v}_k \rangle^k +$$

$$\mu_k \varepsilon_k^{-1} (\nabla^2 \varepsilon_k \langle \boldsymbol{v}_k \rangle^k + \nabla \varepsilon_k \cdot \nabla \langle \boldsymbol{v}_k \rangle^k) - \mu_k \boldsymbol{F}_k \tag{3-34}$$

其中,矢量 $\boldsymbol{F}_k$ 由下式定义:

$$\mu_k \boldsymbol{F}_k = -\frac{1}{V_k} \int_{A_k} \boldsymbol{n}_k \cdot [-\boldsymbol{I}(p_k \big|_{x+y_k} - \langle p_k \rangle^k \big|_x) + \mu_k (\nabla \boldsymbol{v}_k \big|_{x+y_k} - \nabla \langle v_k \rangle^k \big|_x)] \mathrm{d}A -$$

$$\frac{1}{V_k} \nabla \cdot \left(\int_{A_{km}} \mu_k \boldsymbol{v}_k \boldsymbol{n}_k \mathrm{d}A \right) \tag{3-35}$$

对于式(3-34)等号左端括号中第二项应用空间平均定理,则有:

$$\nabla \cdot \langle \boldsymbol{v}_k \boldsymbol{v}_k \rangle = \nabla \cdot (\varepsilon_k \langle \boldsymbol{v}_k \rangle^k \langle \boldsymbol{v}_k \rangle^k) + \nabla \cdot (\boldsymbol{\tau}_k^{\mathrm{t}} + \langle \boldsymbol{v}_k \boldsymbol{v}_k \rangle_{\mathrm{NL}}) \tag{3-36}$$

其中:

$$\boldsymbol{\tau}_k^{\mathrm{t}} = \langle \tilde{\boldsymbol{v}}_k \tilde{\boldsymbol{v}}_k \rangle \tag{3-37}$$

$$\langle \boldsymbol{v}_k \boldsymbol{v}_k \rangle_{\mathrm{NL}} = \langle \langle \boldsymbol{v}_k \rangle^k \langle \boldsymbol{v}_k \rangle^k \rangle + \langle \tilde{\boldsymbol{v}}_k \langle \boldsymbol{v}_k \rangle^k \rangle + \langle \langle \boldsymbol{v}_k \rangle^k \tilde{\boldsymbol{v}}_k \rangle - \varepsilon_k \langle \boldsymbol{v}_k \rangle^k \langle \boldsymbol{v}_k \rangle^k \tag{3-38}$$

式(3-37)称为局部湍流项,式(3-38)为非局部体积平均偏差项。

对于式(3-37)和(3-38),目前尚无较好的方法对其进行精确的表征和计算。但应注意到,这两项在不受界面区域影响的自由流区域和渗流区域均为零或很小,可直接忽略。因此，将其影响直接添加至矢量项 $\mu_k \boldsymbol{F}_k$ 中，通过调整相应的参数便可考虑式(3-37)和(3-38)的影响。为研究方便，在此将此两项直接省去，并将简化后的方程(3-36)代入式(3-34)，则有如下形式：

$$\rho_k \varepsilon_k^{-1} \left[\frac{\partial (\varepsilon_k \langle \boldsymbol{v}_k \rangle^k)}{\partial t} + \nabla \cdot (\varepsilon_k \langle \boldsymbol{v}_k \rangle^k \langle \boldsymbol{v}_k \rangle^k) \right] = -\nabla \langle p_k \rangle^k + \rho_k \boldsymbol{g} + \mu_k \nabla^2 \langle \boldsymbol{v}_k \rangle^k +$$

$$\mu_k \varepsilon_k^{-1} (\nabla^2 \varepsilon_k \langle \boldsymbol{v}_k \rangle^k + \nabla \varepsilon_k \cdot \nabla \langle \boldsymbol{v}_k \rangle^k) - \mu_k \boldsymbol{F}_k$$

$$(3-39)$$

在上述推导过程中，并未引入任何尺度限制或约束，因此，方程(3-39)在整个研究区域均适用。

（3）REV 尺度两相流描述。

方程(3-25)和(3-39)分别为第一次尺度升级后的连续性方程和动量方程。在 REV 尺度上引入一些特定的尺度限制条件或约束后，上述两方程可进一步简化。为应用经典的 Darcy 定律，在此假设多孔介质中的流动为低雷诺数流动，即 $Re \ll 1$。此时，对于多孔介质渗流区域可忽略惯性项的影响。对于自由流区域，这一假设并非必需。因为耦合流动问题中存在一显著的界面过渡区域即耦合界面区域，如图 3-8 所示，通过该界面区域多孔介质的结构属性将会有急剧变化，正是该区域的存在使得两个流动区域在 REV 尺度上可以具有不同的流动状态。对于多孔介质渗流区域，可以引入下述经典的尺度约束条件：

$$\frac{r^2}{LL_d} \ll 1, \quad l \ll r \ll L, \quad L \ll L_\rho \tag{3-40}$$

式中，L_d 是与体积平均物理量导数相关的特征尺度；L_ρ 是与惯性项相关的特征尺度；r 为平均体积 V 的特征尺度。

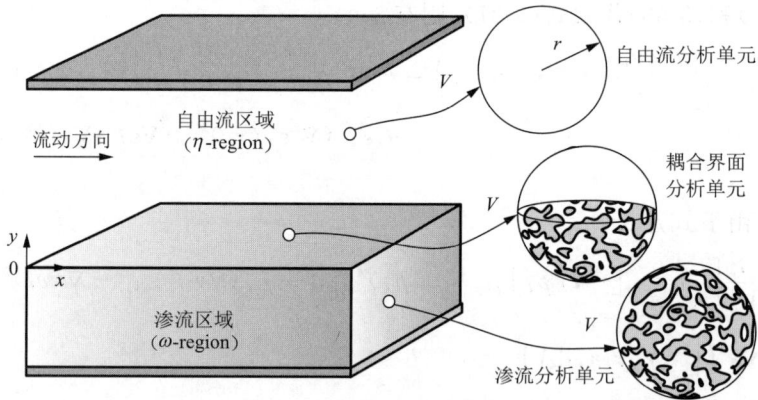

图 3-8 耦合流动模型分析示意图

引入上述尺度约束后，对于式(3-39)中的各项有如下的数量级估计的阶分析。

$$\frac{1}{V_k} \int_{A_k} \boldsymbol{n}_k \cdot \mu_k (\nabla \boldsymbol{v}_k |_{x+y_k} - \nabla \langle \boldsymbol{v}_k \rangle^k |_x) \mathrm{d}A = O\left(\frac{\mu_k \boldsymbol{v}_k}{l_k^2} \right) \tag{3-41}$$

$$\frac{1}{V_k} \nabla \cdot \left(\int_{A_{km}} \mu_k \boldsymbol{v}_k \boldsymbol{n}_k \mathrm{d}A \right) = O\left(\frac{\mu_k \boldsymbol{v}_k}{Ll_k} \right) \tag{3-42}$$

$$\mu_k \nabla^2 \langle \boldsymbol{v}_k \rangle^k = O\left(\frac{\mu_k \boldsymbol{v}_k}{L^2} \right) \tag{3-43}$$

$$\mu_k \varepsilon_k^{-1} \nabla^2 \varepsilon_k \langle \boldsymbol{v}_k \rangle^k = O\left(\frac{\mu_k \boldsymbol{v}_k}{L^2}\right) \tag{3-44}$$

$$\mu_k \varepsilon_k^{-1} \nabla \varepsilon_k \cdot \nabla \langle \boldsymbol{v}_k \rangle^k = O\left(\frac{\mu_k \boldsymbol{v}_k}{L^2}\right) \tag{3-45}$$

由式(3-40)可知:式(3-42)~(3-45)四项的数量级估计的阶均远小于式(3-41)。因此,对于多孔介质渗流区域,式(3-42)~(3-45)四项在式(3-39)中均可忽略掉。此时,连续性方程(3-25)和动量方程(3-39)可分别简化为如下形式:

$$\frac{\partial \varepsilon_{k\omega}}{\partial t} + \nabla \cdot (\varepsilon_{k\omega} \langle \boldsymbol{v}_k \rangle_\omega^k) = 0 \tag{3-46}$$

$$0 = -\nabla \langle p_k \rangle_\omega^k + \rho_k \boldsymbol{g} - \mu_k \boldsymbol{K}_{k\omega}^{-1} \cdot (\varepsilon_{k\omega} \langle \boldsymbol{v}_k \rangle_\omega^k) \tag{3-47}$$

式中,下标 ω 表示多孔介质渗流区域(见图 3-8);矢量 $\mu_k \boldsymbol{K}_{k\omega}^{-1} \cdot (\varepsilon_{k\omega} \langle \boldsymbol{v}_k \rangle_\omega^k) = \mu_k \boldsymbol{F}_k$,其中,$\boldsymbol{K}_{k\omega} = k_{rk} \boldsymbol{K}_\omega$ 为 k 相有效渗透率,$\boldsymbol{K}_\omega$ 为多孔介质绝对渗透率张量,k_{rk} 为 k 相流体的相对渗透率。

上述推导的详情可参考 Whitaker(1986)[116,117]。

对于自由流区域,在 REV 尺度上连续性方程(3-25)和动量方程(3-39)可写为:

$$\frac{\partial \varepsilon_{k\eta}}{\partial t} + \nabla \cdot (\varepsilon_{k\eta} \langle \boldsymbol{v}_k \rangle_\eta^k) = 0 \tag{3-48}$$

$$\rho_k \frac{\partial (\varepsilon_{k\eta} \langle \boldsymbol{v}_k \rangle_\eta^k)}{\partial t} + \rho_k \nabla \cdot (\varepsilon_{k\eta} \langle \boldsymbol{v}_k \rangle_\eta^k \langle \boldsymbol{v}_k \rangle_\eta^k) = -\varepsilon_{k\eta} \nabla \langle p_k \rangle_\eta^k + \varepsilon_{k\eta} \rho_k \boldsymbol{g} +$$
$$\varepsilon_{k\eta} \mu_k \nabla^2 \langle \boldsymbol{v}_k \rangle_\eta^k - \varepsilon_{k\eta} \mu_k \boldsymbol{F}_{k\eta} \tag{3-49}$$

式中,下标 η 表示自由流动区域(见图 3-8)。上述两式中引入了尺度约束 $r^2 \ll LL_d$ 和 $l_k \ll L$。式(3-49)的最后一项中的 $\mu_k \boldsymbol{F}_{k\eta}$ 称为界面动量项,通常可写为:

$$\mu_k \boldsymbol{F}_{k\eta} = \boldsymbol{K}_{k\eta}^{-1} \cdot (\langle \boldsymbol{v}_m \rangle_\eta^m - \langle \boldsymbol{v}_k \rangle_\eta^k) \tag{3-50}$$

方程(3-48)和(3-49)为经典的宏观平均两流体模型(average two-fluid model),该模型是目前两相流研究中应用最为广泛的模型。

同理,应用上述尺度升级技术可对界面张力方程(3-20)进行尺度升级。首先在界面张力方程(3-20)中直接应用物理量的空间分解方程(3-11),可得:

$$-\widetilde{p}_k \boldsymbol{n}_{km} = -\widetilde{p}_m \boldsymbol{n}_{km} + (\langle p_k \rangle^k - \langle p_m \rangle^m) + 2\sigma\kappa \boldsymbol{n}_{km} -$$
$$[\mu_k(\nabla \widetilde{\boldsymbol{v}}_k + \nabla \widetilde{\boldsymbol{v}}_k^T) \cdot \boldsymbol{n}_{km} - \mu_m(\nabla \widetilde{\boldsymbol{v}}_m + \nabla \widetilde{\boldsymbol{v}}_m^T) \cdot \boldsymbol{n}_{km}] \tag{3-51}$$

式(3-51)中,需要应用如下不等式:

$$\begin{cases} \mu_k[\nabla \langle \boldsymbol{v}_k \rangle^k + \nabla(\langle \boldsymbol{v}_k \rangle^k)^T] \ll \mu_k(\nabla \widetilde{\boldsymbol{v}}_k + \nabla \widetilde{\boldsymbol{v}}_k^T) \\ \mu_m[\nabla \langle \boldsymbol{v}_m \rangle^m + \nabla(\langle \boldsymbol{v}_m \rangle^m)^T] \ll \mu_m(\nabla \widetilde{\boldsymbol{v}}_m + \nabla \widetilde{\boldsymbol{v}}_m^T) \end{cases} \tag{3-52}$$

类似于式(3-41)~(3-45)中数量级估计阶的分析,考虑式(3-40)中的尺度约束,可得:

$$\nabla \widetilde{\boldsymbol{v}}_k = O(\langle \boldsymbol{v}_k \rangle^k / l_k), \quad \nabla \langle \boldsymbol{v}_k \rangle^k = O(\langle \boldsymbol{v}_k \rangle^k / L), \quad l_k \ll L \tag{3-53}$$

因此,不等式(3-52)的正确性显而易见。此时,在界面 A_{km} 上对方程(3-51)的各法向分量进行面积平均,可得:

$$-(\langle p_k \rangle^k - \langle p_m \rangle^m) = 2\sigma \langle \kappa \rangle_{km} - \langle \widetilde{p}_k - \widetilde{p}_m \rangle -$$
$$\langle \mu_k \boldsymbol{n}_{km} \cdot (\nabla \widetilde{\boldsymbol{v}}_k + \nabla \widetilde{\boldsymbol{v}}_k^T) \cdot \boldsymbol{n}_{km} - \mu_m \boldsymbol{n}_{km} \cdot (\nabla \widetilde{\boldsymbol{v}}_m + \nabla \widetilde{\boldsymbol{v}}_m^T) \cdot \boldsymbol{n}_{km} \rangle \tag{3-54}$$

其中：

$$\langle \kappa \rangle_{km} = \frac{1}{A_{km}} \int_{A_{km}} \kappa \, \mathrm{d}A \tag{3-55}$$

应用式(3-40)和体积平均定义式(3-9)，结合相应的数量级估计阶的分析方法，可得到如下方程：

$$-(\langle p_k \rangle^k - \langle p_m \rangle^m) = 2\sigma \langle k \rangle_{km} + O\left(\frac{\mu_k \langle \boldsymbol{v}_k \rangle^k}{l_k}\right) \tag{3-56}$$

此时，若引入下述尺度约束：

$$\frac{\mu_k \langle \boldsymbol{v}_k \rangle^k}{2\sigma \langle k \rangle_{km} l_k} \ll 1 \tag{3-57}$$

可得到 REV 尺度上两相流体间的宏观压力关系表达式：

$$\langle p_k \rangle^k - \langle p_m \rangle^m = 2\sigma \overline{\kappa} \tag{3-58}$$

式中，$\overline{\kappa}$ 为平均体积 V 中 k-m 界面的平均曲率。

上述方程的详细推导可参考文献[116-118]。式(3-57)等号左端项定义为毛管数(capillary number)。

显然，方程(3-41)~(3-44)在界面过渡区域并不适用。若在界面区域仍继续使用上述方程，则必然与原问题有所偏差。如何消除由此带来的偏差(或误差)是目前研究的热点和难点。下面将通过在耦合界面上引入跳跃边界条件的方式来消除上述误差。在工程实际问题中，通常界面过渡区域相对于整个研究区域是趋于无穷小的，即界面过渡区域可简化为一个简单的界面，此时需引入相应的界面条件。下面将引入 surface-excess 函数来建立耦合界面条件，此过程为第二步尺度升级。

4) 渗流-自由流耦合两相流界面条件

如图 3-9 所示，从耦合界面区域任意取出一个体积单元体 V，该单元体的外表面由三部分组成：与自由流区域相接的上表面 A^+、与多孔介质渗流区域相接的下表面 A^- 以及侧表面 s，其单位外法向矢量为 $\boldsymbol{n}_s$。为研究方便，假设上下表面(A^+ 和 A^-)均为平面且该平面由曲线 C 圈闭，界面区域厚度为 δ，侧表面积为 δC。l 和 Δ 分别为渗流区域和自由流区域的特征尺寸。

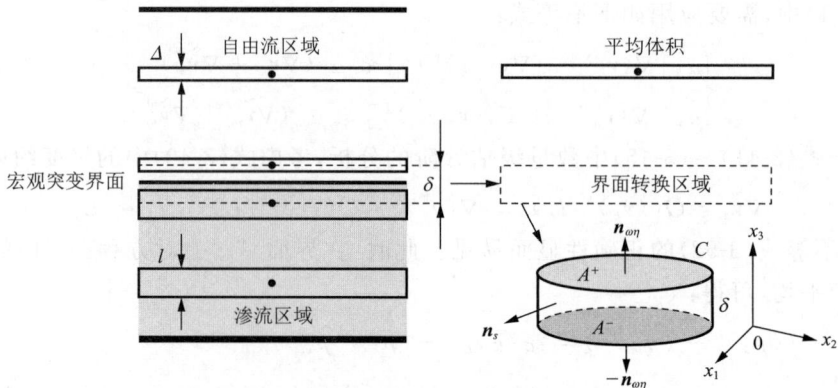

图 3-9　耦合界面条件分析模型

（1）速度跳跃条件的建立。

为推导界面上的速度条件，首先在界面单元体 V 中对连续性方程（3-25）进行积分，具体如下：

$$\int_V \frac{\partial \varepsilon_k}{\partial t} \mathrm{d}V + \int_V \nabla \cdot (\varepsilon_k \langle \boldsymbol{v}_k \rangle^k) \mathrm{d}V = 0 \tag{3-59}$$

应用散度定理，可得：

$$\int_{A^-} \boldsymbol{n}_{\omega\eta} \cdot \varepsilon_{k\omega} \langle \boldsymbol{v}_k \rangle_\omega^k \mathrm{d}A - \int_{A^+} \boldsymbol{n}_{\omega\eta} \cdot \varepsilon_{k\eta} \langle \boldsymbol{v}_k \rangle_\eta^k \mathrm{d}A = \int_A \frac{\partial}{\partial t} \left(\int_0^\delta \varepsilon_k \mathrm{d}x_3 \right) \mathrm{d}A +$$
$$\oint_C \int_0^\delta \boldsymbol{n}_s \cdot \varepsilon_k \langle \boldsymbol{v}_k \rangle^k \mathrm{d}x_3 \mathrm{d}C \tag{3-60}$$

显然，上式等号右端第一项可写成如下形式：

$$\int_A \frac{\partial}{\partial t} \left(\int_0^\delta \varepsilon_k \mathrm{d}x_3 \right) \mathrm{d}A = \int_A \overline{H}_k \delta \frac{\partial}{\partial t} (\varepsilon_{k\omega} - \varepsilon_{k\eta}) \mathrm{d}A \tag{3-61}$$

式中，$\overline{H}_k$ 为一无量纲可调整标量参数，且 $\overline{H}_k = O(1)$。

对于式（3-60）的等号右端第二项，引入单位体积内流过界面区域的平均流量函数，即 $\delta \langle \boldsymbol{v}_k \rangle_s^k = \int_0^\delta \varepsilon_k \langle \boldsymbol{v}_k \rangle^k \mathrm{d}x_3$，结合散度定理可得：

$$\int_A \boldsymbol{n}_{\omega\eta} \cdot (\varepsilon_{k\omega} \langle \boldsymbol{v}_k \rangle_\omega^k - \varepsilon_{k\eta} \langle \boldsymbol{v}_k \rangle_\eta^k) \mathrm{d}A = \int_A \left[\overline{H}_k \delta \frac{\partial}{\partial t} (\varepsilon_{k\omega} - \varepsilon_{k\eta}) + \nabla_s \cdot (\delta \langle \boldsymbol{v}_k \rangle_s^k) \right] \mathrm{d}A$$
$$\tag{3-62}$$

其中，$\nabla_s = (\boldsymbol{I} - \boldsymbol{n}_{\omega\eta} \boldsymbol{n}_{\omega\eta}) \cdot \nabla = \partial / \partial x_j$，$j = 1,2$。考虑表面 A 的任意性，则上式可简化为如下法向速度条件：

$$\boldsymbol{n}_{\omega\eta} \cdot (\varepsilon_{k\omega} \langle \boldsymbol{v}_k \rangle_\omega^k - \varepsilon_{k\eta} \langle \boldsymbol{v}_k \rangle_\eta^k) = \overline{H}_k \delta \frac{\partial}{\partial t} (\varepsilon_{k\omega} - \varepsilon_{k\eta}) + \nabla_s \cdot (\delta \langle \boldsymbol{v}_k \rangle_s^k) \tag{3-63}$$

在工程实际问题中，界面的厚度 δ 远小于研究区域的特征尺度 L，一般可忽略其厚度，即 $\delta \to 0$。因此，式（3-63）等号右端第二项可忽略，则进一步简化为：

$$\boldsymbol{n}_{\omega\eta} \cdot (\varepsilon_{k\eta} \langle \boldsymbol{v}_k \rangle_\eta^k - \varepsilon_{k\omega} \langle \boldsymbol{v}_k \rangle_\omega^k) = H_k \sqrt{K_n} \frac{\partial}{\partial t} (\varepsilon_{k\eta} - \varepsilon_{k\omega}) \tag{3-64}$$

式中，H_k 为一无量纲可调整标量参数，且 $H_k = O(1)$；界面区域的厚度 $\delta = O(\sqrt{K_n})$，其中 $K_n = \boldsymbol{n}_{\omega\eta} \cdot \boldsymbol{K}_\omega \cdot \boldsymbol{n}_{\omega\eta}$ 为多孔介质渗透率张量在界面法线方向上的分量。

方程（3-64）称为法向速度跳跃条件。对于切向速度条件，由模型的物理意义和特征可直接写出：

$$\boldsymbol{\lambda}_{\omega\eta} \cdot (\varepsilon_{k\eta} \langle \boldsymbol{v}_k \rangle_\eta^k - \varepsilon_{k\omega} \langle \boldsymbol{v}_k \rangle_\omega^k) = u_{ks} \tag{3-65}$$

式中，$\boldsymbol{\lambda}_{\omega\eta}$ 为界面的单位切向量；u_{ks} 为 k 相流体在渗流-自由流界面上的相对滑移速度。

（2）应力跳跃条件的建立。

同理，可对动量方程（3-39）进行类似的分析和推导。首先对方程（3-39）中右端包含 $\nabla^2 \varepsilon_k$ 和 $\nabla \varepsilon_k$ 的两项予以分析和简化，显然这两项有如下数量级估计的阶：

$$\mu_k \varepsilon_k^{-1} \nabla^2 \varepsilon_k \langle \boldsymbol{v}_k \rangle^k = O\left(\frac{\mu_k \langle \boldsymbol{v}_k \rangle^k}{L_{\mathrm{NL}}^2} \right), \quad \mu_k \varepsilon_k^{-1} \nabla \varepsilon_k \cdot \nabla \langle \boldsymbol{v}_k \rangle^k = O\left(\frac{\mu_k \langle \boldsymbol{v}_k \rangle^k}{L_{\mathrm{NL}}^2} \right) \tag{3-66}$$

式中，L_{NL} 为非局部体积平均量所涉及的特征尺度。显然这两项具有相同的数量级估计，因此可将这两项写为如下形式：

$$\mu_k \varepsilon_k^{-1}(\nabla^2 \varepsilon_k \langle \boldsymbol{v}_k \rangle^k + \nabla \varepsilon_k \cdot \nabla \langle \boldsymbol{v}_k \rangle^k) = (1+\xi)\mu_k \varepsilon_k^{-1}\nabla^2 \varepsilon_k \langle \boldsymbol{v}_k \rangle^k \tag{3-67}$$

式中，ξ 为无量纲标量参数，且 $\xi = O(1)$。

将上式代入方程(3-39)，重复速度跳跃条件的分析推导过程，并对之进行积分，忽略与时间相关的惯性项，由此可得：

$$\rho_k \left[\int_{A+} \boldsymbol{n}_{\omega\eta} \cdot \langle \boldsymbol{v}_k \rangle_\eta^k \langle \boldsymbol{v}_k \rangle_\eta^k dA - \int_{A-} \boldsymbol{n}_{\omega\eta} \cdot \langle \boldsymbol{v}_k \rangle_\omega^k \langle \boldsymbol{v}_k \rangle_\omega^k dA + \int_A \nabla_s \cdot (\delta \boldsymbol{U}_s^k) dA \right] +$$

$$\rho_k \int_A \int_0^\delta \varepsilon_k^{-1} \nabla \varepsilon_k \cdot \langle \boldsymbol{v}_k \rangle^k \langle \boldsymbol{v}_k \rangle^k dx_3 dA = -\int_{A+} \boldsymbol{n}_{\omega\eta} \langle p_k \rangle_\eta^k dA + \int_{A-} \boldsymbol{n}_{\omega\eta} \langle p_k \rangle_\omega^k dA -$$

$$\int_A \nabla_s (\delta \langle p_k \rangle_s^k) dA + \int_A \delta \varepsilon_{ks} \rho_k \boldsymbol{g} dA + \int_A \nabla_s \cdot (\delta \boldsymbol{\tau}_s^k) dA +$$

$$\int_{A+} \boldsymbol{n}_{\omega\eta} \cdot \mu_k \nabla \langle \boldsymbol{v}_k \rangle_\eta^k dA - \int_{A-} \boldsymbol{n}_{\omega\eta} \cdot \mu_k \nabla \langle \boldsymbol{v}_k \rangle_\omega^k dA +$$

$$\int_A \int_0^\delta (1+\xi)\mu_k \varepsilon_k^{-1}\nabla^2 \varepsilon_k \langle \boldsymbol{v}_k \rangle^k dx_3 dA - \int_A \int_0^\delta \mu_k \boldsymbol{F}_k dx_3 dA \tag{3-68}$$

式中引入了 surface-excess 物理量，具体定义如下：

$$\delta \boldsymbol{U}_s^k = \int_0^\delta \langle \boldsymbol{v}_k \rangle^k \langle \boldsymbol{v}_k \rangle^k dx_3, \quad \delta \langle p_k \rangle_s^k = \int_0^\delta \langle p_k \rangle^k dx_3$$

$$\delta \varepsilon_{ks} = \int_0^\delta \varepsilon_k dx_3, \quad \delta \boldsymbol{\tau}_s^k = \int_0^\delta \mu_k \nabla \langle \boldsymbol{v}_k \rangle^k dx_3 \tag{3-69}$$

式(3-68)等号左端惯性项的最后一项包含流体体积分数 ε_k，对于两相流有 $\varepsilon_k = \phi S_k$，其中 S_k 为 k 相饱和度，则该项中的 $\varepsilon_k^{-1}\nabla \varepsilon_k$ 可写为：

$$\varepsilon_k^{-1}\nabla \varepsilon_k = \phi^{-1}\nabla \phi + S_k^{-1}\nabla S_k \tag{3-70}$$

对于上式等号右端第一项，通过分析可知，$\nabla \phi \sim \boldsymbol{n}_{\omega\eta}|\nabla \phi|$。 类似地，等号右端第二项可得到相似的近似表示但形式稍有不同，即 $\nabla S_k \sim \boldsymbol{B}_k \cdot \boldsymbol{n}_{\omega\eta}|\nabla S_k|$，其中 $\boldsymbol{B}_k$ 为无量纲二阶张量系数，且 $\boldsymbol{B}_k = O(1)$。 基于上述简化，可得到如下近似：

$$\int_0^\delta \varepsilon_k^{-1}\nabla \varepsilon_k \cdot \langle \boldsymbol{v}_k \rangle^k \langle \boldsymbol{v}_k \rangle^k dx_3 \sim \varepsilon_k^{-1}\delta |\nabla \varepsilon_k|(\boldsymbol{B}_k + \boldsymbol{I}) \cdot \boldsymbol{n}_{\omega\eta} \cdot (\langle \boldsymbol{v}_k \rangle^k \langle \boldsymbol{v}_k \rangle^k) \tag{3-71}$$

因此，式(3-68)等号左端惯性项的最后一项可写为：

$$\int_0^\delta \varepsilon_k^{-1}\nabla \varepsilon_k \cdot \langle \boldsymbol{v}_k \rangle^k \langle \boldsymbol{v}_k \rangle^k dx_3 = (\boldsymbol{B}_k + \chi \boldsymbol{I}) \cdot \boldsymbol{n}_{\omega\eta} \cdot (\langle \boldsymbol{v}_k \rangle_\eta^k \langle \boldsymbol{v}_k \rangle_\eta^k - \langle \boldsymbol{v}_k \rangle_\omega^k \langle \boldsymbol{v}_k \rangle_\omega^k) \tag{3-72}$$

式中，χ 为无量纲标量参数，且 $\chi = O(1)$。

对于多孔介质渗流区域，考虑到雷诺数 $Re \ll 1$，其惯性项和黏滞力项均可忽略不计，当 $\delta \to 0$ 时，式(3-69)中的各项均趋于零，因此式(3-68)可简化为：

$$\int_A \boldsymbol{E}_k \cdot \boldsymbol{n}_{\omega\eta} \cdot \rho_k \langle \boldsymbol{v}_k \rangle_\eta^k \langle \boldsymbol{v}_k \rangle_\eta^k dA = \int_A \boldsymbol{n}_{\omega\eta} \cdot [\boldsymbol{I}(\langle p_k \rangle_\omega^k - \langle p_k \rangle_\eta^k) + \mu_k \nabla \langle \boldsymbol{v}_k \rangle_\eta^k] dA +$$

$$\int_A \int_0^\delta (1+\xi)\mu_k \nabla^2 \varepsilon_k \varepsilon_k^{-1}\langle \boldsymbol{v}_k \rangle^k dx_3 dA - \int_A \int_0^\delta \mu_k \boldsymbol{F}_k dx_3 dA \tag{3-73}$$

式中，$\boldsymbol{E}_k = (1+\chi)\boldsymbol{I} + \boldsymbol{B}_k$，为无量纲二阶张量系数。

通过数量级估计阶的分析可以看出：式(3-73)等号右端的最后两项不可忽略，需要对其进行进一步的简化和近似。沿用参考文献[104]中的定义,式(3-73)等号右端最后一项称为额外体相应力(excess bulk stress),并可写成如下形式:

$$\int_0^\delta \mu_k \boldsymbol{F}_k \mathrm{d}x_3 = \delta \mu_k \boldsymbol{D}_k \cdot [\boldsymbol{K}_{k\omega}^{-1} \cdot (\varepsilon_{k\omega} \langle \boldsymbol{v}_k \rangle_\omega^k)] - \delta \boldsymbol{D}_k \cdot [\boldsymbol{K}_{k\eta}^{-1} \cdot (\langle \boldsymbol{v}_m \rangle_\eta^m - \langle \boldsymbol{v}_k \rangle_\eta^k)]$$

(3-74)

式中,$\boldsymbol{D}_k$ 为无量纲二阶张量系数,且 $\boldsymbol{D}_k = O(1)$。

　　下面来分析式(3-73)中的倒数第二项,该项涉及 $\varepsilon_k^{-1} \langle \boldsymbol{v}_k \rangle^k$ 项。在单相流中,该项在界面区域的变化一般很小,可视为常量,且此时 $\varepsilon_k = \phi$。对于两相流,可将该项写成如下形式:

$$\varepsilon_k^{-1} \langle \boldsymbol{v}_k \rangle^k = (\phi^{-1} \langle \boldsymbol{v}_k \rangle^k) S_k^{-1} k_{rk}$$

(3-75)

显然,对于两相流,$\varepsilon_k^{-1} \langle \boldsymbol{v}_k \rangle^k$ 在界面区域的变化仍很小,可视为常量。因此,可对式(3-73)中的倒数第二项进行如下简化:

$$\int_A \int_0^\delta (1+\xi) \mu_k \nabla^2 \varepsilon_k \varepsilon_k^{-1} \langle \boldsymbol{v}_k \rangle^k \mathrm{d}x_3 \mathrm{d}A = \int_A (1+\xi) \mu_k \delta^{-1} (\varepsilon_{k\omega} - \varepsilon_{k\eta}) \boldsymbol{A}_k \cdot$$
$$(\varepsilon_{k\eta}^{-1} \langle \boldsymbol{v}_k \rangle_\eta^k + \varepsilon_{k\omega}^{-1} \langle \boldsymbol{v}_k \rangle_\omega^k) \mathrm{d}A$$

(3-76)

式中,$\boldsymbol{A}_k$ 为无量纲二阶张量系数,且 $\boldsymbol{A}_k = O(1)$。

　　将式(3-76)和(3-74)代入式(3-73),并考虑表面 A 的任意性,可得到如下通用应力跳跃条件:

$$\boldsymbol{n}_{\omega\eta} \cdot [\boldsymbol{I}(\langle p_k \rangle_\omega^k - \langle p_k \rangle_\eta^k) + \mu_k \nabla \langle \boldsymbol{v}_k \rangle_\eta^k] = \mu_k (\boldsymbol{A}_{k\eta} \cdot \langle \boldsymbol{v}_k \rangle_\eta^k - \boldsymbol{A}_{k\omega} \cdot \varepsilon_{k\omega} \langle \boldsymbol{v}_k \rangle_\omega^k) +$$
$$\boldsymbol{E}_k \cdot \boldsymbol{n}_{\omega\eta} \cdot \rho_k \langle \boldsymbol{v}_k \rangle_\eta^k \langle \boldsymbol{v}_k \rangle_\eta^k - \boldsymbol{G}_k \cdot (\langle \boldsymbol{v}_m \rangle_\eta^m - \langle \boldsymbol{v}_k \rangle_\eta^k)$$

(3-77)

其中:

$$\begin{cases} \boldsymbol{A}_{k\eta} = (1+\xi) \delta^{-1} \varepsilon_{k\eta}^{-1} (\varepsilon_{k\eta} - \varepsilon_{k\omega}) \boldsymbol{A}_k \\ \boldsymbol{A}_{k\omega} = (1+\xi) \delta^{-1} \varepsilon_{k\omega}^{-2} (\varepsilon_{k\eta} - \varepsilon_{k\omega}) \boldsymbol{A}_k - \delta \boldsymbol{D}_k \cdot \boldsymbol{K}_{k\omega}^{-1} \\ \boldsymbol{G}_k = \delta \boldsymbol{D}_k \cdot \boldsymbol{K}_{k\eta}^{-1} \end{cases}$$

(3-78)

　　式(3-77)等号右端第二项表征的是自由流区域惯性项在交界面上的影响,对于低速流动该项的影响可忽略。由其定义式(3-71)和式(3-72)可知:该惯性项不仅与流动状态相关,而且与界面区域多孔介质的孔隙结构有关。式(3-77)等号右端最后一项为两相间界面上的摩擦力项,与两相的体积分数及相对速度密切相关。

　　(3) 渗流-自由流耦合两相流数学模型。

　　以上基于体积平均法从理论上推导建立了耦合两相流数学模型及其相应的耦合界面条件,该模型适用于 REV 尺度。为研究方便,将上述基本数学模型写成经典形式,具体如下:

　　① 多孔介质渗流区域:

$$\frac{\partial(\phi \rho_k S_k)}{\partial t} + \nabla \cdot (\rho_k \boldsymbol{v}_k) = 0$$

(3-79)

$$\boldsymbol{v}_k = -\frac{k_{rk}}{\mu_k} \boldsymbol{K} \cdot (\nabla p_k - \rho_k \boldsymbol{g})$$

(3-80)

$$S_w + S_n = 1, \quad p_c(S_w) = p_n - p_w$$

(3-81)

式中，v_k 为 k 相流体渗流速度；p_c 为毛管压力，它是润湿相饱和度的函数。

② 自由流区域：

$$\frac{\partial(\rho_k C_k)}{\partial t} + \nabla \cdot (\rho_k C_k \boldsymbol{u}_k) = 0 \tag{3-82}$$

$$\frac{\partial(\rho_k C_k \boldsymbol{u}_k)}{\partial t} + \nabla \cdot (\rho_k C_k \boldsymbol{u}_k \boldsymbol{u}_k) = -C_k \nabla p_k + C_k \rho_k \boldsymbol{g} + C_k \mu_k \nabla^2 \boldsymbol{u}_k - b_k(\boldsymbol{u}_{\mathrm{w}} - \boldsymbol{u}_{\mathrm{n}}) \tag{3-83}$$

$$C_{\mathrm{w}} + C_{\mathrm{n}} = 1, \quad p_{\mathrm{n}} - p_{\mathrm{w}} = 2\sigma\kappa \tag{3-84}$$

式中，C_k 为自由流区域中 k 相的体积分数；$\boldsymbol{u}_k$ 为平均体积 V 中 k 相流体的平均速度；$p_{\mathrm{n}} - p_{\mathrm{w}}$ 为两相间的压力差，与流态和界面属性相关，若忽略界面张力的影响则有 $p_{\mathrm{n}} = p_{\mathrm{w}}$；$\overline{\kappa}$ 为两相界面的平均曲率；b_k 为系数。

从动量方程(3-83)可以看出，两相流体的运动方程通过最后一项联系起来。如前所述，该项称为界面动量项或界面摩擦阻力项。其中，系数 b_k 通常可写成如下形式：

$$b_{\mathrm{w}} = -b_{\mathrm{n}} = \frac{1}{8}c_{\mathrm{d}}\rho_{\mathrm{c}}a_{\mathrm{i}}|\boldsymbol{u}_{\mathrm{w}} - \boldsymbol{u}_{\mathrm{n}}| \tag{3-85}$$

式中，ρ_{c} 为平均体积 V 中连续相流体的密度；a_{i} 为单位体积中的两相交界面面积；c_{d} 为一经验系数，与局部流动场的雷诺数及两相流流态相关。

在 Mat 和 Ilegbusi[119] 的研究中，提出了一个更为简化和方便的经验公式，具体如下：

$$b_{\mathrm{w}} = -b_{\mathrm{n}} = \overline{\rho}c_{\mathrm{d}}C_{\mathrm{w}}C_{\mathrm{n}} \tag{3-86}$$

式中，$\overline{\rho} = \sum C_k \rho_k$，为流体混合物的密度；$c_{\mathrm{d}}$ 为经验系数，通常取为 20。

经验公式(3-86)并未包含描述界面面积的 a_{i} 系数，该公式适用于两相流层流和低速流动。对于更为复杂的流动，a_{i} 系数非常重要，此时需要使用方程(3-85)。

值得注意的是：系数 b_k 与两相流的流态密切相关，但目前尚未找到一种通用方法来确定该系数，尤其是在流态相互转换的临界状态时，尚未形成有效的计算方法与理论。其主要原因在于两相流流态颇多，其影响因素多且相关性研究复杂，如图 3-10 所示。尽管如此，上述两个流体模型仍是当前两相流研究中的主要应用模型，尤其在工程实际中应用颇为广泛。此外，若忽略惯性项，动量方程(3-83)将具有类似于 Darcy 定律的形式，这对于后面的研究具有重要的指导性作用。

③ 耦合界面上的速度条件：

$$\boldsymbol{n} \cdot (C_k \boldsymbol{u}_k - \boldsymbol{v}_k) = H_k \sqrt{K_n} \frac{\partial}{\partial t}(C_k - \phi S_k) \tag{3-87}$$

$$\boldsymbol{\lambda} \cdot (C_k \boldsymbol{u}_k - \boldsymbol{v}_k) = u_{ks} \tag{3-88}$$

上述两式分别为耦合界面上的法向速度和切向速度条件。

下面重点来看法向速度条件式(3-87)。该条件中的无量纲系数 H_k 与前述 BJ 条件中的滑移系数 α 相类似，都是界面区域多孔介质结构特征的表征量。若界面区域厚度 $\delta \ll (\boldsymbol{n} \cdot \boldsymbol{u}_k)t_{\mathrm{c}}$（$t_{\mathrm{c}}$ 为时间特征尺度），则式(3-87)等号右端项可忽略。因此，法向速度条件可写为：

$$\boldsymbol{n} \cdot (C_k \boldsymbol{u}_k - \boldsymbol{v}_k) = 0 \tag{3-89}$$

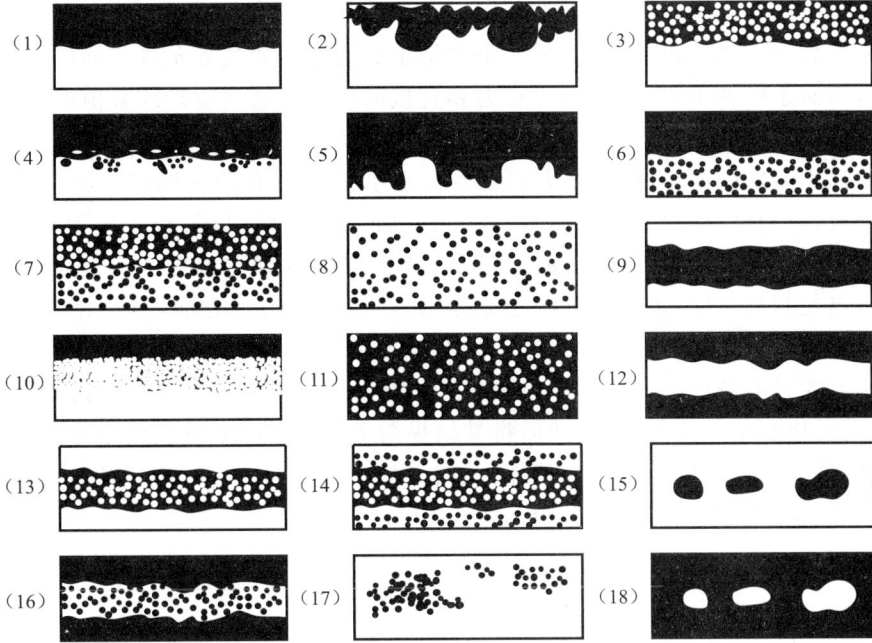

图 3-10　两相流中的不同流态

④ 耦合界面上的应力条件：

$$p_k^{\omega} - \boldsymbol{n} \cdot (\boldsymbol{I} p_k^{\gamma} - \mu_k \nabla \boldsymbol{u}_k) \cdot \boldsymbol{n} = \mu_k (\boldsymbol{A}_{k\eta} \cdot \boldsymbol{u}_k - \boldsymbol{A}_{k\omega} \cdot \boldsymbol{v}_k) \cdot \boldsymbol{n} +$$

$$\boldsymbol{E}_k \cdot \boldsymbol{n}_{\omega\eta} \cdot \rho_k \boldsymbol{u}_k \boldsymbol{u}_k \cdot \boldsymbol{n} - \boldsymbol{G}_k \cdot (\boldsymbol{u}_m - \boldsymbol{u}_k) \cdot \boldsymbol{n} \tag{3-90}$$

$$\boldsymbol{n} \cdot \mu_k \nabla \boldsymbol{u}_k \cdot \boldsymbol{\lambda} = \mu_k (\boldsymbol{A}_{k\eta} \cdot \boldsymbol{u}_k - \boldsymbol{A}_{k\omega} \cdot \boldsymbol{v}_k) \cdot \boldsymbol{\lambda} +$$

$$\boldsymbol{E}_k \cdot \boldsymbol{n}_{\omega\eta} \cdot \rho_k \boldsymbol{u}_k \boldsymbol{u}_k \cdot \boldsymbol{\lambda} - \boldsymbol{G}_k \cdot (\boldsymbol{u}_m - \boldsymbol{u}_k) \cdot \boldsymbol{\lambda} \tag{3-91}$$

上述两式分别为耦合界面上的法向应力和切向应力界面条件，其中 $\boldsymbol{G}_k = \delta \boldsymbol{D}_k b_k$。

在实际研究中，尤其是数值模拟中，时间步长通常远大于所研究问题的时间尺度 t_c，此时假设耦合界面上的热动力学平衡是合理的，故上述界面条件中的非线性惯性项可忽略。同时注意到，自由流区域中流体的流速一般比多孔介质渗流区域中的渗流速度大三个数量级以上，因此式(3-90)和(3-91)右端项中的渗流速度可忽略掉，则上述应力条件可写为：

$$p_k^{\omega} - \boldsymbol{n} \cdot (\boldsymbol{I} p_k^{\gamma} - \mu_k \nabla \boldsymbol{u}_k) \cdot \boldsymbol{n} = \mu_k \boldsymbol{A}_{k\eta} \cdot \boldsymbol{u}_k \cdot \boldsymbol{n} - \boldsymbol{G}_k \cdot (\boldsymbol{u}_m - \boldsymbol{u}_k) \cdot \boldsymbol{n} \tag{3-92}$$

$$\boldsymbol{n} \cdot \mu_k \nabla \boldsymbol{u}_k \cdot \boldsymbol{\lambda} = \mu_k \boldsymbol{A}_{k\eta} \cdot \boldsymbol{u}_k \cdot \boldsymbol{\lambda} - \boldsymbol{G}_k \cdot (\boldsymbol{u}_m - \boldsymbol{u}_k) \cdot \boldsymbol{\lambda} \tag{3-93}$$

若进一步假设自由流区域中的两相流体具有相同的流速，即 $\boldsymbol{u}_m = \boldsymbol{u}_k$，则上述两式可进一步得到简化：

$$p_k^{\omega} - \boldsymbol{n} \cdot (\boldsymbol{I} p_k^{\gamma} - \mu_k \nabla \boldsymbol{u}_k) \cdot \boldsymbol{n} = \mu_k \boldsymbol{A}_{k\eta} \cdot \boldsymbol{u}_k \cdot \boldsymbol{n} \tag{3-94}$$

$$\boldsymbol{n} \cdot \mu_k \nabla \boldsymbol{u}_k \cdot \boldsymbol{\lambda} = \mu_k \boldsymbol{A}_{k\eta} \cdot \boldsymbol{u}_k \cdot \boldsymbol{\lambda} \tag{3-95}$$

注意，式(3-95)与前述 BJS 界面条件具有相同的形式，该条件为第三类边界条件，即柯西边界条件。

5) 模型分析及界面条件正确性验证

前面采用经典形式写出了渗流-自由流耦合两相流的数学模型及其相应的耦合边界条件。对于两个不同流动区域中的流动数学模型即方程(3-79)～(3-84)，其正确性和通用性已经在分析和讨论中得到了验证。因此,耦合模型的正确性取决于耦合界面条件正确与否。从前面的一些简化结果可以看出,新界面条件结果具有与经典边界条件相同的形式,这从侧面说明了新界面条件的正确性,但更为有力和直接的证明需通过物理或数值实验来验证。

目前有关耦合流动的物理实验非常少,具有代表性的是 Beavers 和 Joseph 的单相流实验。相应的两相流实验尚未开展,主要原因为实验参数控制和测量困难。随着流体力学测量技术的发展,目前已有一些学者应用激光多普勒测速(LDA)以及粒子成像测速(PIV)等先进技术来测量耦合界面附近的流场,但目前仍局限于单相流的研究。一方面,上述测量仪器在测量时仅是测量速度,不能区分两相流体的测量数据;另一方面,多孔介质中常会因为装置中的发射粒子堵塞而造成测量误差。显然单相流可视为两相流的一种极限情形,因此理论上两相流的界面条件必然适用于单相流的情形。对此,首先将耦合两相流界面条件进行简化,将其蜕化至单相流的情形,然后将其结果与 Beavers-Joseph 实验结果进行对比。

首先,假设流动区域仅存在 k 相流体,此时其体积分数 $C_k = S_k = 1$,将其代入速度条件式(3-87)和(3-88)以及应力条件式(3-90)和(3-91),可得:

$$\boldsymbol{n} \cdot (\boldsymbol{u}_k - \boldsymbol{v}_k) = 0 \tag{3-96}$$

$$\boldsymbol{\lambda} \cdot (\boldsymbol{u}_k - \boldsymbol{v}_k) = u_{ks} \tag{3-97}$$

$$p_k^{\omega} - \boldsymbol{n} \cdot (\boldsymbol{I} p_k^{\eta} - \mu_k \nabla \boldsymbol{u}_k) \cdot \boldsymbol{n} = \mu_k (\boldsymbol{A}_{k\eta} \cdot \boldsymbol{u}_k - \boldsymbol{A}_{k\omega} \cdot \boldsymbol{v}_k) \cdot \boldsymbol{n} \tag{3-98}$$

$$\boldsymbol{n} \cdot \mu_k \nabla \boldsymbol{u}_k \cdot \boldsymbol{\lambda} = \mu_k (\boldsymbol{A}_{k\eta} \cdot \boldsymbol{u}_k - \boldsymbol{A}_{k\omega} \cdot \boldsymbol{v}_k) \cdot \boldsymbol{\lambda} \tag{3-99}$$

考虑图 3-11 所示的 Beavers-Joseph 实验装置,在流动达到稳定后,上部的自由流区域与下部的多孔介质区域具有相同的压力分布,且多孔介质区域中的渗流速度 Q 为一定值。对于自由流区域,其上边界为不渗透壁面,速度 u 等于零,自由流区域中速度仅沿 y 方向变化,在 x 方向保持不变。此时,上述模型的法向速度和应力界面条件均自动满足连续性条件。因此,该实验装置的数学模型如下:

$$\mu_k \frac{\mathrm{d}^2 u}{\mathrm{d} y^2} = \frac{\mathrm{d} p}{\mathrm{d} x}, \quad 0 \leqslant y \leqslant h \tag{3-100}$$

$$Q = -\frac{K_\omega}{\mu_k} \frac{\mathrm{d} p}{\mathrm{d} x}, \quad -H \leqslant y \leqslant 0 \tag{3-101}$$

$$u_B - Q = u_s, \quad \text{at} \quad y = 0 \tag{3-102}$$

$$\boldsymbol{n} \cdot \nabla \boldsymbol{u}_k \cdot \boldsymbol{\lambda} = \boldsymbol{\lambda} \cdot (\boldsymbol{A}_\eta \cdot \boldsymbol{u}_k - \boldsymbol{A}_\omega \cdot \boldsymbol{v}_k) \tag{3-103}$$

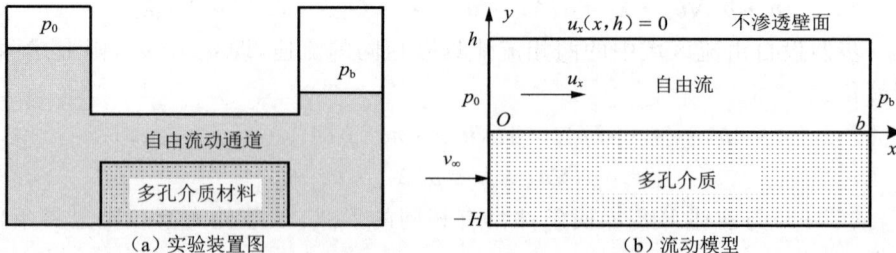

(a) 实验装置图　　　　　　　　　　　(b) 流动模型

图 3-11 Beavers-Joseph 实验装置示意图及其流动模型示意图

式中,$\boldsymbol{u}_k = u\boldsymbol{\lambda}$,$\boldsymbol{v}_k = Q\boldsymbol{\lambda}$,将其代入式(3-103)可得到下述边界条件:

$$\left. \frac{\mathrm{d} u}{\mathrm{d} y} \right|_{y=0_+} = \frac{\beta_1}{\sqrt{K_\omega}} u - \frac{\beta_2}{\sqrt{K_\omega}} Q \tag{3-104}$$

其中，$\beta_1 = \sqrt{K_\omega}(\boldsymbol{\lambda} \cdot \boldsymbol{A}_\eta \cdot \boldsymbol{\lambda})$，$\beta_2 = \sqrt{K_\omega}(\boldsymbol{\lambda} \cdot \boldsymbol{A}_\omega \cdot \boldsymbol{\lambda})$，进而速度滑移条件可写成：

$$\frac{\mathrm{d}u}{\mathrm{d}y}\bigg|_{y=0_+} = \frac{\beta_1}{\sqrt{K_\omega}}(u - \gamma Q) \tag{3-105}$$

上述边界条件即为式(3-6)，式中 $\alpha = \beta_1$，$\gamma = \beta_2/\beta_1$，具体表达式如下：

$$\alpha = \sqrt{K_\omega}\left[(1+\xi)\delta^{-1}(1-\phi)\boldsymbol{\lambda} \cdot \boldsymbol{A} \cdot \boldsymbol{\lambda}\right] \tag{3-106}$$

$$\gamma = \phi^{-2} - \frac{\delta^2 \boldsymbol{\lambda} \cdot \boldsymbol{D} \cdot \boldsymbol{K}_\omega^{-1} \cdot \boldsymbol{\lambda}}{(1+\xi)(1-\phi)\boldsymbol{\lambda} \cdot \boldsymbol{A} \cdot \boldsymbol{\lambda}} \tag{3-107}$$

式(3-106)中的 $(1+\xi)$ 项表明滑移系数 α 不仅与多孔介质的孔隙结构特征有关，而且与流动状态密切相关，而式(3-107)则表明系数 γ 为流体体积分数的函数。对于单相流，流体体积分数在自由流区域和多孔介质渗流区域中分别为 1 和 ϕ。当多孔介质的孔隙度 ϕ 很小时，其渗流速度 Q 也很小，此时渗流速度项只有在 γ 值很大时才起作用。但孔隙度 ϕ 较大时，渗流速度 Q 也将随之增大，此时 $\gamma = O(1)$，Beavers-Joseph 实验中所用的多孔介质材料即为此种情况。

对于上述数学模型，很容易求得解析解，其中自由流区域的流速为：

$$u = \frac{1}{2\mu_k}\frac{\mathrm{d}p}{\mathrm{d}x}y^2 - \frac{\alpha\sigma^2 - 2\alpha\sigma}{2\mu_k(1+\alpha\sigma)}\frac{\mathrm{d}p}{\mathrm{d}x}hy - \frac{K_\omega(\sigma^2 + 2\alpha\gamma)}{2\mu_k(1+\alpha\sigma)}\frac{\mathrm{d}p}{\mathrm{d}x} \tag{3-108}$$

式中，$\sigma = h/\sqrt{K_\omega}$。

对式(3-108)在 y 方向上进行积分可得到相应的总流量 M：

$$M = \int_0^h u\,\mathrm{d}y = -\frac{h^3}{12\mu_k}\frac{\mathrm{d}p}{\mathrm{d}x} - \frac{h^3}{12\mu_k}\frac{\mathrm{d}p}{\mathrm{d}x}\frac{3(\sigma + 2\alpha\gamma)}{\sigma(1+\alpha\sigma)} \tag{3-109}$$

上式等号右端第一项为泊肃叶(Poiseuille)流动问题中出口端的总流量 M_p。泊肃叶流动问题与上述耦合流动问题的唯一区别在于下部边界条件的设置：泊肃叶流动的下部边界与上部边界均为不滑移壁面条件，即 $u = 0$；而耦合模型的下部边界条件为速度滑移条件，即 $u = u_B > 0$。为研究方便，Beavers 和 Joseph 定义了参数 $\Phi = (M - M_p)/M_p$ 来表示两者之间的差别，对于上述模型则有：

$$\Phi = \frac{3(\sigma + 2\alpha\gamma)}{\sigma(1+\alpha\sigma)} \tag{3-110}$$

通过调整系数 α 和 γ 可以看到，上述模型的解析解结果与 Beavers-Joseph 的实验结果基本吻合，比之前的 BJ 条件拟合效果更好，如图 3-12 所示。图中的黑实线为 BJ 条件拟合曲线，其中 BJ 滑移系数 $\alpha = 0.8$。在新的拟合曲线中，系数 γ 取值为 1.5，而系数 α 则在 0.6~2.2 之间变化。显然，对于同一介质材料，反映多孔介质界面区域几何特征的参数 γ 应保持不变。对于图 3-12 中的泡沫金属实验材料，其孔隙度 ϕ 高达 0.78，故其耦合界面区域厚度较大，应存在一明显的流动过渡区域。基于式(3-74)，可判定系数 $\boldsymbol{D}$ 应为一正数，因此对于系数 γ 有如下估计：

$$\gamma = 0.78^{-2} - \frac{\delta^2 \boldsymbol{\lambda} \cdot \boldsymbol{D} \cdot \boldsymbol{K}_\omega^{-1} \cdot \boldsymbol{\lambda}}{(1+\xi)(1-\varepsilon_{k\omega})\boldsymbol{\lambda} \cdot \boldsymbol{A} \cdot \boldsymbol{\lambda}} \leqslant 1.64 \tag{3-111}$$

在此 γ 取值为 1.5。

通过调整滑移系数 α 可以看到，所有的实验数据均被图 3-12 中的两条虚线所包含。如前所述，滑移系数 α 不仅与多孔介质的结构特征相关，而且与流动状态有关。因此对于同一实验材料,当实验条件不同时,其结果必然有所差异,这也是为什么 Beavers-Joseph 实验中的结果数据会呈现带状分布。从这一点来讲,新界面条件具有更为明确的物理意义,其拟合效果更好。泡沫金属多孔介质材料的其他物理属性可参照表 3-2。

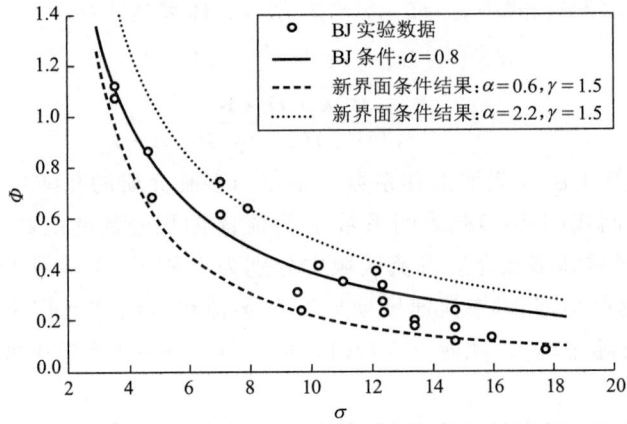

图 3-12　新界面条件解析解与 Beavers-Joseph 实验数据的对比(泡沫金属)

表 3-2　Beavers-Joseph 实验中的材料属性参数

材料名称	渗透率 K_ω/m^2	多孔介质平均粒径 d/m	孔隙度 ϕ
泡沫金属材料	7.1×10^{-9}	—*	0.78
泡沫金属材料 A	9.7×10^{-9}	4.06×10^{-4}	0.78
泡沫金属材料 B	3.94×10^{-8}	8.64×10^{-4}	0.78
泡沫金属材料 C	8.2×10^{-8}	1.14×10^{-3}	0.79
铝砂 1	6.45×10^{-10}	3.30×10^{-4}	0.58
铝砂 2	1.6×10^{-9}	6.86×10^{-4}	0.52

注:* 表示文献[90]未给出泡沫金属材料的平均粒径数据。

　　为了进一步验证新界面条件的正确性,对 Beavers-Joseph 实验中其他实验数据也进行了同样的分析和比较,结果如图 3-13 和图 3-14 所示。其中,五种多孔介质材料的物理属性参数均列于表 3-2 中。

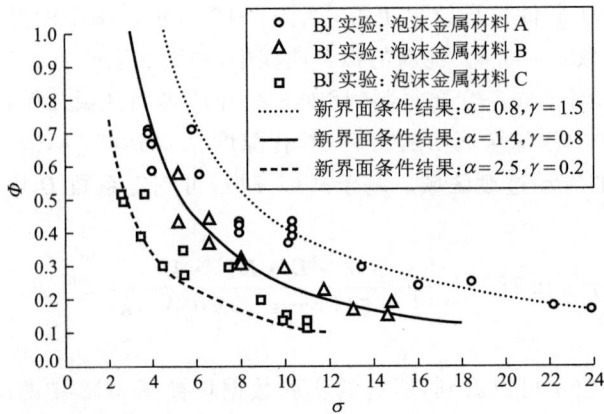

图 3-13　新界面条件解析解与 Beavers-Joseph 实验数据对比(泡沫金属材料 A~C)

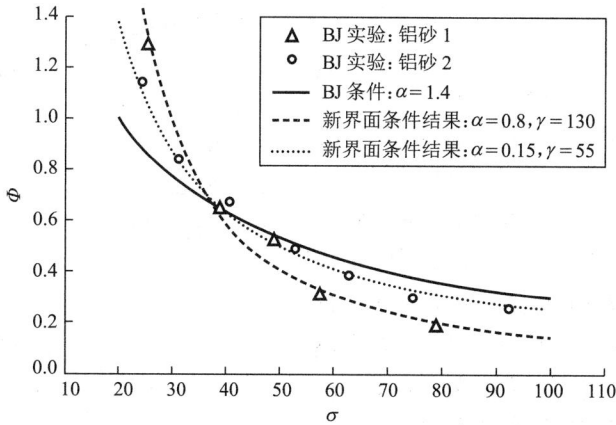

图 3-14　新界面条件解析解与 Beavers-Joseph 实验数据对比(铝砂 1~2)

对于图 3-13 中的三种多孔介质材料,其孔隙度 $\phi \approx 0.79$,由式(3-103)可知,系数 $\gamma \leqslant 1.6$;同时,该图说明新界面条件解析解在 σ 取值较小时仍与实验数据有很好的吻合。图 3-14 则表明,在 σ 取值很大时,新界面条件结果仍能很好地拟合实验结果数据,而此时 BJ 条件则无法达到较好的拟合,图中黑实线为 BJ 条件的最好拟合结果,显然该曲线与实验结果偏差仍较大。因此,新的耦合界面条件具有显著的优势。

为进一步验证新界面条件的正确性,基于激光多普勒测速仪,设计并制作了单相流实验装置,如图 3-15 所示,相关物理模型如图 3-16 所示。实验数据的测量、采集和处理是采用丹麦 Dantec 公司生产的激光多普勒测速系统 FlowExplorer,型号为 62N09。

模型中的多孔介质由均匀碎石颗粒物质充填压实制作而成,其孔隙度为 0.45,渗透率为

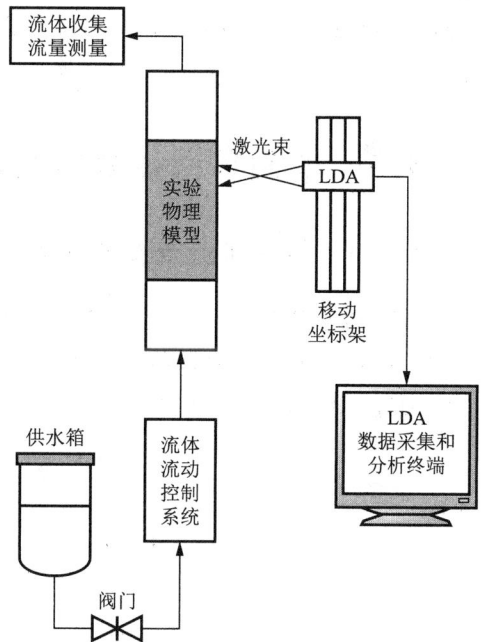

图 3-15　基于 LDA 的耦合流动实验装置

5×10^{-9} m^2,为适应 LDA 测速技术,模型采用透明有机玻璃封装,自由流区域高度 h 为 20 mm。实验中,压力梯度为 -0.33 Pa/m,实验流体为清水,黏度为 0.001 Pa·s。

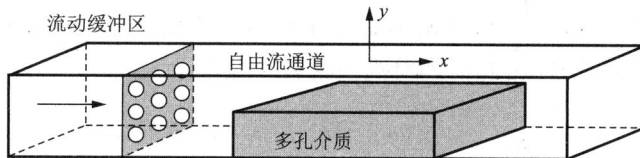

图 3-16　物理实验模型示意图

基于界面条件式(3-105),可求得如下速度分布:

$$u_s = \left(1 + \frac{\alpha}{\sqrt{K}}y\right)u_B + \frac{1}{2\mu}\left(y^2 + 2\beta\alpha\sqrt{K}\,y\right)\frac{\mathrm{d}p}{\mathrm{d}x} \tag{3-112}$$

其中:

$$u_B = -\frac{K}{2\mu}\left(\frac{\sigma^2 + 2\beta\alpha\sigma}{1 + \alpha\sigma}\right)\frac{\mathrm{d}p}{\mathrm{d}x} \quad (3\text{-}113)$$

图 3-17 对比结果表明,新界面条件与 BJ 条件均与 LDA 实验数据吻合较好。通过调整系数 β 可得到更好的拟合效果,尤其是对于中部高流速区域。该实验进一步表明,在渗流与自由流耦合交界面上存在速度滑移,该速度明显大于达西渗流速度 u_d。由于实验模型中的多孔介质采用的是碎石颗粒,其表面结构非均质性较强,导致系数 β 取值较大,这与 Beavers-Joseph 实验中的铝砂模型相类似。通过该实验进一步验证了新界面条件的正确性。

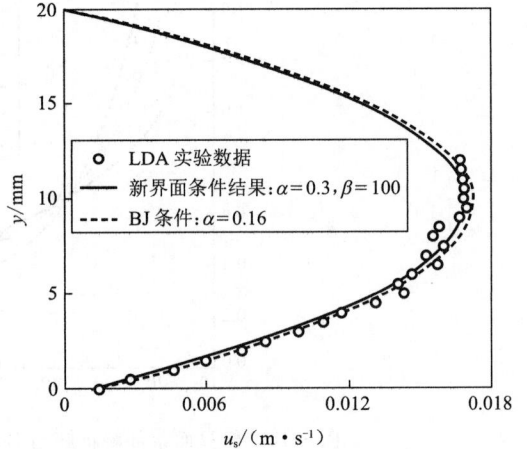

图 3-17　新界面条件、BJ 条件
与 LDA 实验数据的对比

3.3　溶洞自由流数值模拟

3.3.1　不可压缩两流体模型

为适应 DFVN 的复杂几何模型,采用上游迎风有限元方法对溶洞系统中的两相自由流问题进行数值求解。两相自由流数学模型为宏观两流体模型。对于不可压缩流体,其基本方程可进一步写为如下形式:

$$\frac{\partial C_k}{\partial t} + \nabla \cdot (C_k \boldsymbol{u}_k) = 0, \quad k = \text{w,n} \tag{3-114}$$

$$\frac{\partial \boldsymbol{u}_k}{\partial t} + \boldsymbol{u}_k \nabla \cdot \boldsymbol{u}_k = -\frac{1}{\rho_k}\nabla p + \boldsymbol{g} + \frac{1}{\rho_k}\nabla \boldsymbol{\tau}_k - \lambda_k(\boldsymbol{u}_w - \boldsymbol{u}_n) \tag{3-115}$$

$$C_w + C_n = 1 \tag{3-116}$$

式中,$\lambda_k = b_k/(C_k\rho_k)$ 仍定义为两相界面间的摩擦系数;$\boldsymbol{\tau}_k = \mu_k[\nabla\boldsymbol{u}_k + (\nabla\boldsymbol{u}_k)^{\mathrm{T}}]$。

在此,假设两相流体的压力相等,对于大多数工程问题这种假设是符合实际的。

3.3.2　时间离散格式

对于时间项,采用 Harlow 和 Amsden 提出的 ICE 方法[120](Implicit Continuous Fluid Eulerian Method)进行离散,其相应的时间离散格式如下:

$$\frac{C_k^{n+1} - C_k^n}{\Delta t} + \nabla \cdot (C_k^n \boldsymbol{u}_k^{n+1}) = 0, \quad k = \text{w,n} \tag{3-117}$$

$$\frac{\boldsymbol{u}_k^{n+1} - \boldsymbol{u}_k^n}{\Delta t} + \boldsymbol{u}_k^n \cdot \nabla\boldsymbol{u}_k^n = -\frac{1}{\rho_k}\nabla p^{n+1} + \boldsymbol{g} + \frac{1}{\rho_k}\nabla \cdot \boldsymbol{\tau}_k^n - \lambda_k^n(\boldsymbol{u}_w^n - \boldsymbol{u}_n^n) \tag{3-118}$$

$$C_w^{n+1} + C_n^{n+1} = 1 \tag{3-119}$$

式中,上标 n 表示时间步长数,$t = n\Delta t$。

通过求解方程(3-118),可得:

$$\boldsymbol{u}_k^{n+1} = -\frac{\Delta t}{\rho_k^*}\nabla p^{n+1} + \psi_k^n \tag{3-120}$$

其中:

$$\rho_k^* = d_k/\rho_n + c_k/\rho_w, \quad \psi_k^n = d_k\boldsymbol{\Psi}_n^n + c_k\boldsymbol{\Psi}_w^n \tag{3-121}$$

$$\boldsymbol{\Psi}_k^n = \boldsymbol{u}_k^n - \Delta\left(\boldsymbol{u}_k^n \cdot \nabla\boldsymbol{u}_k^n - \frac{1}{\rho_k}\nabla\cdot\boldsymbol{\tau}_k^n - \boldsymbol{g}\right) \tag{3-122}$$

$$\begin{bmatrix} d_n & c_n \\ d_w & c_w \end{bmatrix} = \begin{bmatrix} 1+\lambda_n^n\Delta t & -\lambda_n^n\Delta t \\ \lambda_w^n\Delta t & 1-\lambda_w^n\Delta t \end{bmatrix}^{-1} \tag{3-123}$$

把两相流体的连续性方程(3-117)相加,结合方程(3-119),可得:

$$\nabla\cdot(C_w^n\boldsymbol{u}_w^{n+1} + C_n^n\boldsymbol{u}_n^{n+1}) = 0 \tag{3-124}$$

上式称为两相混合流体的质量守恒方程。

3.3.3　算子分裂求解方法

通过同时求解方程(3-117)、(3-120)和(3-124)可得到 $t=(n+1)\Delta t$ 时刻的流动参数,在此采用算子分裂求解方法,可分解为以下两个步骤。

第一步,应用方程(3-120),忽略压力梯度项,近似求取速度 $\tilde{\boldsymbol{u}}_k$,即

$$\tilde{\boldsymbol{u}}_k^{n+1} = \psi_k^n \tag{3-125}$$

然后将方程(3-120)减去方程(3-125),便可得:

$$\boldsymbol{u}_k^{n+1} = \tilde{\boldsymbol{u}}_k^{n+1} - \frac{1}{\rho_k^*}\nabla\psi \tag{3-126}$$

式中函数 ψ 的定义如下:

$$p^{n+1} = \frac{\psi}{\Delta t} \tag{3-127}$$

此时,再将方程(3-126)代入方程(3-124)可得到关于函数 ψ 的 Possion 方程:

$$\nabla\cdot\left[\left(\frac{C_w^n}{\rho_w^*} + \frac{C_n^n}{\rho_n^*}\right)\nabla\psi\right] = \nabla\cdot(C_w^n\tilde{\boldsymbol{u}}_w + C_n^n\tilde{\boldsymbol{u}}_n) \tag{3-128}$$

第二步,通过求解上述 Possion 方程可求得 ψ,再把 ψ 代入方程(3-127)和(3-126)便可分别求得 p^{n+1} 和 $\boldsymbol{u}_k^{n+1}$,然后把求得的速度 $\boldsymbol{u}_k^{n+1}$ 代入方程(3-117)便可得到 C_k^{n+1}。

3.3.4　上游迎风有限元数值计算格式

对于方程(3-127)和(3-128),采用上游迎风有限元法进行数值离散,计算中采用 Delaunay 三角网格单元对求解区域进行几何离散。如图 3-18 所示,在 Delaunay 三角单元中,压力 p 只定义在单元的中心点上,即整个单元的压力为常数;而速度 $\boldsymbol{u}_k$、流体体积分数 C_k 和势函数 ψ 均定义在三角形单元的角点上,通过下述插值函数来近似。

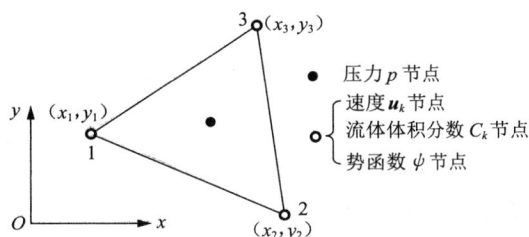

图 3-18　三角形单元示意图

$$\boldsymbol{u}_k \approx \sum_{i=1}^{3} N_i \boldsymbol{u}_{ki}, \quad C_k \approx \sum_{i=1}^{3} N_i C_{ki}, \quad \psi \approx \sum_{i=1}^{3} N_i \psi_i \tag{3-129}$$

式中，N_i 为插值形函数，由下式给出：

$$\begin{cases} N_1 = \dfrac{a_1 + b_1 x + c_1 y}{2A} \\[2mm] N_2 = \dfrac{a_2 + b_2 x + c_2 y}{2A} \\[2mm] N_3 = \dfrac{a_3 + b_3 x + c_3 y}{2A} \end{cases} \tag{3-130}$$

三角形单元的面积 A 由如下行列式给出：

$$A = \frac{1}{2} \begin{vmatrix} 1 & x_1 & y_1 \\ 1 & x_2 & y_2 \\ 1 & x_3 & y_3 \end{vmatrix} \tag{3-131}$$

式中，$a_1 = x_2 y_3 - x_3 y_2$，$b_1 = y_2 - y_3$，$c_1 = x_3 - x_2$，其下标按照 1，2，3 进行轮换。

由加权残量法，可得到方程(3-125)的等效积分形式：

$$\int_\Omega \boldsymbol{u}^* \cdot \widetilde{\boldsymbol{u}}_k \, \mathrm{d}\Omega = \int_\Omega \boldsymbol{u}^* \cdot (d_k \boldsymbol{u}_\mathrm{n} + c_k \boldsymbol{u}_\mathrm{w}) \mathrm{d}\Omega -$$

$$\Delta t \int_\Omega \boldsymbol{u}^* \cdot (d_k \boldsymbol{u}_\mathrm{n} \cdot \nabla \boldsymbol{u}_\mathrm{n} + c_k \boldsymbol{u}_\mathrm{w} \cdot \nabla \boldsymbol{u}_\mathrm{w}) \mathrm{d}\Omega +$$

$$\frac{\Delta t}{\rho_\mathrm{n}} \left(\int_\Omega \tau_\mathrm{n}^n \nabla \cdot (\boldsymbol{u}^* d_k) \mathrm{d}\Omega - \int_\Gamma \boldsymbol{u}^* d_k \tau_\mathrm{n}^n \cdot \boldsymbol{n} \, \mathrm{d}\Gamma \right) +$$

$$\frac{\Delta t}{\rho_\mathrm{w}} \left(\int_\Omega \tau_\mathrm{w}^n \nabla \cdot (\boldsymbol{u}^* c_k) \mathrm{d}\Omega - \int_\Gamma \boldsymbol{u}^* c_k \tau_\mathrm{w}^n \cdot \boldsymbol{n} \, \mathrm{d}\Gamma \right) -$$

$$\Delta t \boldsymbol{g} \cdot \int_\Omega \boldsymbol{u}^* (d_k + c_k) \mathrm{d}\Omega \tag{3-132}$$

式中，Γ 为求解域 Ω 的外边界；$\boldsymbol{n}$ 是其单位外法线向量。

为避免解的震荡，采用上游迎风加权 Petrov-Galerkin 有限元方法[121,122] 来处理方程中的对流项。计算中使用如下修正的形函数：

$$W_{jk} = \mathrm{e}^{-a_{k1}(x-x_j) - a_{k2}(y-y_j)} N_j \tag{3-133}$$

其中：

$$a_{k1} = k \frac{U_{kx}^n}{|\boldsymbol{U}_k^n|}, \quad a_{k2} = k \frac{U_{ky}^n}{|\boldsymbol{U}_k^n|} \tag{3-134}$$

式中，系数 k 为非负常数，且当 $k = 0$ 时，$W_{jk} = N_j$，则上述方法蜕化为标准 Galerkin 方法。上式中的 U_{kx}^n 和 U_{ky}^n 为 $\boldsymbol{U}_k^n$ 的速度分量，速度矢量 $\boldsymbol{U}_k^n$ 定义如下：

$$\boldsymbol{U}_k^n = d_k \boldsymbol{u}_\mathrm{n}^n + c_k \boldsymbol{u}_\mathrm{w}^n \tag{3-135}$$

把加权函数(3-133)代入方程(3-132)，可得到三角形单元上的有限元数值计算格式，写成矩阵形式如下：

$$\boldsymbol{M}_k^e \widetilde{\boldsymbol{u}}_{ke} = \boldsymbol{M}_k^e \left[d_k (\boldsymbol{u}_\mathrm{ne}^n + c_k \boldsymbol{u}_\mathrm{we}^n) \right] - (\boldsymbol{F}_k^n)_e \Delta t \tag{3-136}$$

其中：

$$\boldsymbol{M}_k^e = \int_{\Omega_e} \boldsymbol{W}_k^{\mathrm{T}} \cdot \boldsymbol{N} \mathrm{d}\Omega_e \tag{3-137}$$

$$(\boldsymbol{F}_k^n)_e = \boldsymbol{D}_k^e (d_k \boldsymbol{u}_{ne}^n \boldsymbol{u}_{ne}^n + c_k \boldsymbol{u}_{we}^n \boldsymbol{u}_{we}^n) + \boldsymbol{K}^e \left[(d_k \mu_n/\rho_n) \boldsymbol{u}_{ne}^n + (c_k \mu_w/\rho_w) \boldsymbol{u}_{we}^n \right] - $$
$$\boldsymbol{B}^e \left[d_k (\boldsymbol{\tau}_{ne}^n \cdot \boldsymbol{n})/\rho_n + c_k (\boldsymbol{\tau}_{we}^n \cdot \boldsymbol{n})/\rho_w \right] - \boldsymbol{S}^e (d_k + c_k) \boldsymbol{g} \tag{3-138}$$

$$\boldsymbol{D}_k^e = \int_{\Omega_e} \boldsymbol{W}_k^{\mathrm{T}} \cdot (\boldsymbol{N}^{\mathrm{T}} \cdot \nabla \boldsymbol{N}) \mathrm{d}\Omega_e \tag{3-139}$$

$$\boldsymbol{K}^e = \int_{\Omega_e} (\nabla \boldsymbol{N})^{\mathrm{T}} \cdot (\nabla \boldsymbol{N}) \mathrm{d}\Omega_e + \int_{\Omega_e} (\nabla^{\mathrm{T}} \boldsymbol{N}) \cdot (\nabla \boldsymbol{N}) \mathrm{d}\Omega_e \tag{3-140}$$

$$\boldsymbol{B}^e = \int_{\Omega_e} \boldsymbol{N}^{\mathrm{T}} \cdot \boldsymbol{N} \mathrm{d}\Omega_e, \quad \boldsymbol{S}^e = \int_{\Omega_e} \boldsymbol{N}^{\mathrm{T}} \mathrm{d}\Omega_e \tag{3-141}$$

式中，上下标 e 均表示单元。

对方程(3-136)，循环所有单元便可组装成如下整体矩阵方程，进而求得变量 $\tilde{\boldsymbol{u}}_k$。

$$\boldsymbol{M}_k \tilde{\boldsymbol{u}}_k = \boldsymbol{M}_k (d_k \boldsymbol{u}_n^n + c_k \boldsymbol{u}_w^n) - \boldsymbol{F}_k^n \Delta t \tag{3-142}$$

其中：

$$\boldsymbol{M}_k = \sum_e \boldsymbol{M}_k^e, \quad \boldsymbol{F}_k^n = \sum_e (\boldsymbol{F}_k^n)^e \tag{3-143}$$

同理对于方程(3-117)和(3-126)~(3-128)，采用标准的 Galerkin 有限元方法进行数值计算，相应的有限元计算格式如下：

$$\boldsymbol{p}_e^{n+1} = \frac{\boldsymbol{S}\psi}{|\Omega_e| \Delta t} \tag{3-144}$$

$$\boldsymbol{M}\boldsymbol{C}_k^{n+1} = \boldsymbol{M}\boldsymbol{C}_k^n - \boldsymbol{Q}_k \Delta t \tag{3-145}$$

$$\boldsymbol{M}\boldsymbol{u}_k^{n+1} = \boldsymbol{M}\tilde{\boldsymbol{u}}_k^n - \boldsymbol{E}_k \tag{3-146}$$

$$\boldsymbol{T}\psi = -\boldsymbol{R} + \boldsymbol{P} \tag{3-147}$$

其中：

$$\boldsymbol{M} = \sum_e \boldsymbol{M}^e, \quad \boldsymbol{Q}_k = \sum_e \boldsymbol{R}^e \boldsymbol{C}_{ke}^n \boldsymbol{u}_{ke}^{n+1}, \quad \boldsymbol{E}_k = \sum_e (\boldsymbol{R}^e \psi_{ke}^n/\rho_k^*) \tag{3-148}$$

$$\boldsymbol{R} = \sum_e \boldsymbol{R}^e (\boldsymbol{C}_{ne}^n \tilde{\boldsymbol{u}}_{ne} + \boldsymbol{C}_{we}^n \tilde{\boldsymbol{u}}_{we}) \tag{3-149}$$

$$\boldsymbol{T} = \sum_e \boldsymbol{T}^e \left(\frac{\boldsymbol{C}_{ne}^n}{\rho_n^*} + \frac{\boldsymbol{C}_{we}^n}{\rho_w^*} \right), \quad \boldsymbol{P} = \sum_e \boldsymbol{P}^e \left(\frac{\boldsymbol{C}_{ne}^n}{\rho_n^*} + \frac{\boldsymbol{C}_{we}^n}{\rho_w^*} \right) \tag{3-150}$$

上述各式中的单元特性矩阵分别为：

$$\boldsymbol{M}^e = \int_{\Omega_e} \boldsymbol{N}^{\mathrm{T}} \cdot \boldsymbol{N} \mathrm{d}\Omega_e, \quad \boldsymbol{R}^e = \int_{\Omega_e} \boldsymbol{N}^{\mathrm{T}} \cdot \nabla \boldsymbol{N} \mathrm{d}\Omega_e \tag{3-151}$$

$$\boldsymbol{T}^e = \int_{\Omega_e} (\nabla^{\mathrm{T}} \boldsymbol{N}) \cdot (\nabla \boldsymbol{N}) \cdot \boldsymbol{N} \mathrm{d}\Omega_e, \quad \boldsymbol{P}^e = \int_{\Omega_e} (\boldsymbol{N}^{\mathrm{T}} \cdot \boldsymbol{N})(\nabla\psi \cdot \boldsymbol{n}) \mathrm{d}\Omega_e \tag{3-152}$$

对于 p^{n+1}，直接对每一单元求解方程(3-144)便可得到，而对于 $\boldsymbol{C}_k^{n+1}$，$\boldsymbol{u}_k^{n+1}$ 和 ψ，则通过联立整体矩阵方程(3-145)~(3-147)可求得。在计算中，对于质量矩阵 $\boldsymbol{M}_k$ 和 $\boldsymbol{M}$，采用集中质量矩阵技术。整个数值计算的流程如图 3-19 所示。

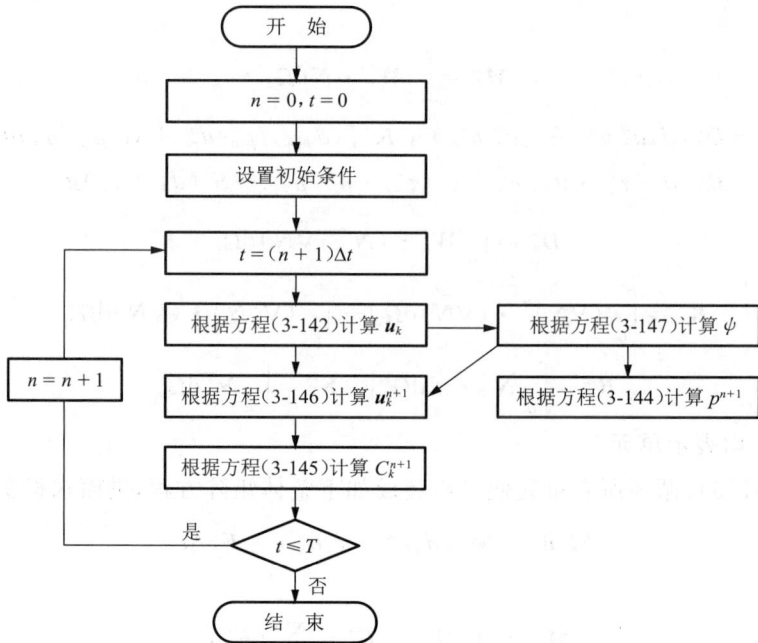

图 3-19　上游迎风有限元计算流程图

(T 为总时间)

3.3.5　数值验证算例及分析

1）一维 Burger 方程

如图 3-20 所示，考虑一矩形区域中的水驱油问题。在此忽略重力影响，并假设流体的流动为层流，且两相流体速度 $u_w = u_n$，则两相间的摩擦力项等于零，同时忽略界面张力作用，则两相流体压力相等。此时，基本数学模型(3-114)～(3-116)可简化为典型的一维 Burger 方程：

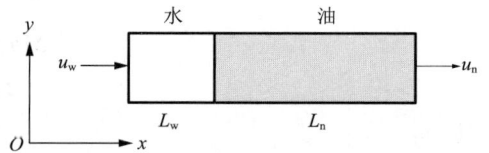

图 3-20　匀速水驱油模型示意图

$$\frac{\partial C_k}{\partial t} + \boldsymbol{u}_k \frac{\partial C_k}{\partial x} = 0 \tag{3-153}$$

该方程为典型的对流方程，存在解析解。应用前述上游迎风有限元数值计算方法对之进行求解，通过与解析解的比较来验证数值方法和程序的正确性。计算中设流体速度 $u_w = u_n = 5$ m/d，研究区域总长度 $L = L_w + L_n = 100$ m，初始时刻 $L_w = 50$ m，时间步长 $\Delta t = 0.1$ d，均匀网格步长 $\Delta x = 0.5$ m，形函数参数 $k = 0.5$。

图 3-21 为不同时刻水相体积分数的分布及其与解析解的比较。数值结果表明，上游迎风有限元计算格式具有良好的数值稳定性和高精度性，通过网格加密可进一步提高精度。注意方程(3-153)与渗流力学中的 Buckley-Leverett 方程具有相同的形式。

2）二维空腔流动模拟

考虑图 3-22 所示的两相流问题，采用不同的边界条件和初始条件进行流动模拟。研究区域长度 $L = L_w + L_n = 100$ m，初始时刻 $L_w = 20$ m，时间步长 $\Delta t = 0.1$ d。整个研究区域

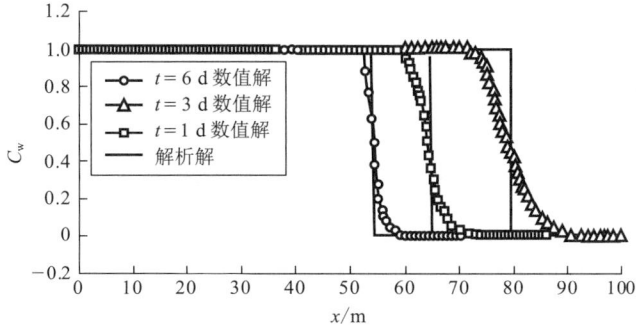

图 3-21　数值解与解析解的比较

的初始压力为 1 atm(1 atm＝1.01×10⁵ Pa)，左端注水速度 u_w＝10 m/d，右端为定压边界（取为 1 atm），水的黏度 μ_w＝1 mPa·s，油的黏度 μ_o＝5 mPa·s。计算网格如图 3-22(a)所示，研究区域被剖分为 2 384 个三角单元，形函数参数 k＝0.5，忽略两相间的速度差异及相间摩擦力。

图 3-22 给出了不同时刻水相体积分数的分布。数值结果表明，该算法具有良好的稳定性和鲁棒性；与多孔介质相类似，在自由流两相流中也有显著的指进现象。

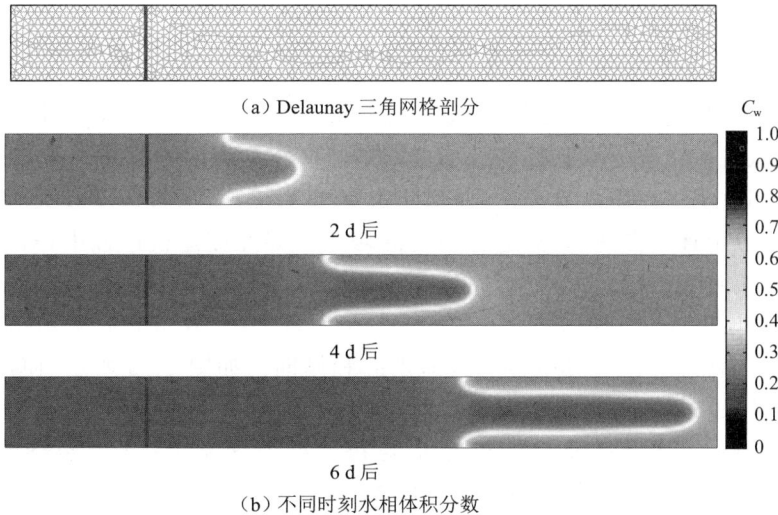

（a）Delaunay 三角网格剖分

2 d 后

4 d 后

6 d 后

（b）不同时刻水相体积分数

图 3-22　网格剖分及不同时刻水相体积分数的分布

3.4　渗流-自由流耦合流动数值模拟

3.4.1　离散缝洞网络几何模型建立

作为典型的离散介质模型，离散缝洞网络模型的首要问题是建立相应的离散介质几何模型，目前相关研究工作主要集中于离散裂缝网络几何模型的建立。P. Popov 和 G. Qin 等仅对纯溶洞问题进行了分析[123,124]，没有考虑裂缝。本节将在离散裂缝网络模型的基础上，加入溶洞系统，应用 Monte Carlo 方法建立离散缝洞网络几何模型，为基于离散缝洞网络模型的流动模拟研究奠定基础。

离散介质几何模型所依据的基本假设为:缝洞型介质的渗流行为可以用缝洞几何形状的知识和单裂缝、溶洞水动力学特性数据进行预测;与模型有关的空间统计性质(包括小裂缝的渗透率)是可以被测量和用于生成具有相同空间性质的缝洞网络的,并可求解网络中的流动规律。另一个基本假定是单条裂缝和单个溶洞都具有规则的几何形状。对于二维问题,裂缝为不同迹长、开度和倾角的直线段,溶洞简化为椭圆或矩形;对于三维问题,裂缝简化为 Baecher 圆盘模型[125],而溶洞被视为椭球体或六面体。

为了生成离散介质几何模型,必须对岩石裂缝和溶洞的几何参数进行实地测量,并对数据进行统计分析,求得相应的统计参数及其所服从的概率密度函数,在此基础上生成统计意义上等效的离散介质几何模型。

1) 裂缝几何描述参数及其统计规律

裂缝的几何描述参数主要包括形状、开度、产状、几何尺寸和频率(或密度)。

(1) 裂缝形状。

裂缝的形状在二维问题中简化为直线段,在三维问题中目前存在两种模型:一种是 Baecher 圆盘模型,另一种为 Veneziano 多边形模型。由于 Veneziano 多边形模型在三维空间中的几何形状过于复杂,因此大部分研究学者使用相对简单的 Baecher 圆盘模型,这里也采用 Baecher 圆盘模型。

(2) 裂缝开度。

裂缝开度是指裂缝面之间的距离。该参数是裂缝孔隙度和渗透率的主要构成要素,裂缝开度一般服从对数正态分布。裂缝开度影响着流体在裂缝内的流动规律:对于小裂缝,因其满足立方定理故仍可沿用渗流理论;而对于大裂缝系统,当水力梯度较大时,流动由层流向紊流过渡,立方定理不再适用,需进行一定的修正。因此在建模过程中,对两者进行了区分,使其更符合实际。

(3) 裂缝产状。

裂缝的产状通常由两个变量来定义,即走向和倾向。如图 3-23 所示,使用方位角 α 和倾角 β 两个变量来描述裂缝产状。由于裂缝产状可能在一个或多个统计上占优的方向周围成组,因此需要对裂缝的产状进行分组,然后对每一组进行统计分析。裂缝产状的常用概率分布有:均匀分布、正态分布、Arnold 的半球正态分布、Bingham 分布和 Fisher 分布等。文献[19]比较了各种现场地质数据,认为 Fisher 分布和 Bingham 分布具有较好的拟合性。

Fisher 分布又称为球状正态分布,若产状的平均方向与参考球面的极轴方向一致,则其概率密度函数为:

$$f(\varphi_n, \theta_n) = \frac{1}{2\pi} \frac{\eta \sin \theta_n \, \mathrm{e}^{\eta \cos \theta_n}}{\mathrm{e}^{\eta} - \mathrm{e}^{-\eta}} \qquad (3\text{-}154)$$

式中,(φ_n, θ_n) 为球面坐标系变量;η 为裂缝组极点集的集中程度参数,当 $\eta = 0$ 时,呈均匀分布,当 η 值很大时,极点均集中在优势产状方向的一个小范围内。

对于二维问题,裂缝产状只需用方位角 θ 来定义,如图 3-24 所示。

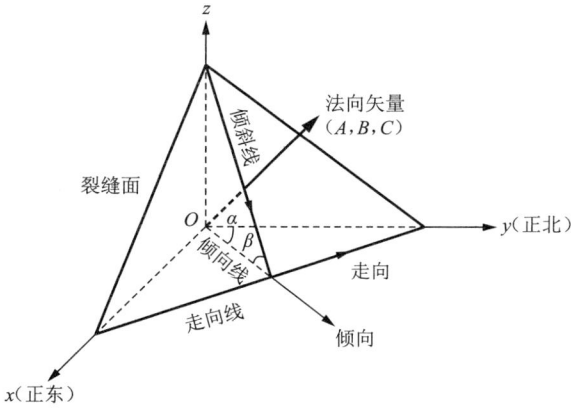

图 3-23　裂缝面的空间位置与方位的关系

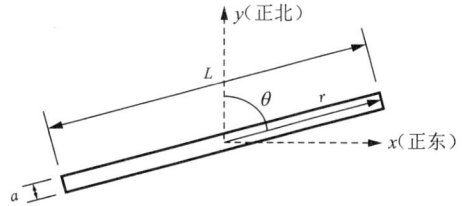

图 3-24　x-y 坐标系中二维裂缝线示意图

（4）裂缝面的几何尺寸。

在现有的技术条件下,很难得到裂缝面几何尺寸的确切信息,只能得到裂缝迹长的测量数据。一般假定裂缝迹长服从对数正态分布或指数分布。当裂缝面为圆形时,裂缝的迹长可以很好地用指数分布拟合。生成裂缝面时,需要用到的是裂缝圆盘直径的分布,一般取与迹长相同的分布。尽管直径的某种分布并不会导致迹长具有相同的分布,但需要考虑测量误差的影响。

（5）裂缝频率。

裂缝频率反映了裂缝的密度,其定义为:单位体积中同一组裂缝面中心点的数目称为体积频率 f_3;单位面积中同一组裂缝迹长中心点的数目称为面频率 f_2;单位线段上与其相交的同一组裂缝迹长的数目称为线频率 f_1。

（6）裂缝孔隙度、渗透性和连通率。

裂缝孔隙(fracture pore)是由于岩石破裂形成的一种次生孔隙,裂缝本身通常不具有很大的孔隙空间,但当与原生孔隙相连通时就会急剧地增大孔隙度和渗透率,裂缝孔隙体积可通过其他属性(如裂缝的大小和有效开度)直接计算。裂缝的渗透性(permeability)和连通性(connectivity)表征裂缝传输流体的能力。裂缝渗透率通常很高,主要是由于裂缝把单独的孔隙连接起来并成为流体的渗流通道。对于裂缝性介质,渗透率是基质和裂缝的综合效应。裂缝的连通性是指单位面积或体积内相互交切的裂缝条数,裂缝的连通性直接影响着整个流体在裂缝中的流动状况,但在工程实际中对裂缝的连通性进行定量描述很困难。

在某裂缝孔隙度很高的储层中,裂缝不仅是主要的渗流通道,同时也是主要的储集空间,尤其是在碳酸盐岩储层中这种次生孔隙非常明显。另外,一些非储集岩如花岗岩,当其裂缝发育时,可以作为油气的储集岩,这种花岗岩基岩储层在我国南海和东海以及渤海湾盆地的太古界比较普遍。

2）溶洞几何描述参数及其统计规律

同理,溶洞的几何描述参数包括:形状、几何尺寸、空间方位和频率(或密度)。

（1）溶洞形状。

天然溶洞的几何形态比较复杂,根据现场地质调查的结果,可把溶洞近似为椭球体以方便描述,文献[123]和[124]在二维问题中将其简化为椭圆。

（2）溶洞的几何尺寸。

在现有技术条件下,很难得到溶洞几何尺寸的确切信息,通过上述形状的简化,可用椭球的三个主轴上的半径 a,b,c 来描述溶洞的大小,如图 3-25(a)所示。三个主轴半径大小均服从对数正态分布、指数分布或均匀分布。对于二维问题,只有两个主轴上半径 a 和 b,如图 3-25(b)所示。

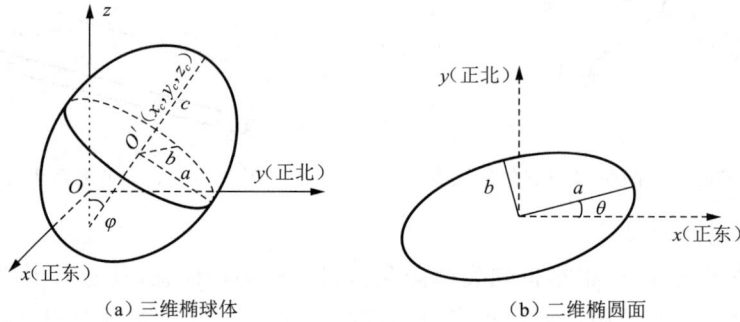

（a）三维椭球体   （b）二维椭圆面
图 3-25 溶洞大小及其空间方位表征

（3）溶洞的空间方位。

对于椭球体,由于主轴 c 垂直于主轴 a,b 所在平面,因此其空间方位可由主轴 a,b 所在平面的方位唯一确定,如图 3-25(a)所示,类似于裂缝面的产状,可用方位角 θ 或倾角 φ 来描述。其常用概率分布有:均匀分布、正态分布、Arnold 的半球正态分布、Bingham 分布和 Fisher 分布等。平面问题仅需方位角 θ 来描述,如图 3-25(b)所示。

（4）溶洞频率。

类似于裂缝频率,溶洞频率反映溶洞的密度。单位体积中同一组溶洞中心点的数目称为体积频率 ν_3;单位面积中同一组溶洞椭圆面中心点的数目称为面频率 ν_2。

3）Monte Carlo 随机建模方法

在得到了裂缝和溶洞各几何参数的先验概率模型后,需要从这些概率分布中进行随机抽样,以得到裂缝或溶洞系统的具体参数,将这些参数组合起来便构成了裂缝、溶洞几何模型的计算机实现,基于已知概率分布中的随机抽样,采用 Monte Carlo 方法编程实现。该方法首先产生(0,1)区间上的随机数,在此基础上生成符合各种分布的随机数。

（1）(0,1)随机数的产生。

目前,最常用的是同余法,该方法是 D. H. Lehmer 于 1951 年提出的[126]。若整数 N 和 M 分别除以正整数后所得的余数相等,则称关于 m 同余,记作 $N=M(\text{mod } m)$。应用同余法生成随机数 R_n 的通式如下:

$$x_n=(ax_{n-1}+c)(\text{mod } m), \quad R_n=\frac{x_n}{m} \tag{3-155}$$

式中,x_n 为对应于随机数 R_n 的随机变量;a 为乘子,一般为常数;c 为增量,一般为常数;m 为模数;$\{R_n\}$ 为(0,1)区间上的随机数列。

当 $n=1$ 时,x_0 为种子值,一般取计算机的系统时间。

由式(3-155)计算得到的数列会出现周期性重复现象,因此,由数学方法得到的并不是真正的随机数,故称为伪随机数。为了使其周期足够长而满足工程需要,各参数值应尽量利用计算机的字长。对于 32 位计算机,常用的常数如下:

$$\begin{cases} m = 2^{31} - 1 \\ a = 2^{16} + 1 \\ c = (0.5 + \sqrt{3})/m \end{cases} \tag{3-156}$$

(2) 随机抽样方法。

对于任意给定的分布函数 $F(x)$,直接抽样方法如下:

$$X_F = \inf_{F(t) \geqslant R} t \tag{3-157}$$

式中,X_F 表示由已知分布函数所产生的简单子样本 $\{X_1, X_2, \cdots, X_k\}$ 中的个体;R 为随机数序列 $\{R_1, R_2, \cdots, R_k\}$ 中对应的随机数。

对于连续性分布函数 $F(x)$,若其反函数 $F^{-1}(x)$ 存在,则可直接抽样如下:

$$X_i = F^{-1}(R_i) \tag{3-158}$$

随机抽样的基本步骤为:

① 产生均匀分布随机数 R_i;

② 通过 $X_i = F^{-1}(R_i)$ 计算得到服从给定分布的随机数。

在上述工作的基础上,编制了相应的二维和三维离散缝洞网络几何模型的实现程序 FracVugGen,其基本流程如图 3-26 所示。程序使用 Matlab 语言编写,可利用实测数据的统计分析结果,也可直接输入缝洞几何参数的分布规律来实现模型的生成。其基本步骤如下:

① 首先定义一个全局坐标系,在全局坐标系中确定一个生成域,生成域要比分析域及研究区域大,以避免边界效应的影响,二维问题中设为矩形,三维问题中设为六面体。边界效应仅当中心点在边界内部时才会产生;而中心点不在边界内时,部分空间伸入边界内的缝洞会被忽略掉。

② 然后对裂缝和溶洞进行分组,确定每组裂缝和溶洞的几何特征参数,并计算每组裂缝和溶洞的个数。由于裂缝和溶洞的中心点位置被假定服从均匀分布,因此裂缝和溶洞的个数等于相应的空间区域乘以频率。

③ 在上述工作基础上,首先在生成域内生成溶洞的中心点位置坐标,并根据先验模型应用 Monte Carlo 方法生成具体的几何特征参数以确定溶洞的大小和方位。

④ 再对每一组裂缝,根据先验模型应用 Monte Carlo 法生成具体的几何参数:中心点位置、产状(或方位角)、半径(或迹长)和开度。所有裂缝参数生成后,就可以得到生成域内的一个离散裂缝网络模型,同时也允许直接根据观测值指定裂缝的几何参数。

⑤ 根据分析域的实际形状和大小生成研究域边界;求得所有裂缝之间以及裂缝和边界(包括溶洞,由于溶洞为自由流空间,在此被视为内边界)之间的交线或交点。把位于分析域边界外的部分以及溶洞内的部分裁剪掉,即可得到包含溶洞和裂缝的离散介质模型。

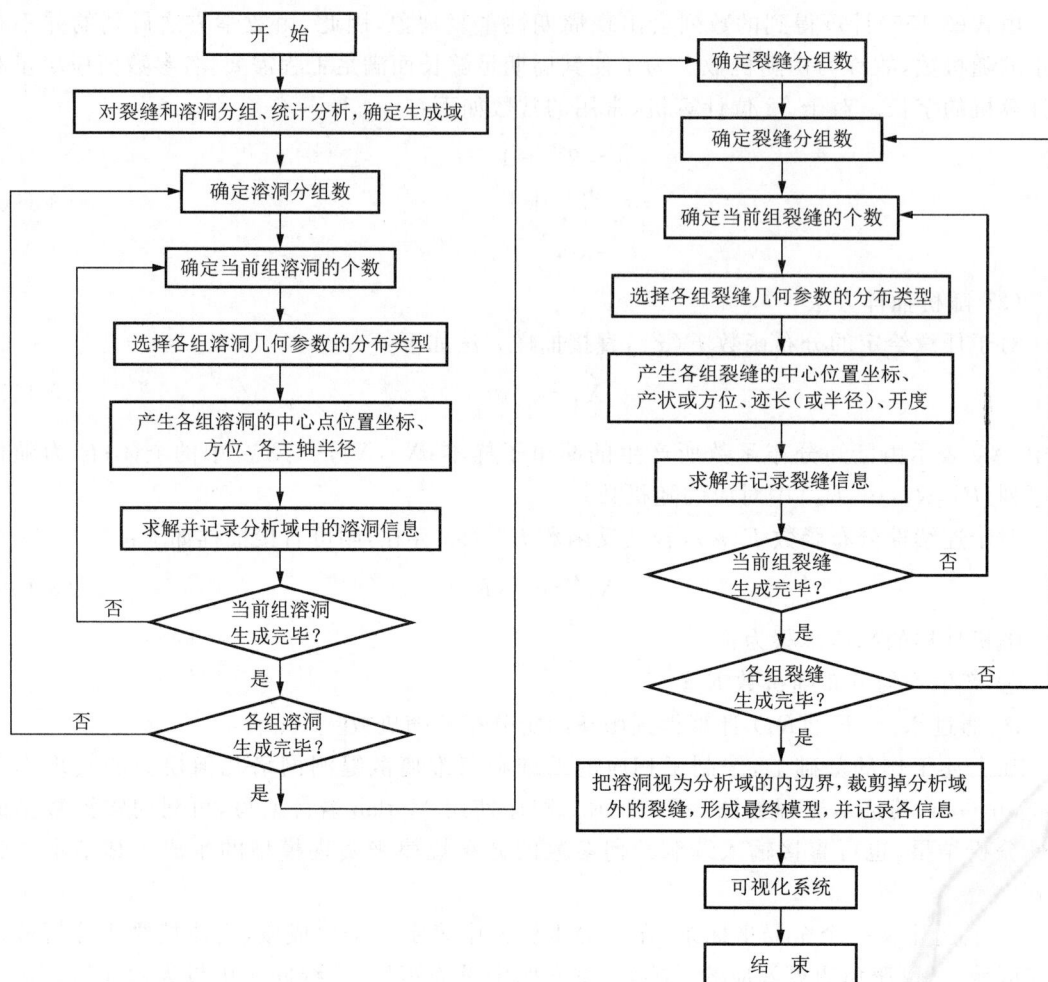

图 3-26　FracVugGen 程序流程图

4）算例研究

（1）二维算例 1。

设研究区域为正方形，其边长为无量纲单位长度，下述各算例均同。图 3-27(a)为新疆塔河油田某地质现场露头照片资料，为研究方便将其边长尺寸无量纲化为单位长度。经统计，该溶洞位置服从均匀随机分布；方位在$[0,\pi/2]$区间随机分布；主轴 a,b 服从$(0.2,0)$正态分布，其中均值为 0.2，标准差为 0；频率 $\nu=15$。图 3-27(b)为生成的一个离散缝洞网络模型样本，模拟结果说明随机模型具有较好的拟真性。

（2）二维算例 2。

图 3-28(a)为另一现场露头资料，该岩块包含溶洞和垂直正交的裂缝系统。对其进行分组统计分析，其中溶洞的方位为常数 0，频率 $\nu=5$，其他数据与二维算例 1 相同；裂缝被优化为大、小两类四组，各组统计输入数据如表 3-3 所示（方位满足正态分布，迹长满足指数分布，开度满足对数正态分布）。FracVugGen 程序模拟结果如图 3-28(b)所示，图中粗线代表大开度裂缝系统，细线表示较小开度裂缝系统，椭圆形区域表示溶洞。模拟结果表明，随机模型具有较好的拟真性。

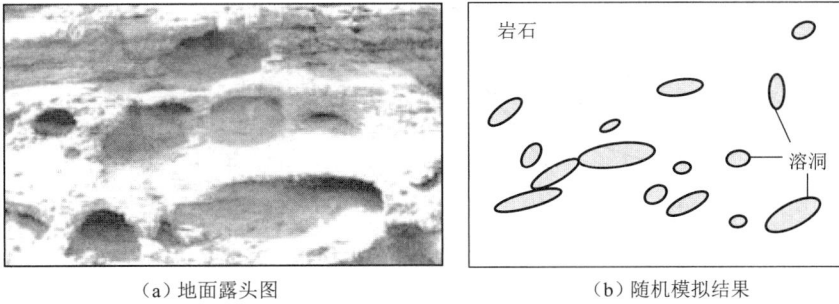

(a) 地面露头图　　　　　　　　　　(b) 随机模拟结果

图 3-27　二维算例 1 地面露头及其随机模拟结果图

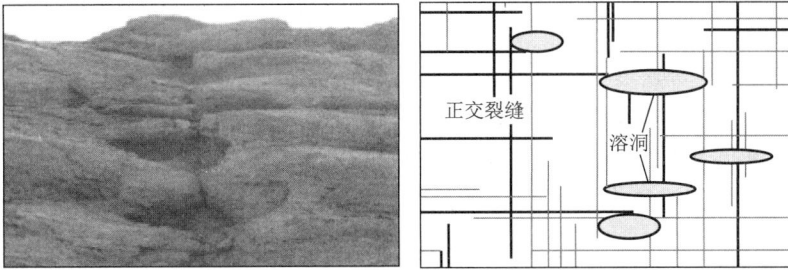

(a) 地面露头图　　　　　　　　　　(b) 随机模拟结果

图 3-28　二维算例 2 地面露头及其随机模拟结果图

表 3-3　二维算例 2 裂缝输入数据

组　别	频　率	方　位		迹　长		开　度	
		均　值	标准差	均　值	标准差	均　值	标准差
1	10	0	0	0.8	0	0.000 1	0
2	10	$\pi/2$	0	0.8	0	0.000 1	0
3	10	0	0	0.8	0	0.001	0
4	10	$\pi/2$	0	0.8	0	0.001	0

（3）二维算例 3。

该算例包含两组不同产状的裂缝和一组溶洞,其中裂缝输入数据列于表 3-4 中（方位满足正态分布,迹长满足指数分布,开度满足对数正态分布）。溶洞位置服从均匀随机分布;方位在 $[0,\pi/2]$ 区间随机分布;主轴 a, b 服从 $(0.2,0)$ 正态分布,其中均值为 0.2,标准差为 0;频率 $\nu_2 = 6$。生成的离散介质模型如图 3-29(a)所示。图中粗线代表大开度裂缝系统,细线表示小开度裂缝系统,椭圆区域表示溶洞。模拟结果表明,随机模型适用于二维复杂缝网模型的生成。

表 3-4　二维算例 3 裂缝输入数据

组　别	频　率	方　位		迹　长		开　度	
		均　值	标准差	均　值	标准差	均　值	标准差
1	40	$\pi/3$	0	0.8	0	0.000 1	0
2	10	$\pi/2$	0	0.8	0	0.001	0

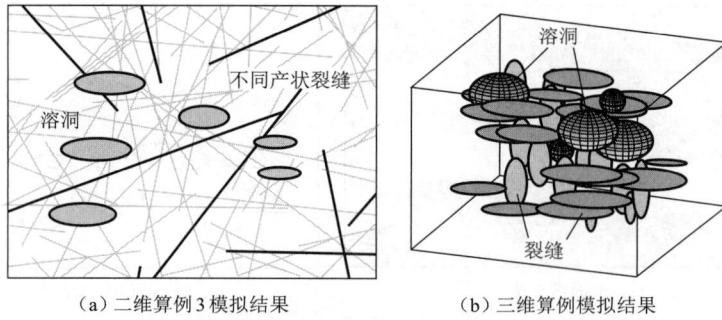

（a）二维算例3模拟结果　　　　　　（b）三维算例模拟结果

图 3-29　随机模拟结果图

（4）三维算例。

该算例中溶洞位置服从均匀随机分布；方位为常数；主轴 a,b,c 在区间 $[0.1,0.3]$ 上随机取值；频率 $\nu_2=5$。两组正交裂缝的输入参数列于表 3-5 中（裂缝倾角满足正态分布，半径满足均匀分布，开度满足对数正态分布）。生成的模型结果如图 3-29(b)所示。模拟结果表明，随机模型适用于三维复杂缝网模型的生成。

表 3-5　三维算例 4 裂缝输入数据

组　别	频　率	倾　角		半　径		开　度	
		均　值	标准差	均　值	标准差	均　值	标准差
1	40	0	0	0.25	0.007 5	0.001	0
2	10	$\pi/2$	0	0.25	0.007 5	0.001	0

3.4.2　渗流-自由流耦合两相流数值模拟

下面将结合新界面条件实现渗流-自由流耦合两相流的流动数值模拟。在耦合流动模拟中，为减少耦合计算的复杂度和计算量采用交替求解方案。在此计算方案中，在渗流区域的方程进行求解时首先将自由流求解域中的物理量视为耦合界面上的初始值，一般取上一个时间步的计算值。一旦获得渗流区域的数值解，其耦合界面上的数值可作为边界条件代入自由流区域方程的求解中。如果该求解方案是稳定的且求解精度符合要求，则可以继续进行交替求解。

在耦合界面上，采用边界条件式(3-87)～(3-91)。考虑到油藏中的低速流动，可忽略溶洞自由流区域中的惯性项和相间界面摩擦力项。因此，在耦合界面上法线上满足速度和动量连续性条件，在切线方向上则蜕化为 BJS 条件，其中滑移系数 α 取值为 1.0。下面给出两个数值算例来验证该方法的正确性。

1）单一溶洞介质模型算例

考虑如图 3-30 所示的一注一采模型，油藏模型中心有一矩形大溶洞。对于基岩，本算例将考虑均质和非均质两种情况。对于均质基岩系统，设其孔隙度和渗透率分别为 $\phi=0.2$，$K_m=1\,\mu m^2$；对于非均质基岩，其渗透率分布如图 3-30(b)所示。初始时刻，模型被油饱和，残余油和束缚水饱和度均为 0，注水井以恒定速度 $q=0.01\,PV/d$ 注水，生产井则以相同的速度采出。为简便起见,忽略重力和毛管力的影响,水相相对渗透率 $k_{rw}=S_w^2$,油相相对渗透率 $k_{ro}=(1-S_w)^2$,水的黏度 $\mu_w=1$ mPa·s,油的黏度 $\mu_o=5$ mPa·s,水的密度 $\rho_w=1\,000$ kg/m³,油的密度 $\rho_w=800$ kg/m³。Delaunay 三角网格剖分如图 3-30(b)所示,其中溶洞区域网格密度为基岩区域的 2.5 倍,时间步长均为 0.1 d。

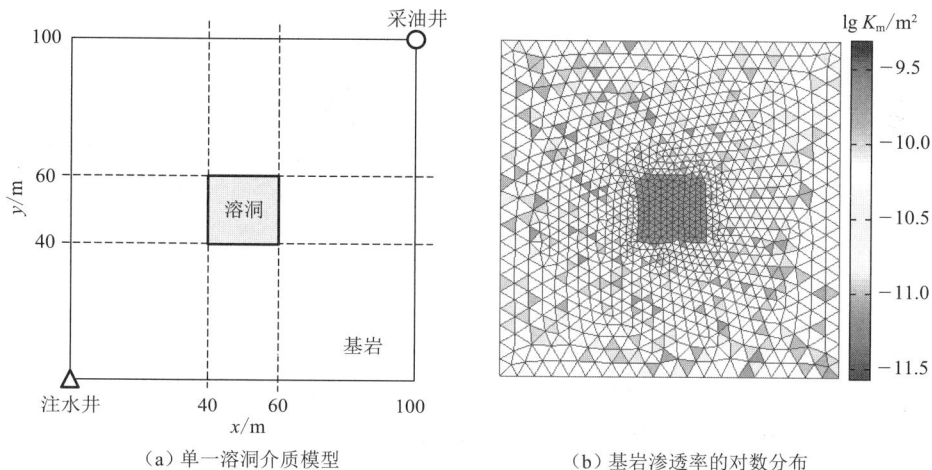

（a）单一溶洞介质模型　　　　　　　　（b）基岩渗透率的对数分布

图 3-30　单一溶洞介质模型及基岩渗透率的对数分布

图 3-31 和图 3-32 分别为不同时刻的含水饱和度和水相压力分布比较图。数值结果表明:无论是对于均质还是非均质基岩系统,由于溶洞具有无限导流能力,其压力几乎处处相等,可视为等势体,而油水前沿在溶洞中的突进速度明显高于基岩系统。在自由流区域的流动模拟中由于忽略了惯性项的作用,整个研究区域的计算格式均为标准的 Galerkin 有限元数值离散格式。

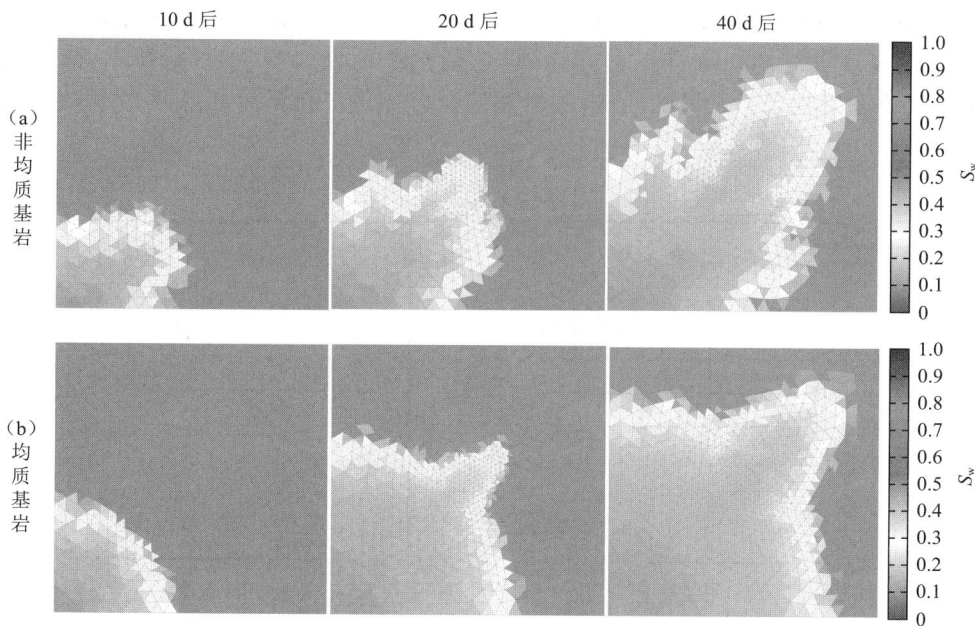

图 3-31　不同时刻均质与非均质基岩系统含水饱和度分布比较

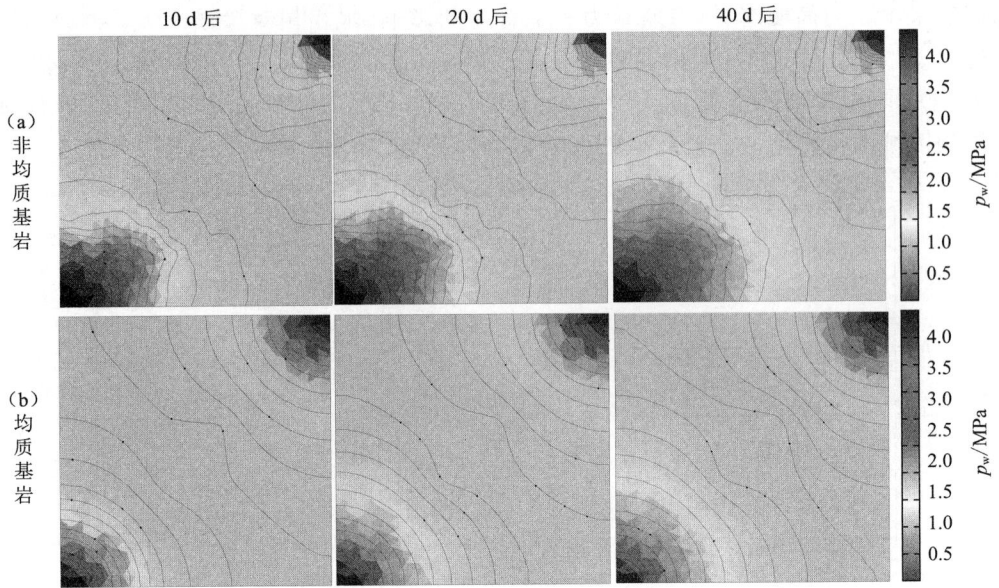

图 3-32 不同时刻均质与非均质基岩系统水相压力分布比较

2）离散缝洞网络模型算例

如图 3-33 所示的复杂缝洞网络油藏模型，油藏厚 10 m，均质各向同性基岩的孔隙度 $\phi = 0.2$，渗透率 $K_m = 0.1\ \mu m^2$；裂缝开度 $a = 1$ mm，渗透率 $K_f = a^2/12 = 8.33 \times 10^4\ \mu m^2$。初始时刻模型被油饱和，残余油和束缚水饱和度均为 0，注水井以恒定速度 $q = 0.01$ PV/d 注水，生产井以相同的速度采出。

为简便起见，忽略重力和毛管压力的影响，水相相对渗透率 $k_{rw} = S_w^2$，油相相对渗透率 $k_{ro} = (1 - S_w)^2$，水的黏度 $\mu_w = 1$ mPa·s，油的黏度 $\mu_o = 5$ mPa·s，水的密度 $\rho_w = 1\ 000$ kg/m³，油的密度 $\rho_o = 800$ kg/m³。Delaunay 三角网格剖分如图 3-33（b）所示，其中裂缝和溶洞区域网格密度为基岩区域的两倍，基岩和溶洞区域的三角形单元总数为 2 780，裂缝线单元数为 62。

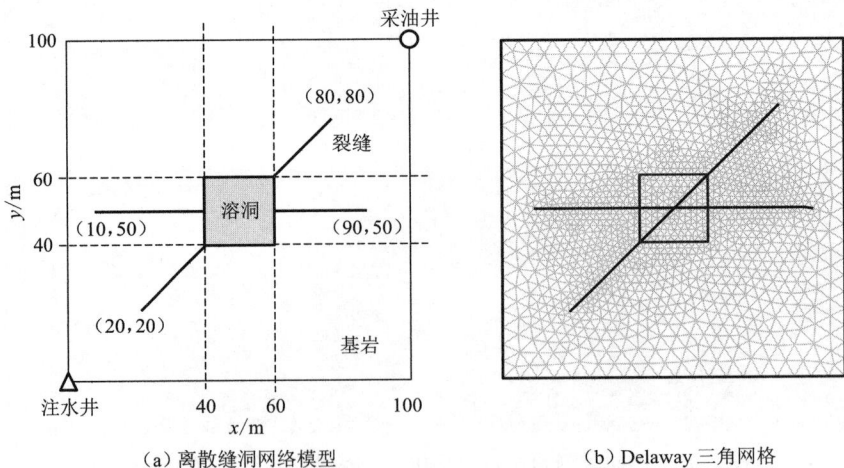

（a）离散缝洞网络模型　　　　　　　（b）Delaway 三角网格

图 3-33 离散缝洞网络模型及其网格剖分

图 3-34 为离散缝洞网络模型不同时刻的含水饱和度和水相压力分布比较图。从含水饱和度和水相压力结果图可以看出,裂缝和溶洞均可视为等势体,裂缝和溶洞具有显著的导流作用。缝洞型油藏进行注水开发时,应避免沿缝洞网络系统注水采油,否则将导致注入水沿离散缝洞网络快速窜进,致使油井发生暴性水淹,开发效果降低;而应向裂缝两侧驱油,这样能有效地拉长水线,扩大驱油面积,进而提高水驱效率。因此,注水井应沿着裂缝方向布置,而生产井应沿着与缝洞网络走向垂直的方向布置。

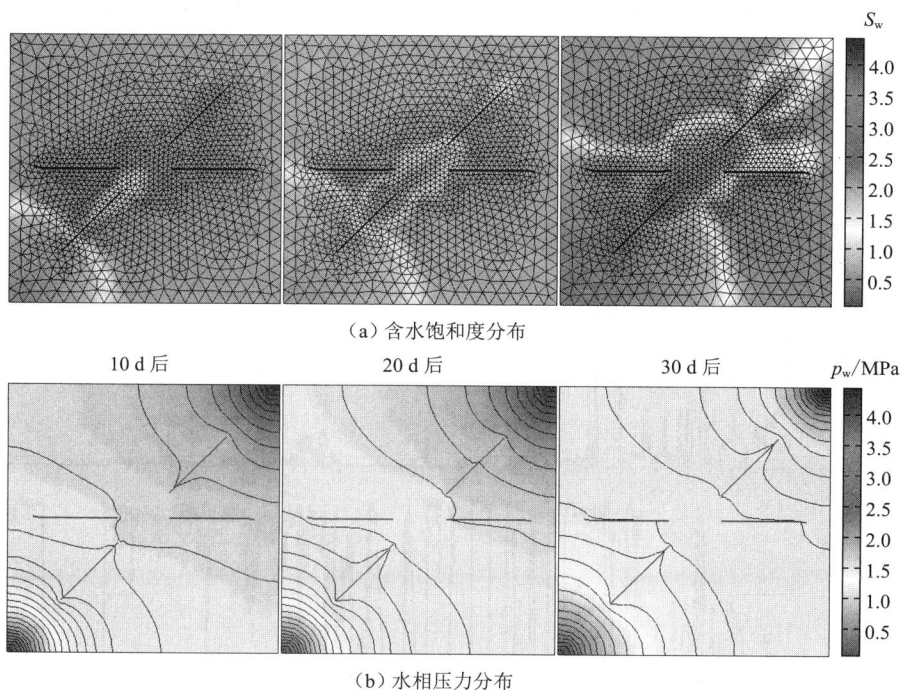

（a）含水饱和度分布

（b）水相压力分布

图 3-34　缝洞型介质水相压力和饱和度的分布

3）塔河油田某缝洞单元实例研究

下面以塔河油田某缝洞单元中的某单井模型为例,应用离散缝洞网络模型对该井的产油量、含水率等生产特征进行数值模拟研究。

（1）该单井模型概述。

该单井是在艾协克 2 号构造北高点上钻的一口滚动勘探开发井,位于该缝洞单元北东 $21°$,平距约 2.3 km。1999 年 1 月 1 日开钻,1999 年 5 月 17 日完钻,设计井深 5 587.7 m,完钻井深 5 612.7 m,完钻层位为奥陶系下统,初始产量为 200 t/d。地层原始压力为 55.04 MPa,计算出的压力系数为 1.1,因此该产层为常压油气层;表皮系数为 -3.7,表明该油层经酸压处理后解堵明显;油层渗透率为 3.3 μm^2,表明油流出时流动阻力非常小,因此可判定该油层经酸压后裂缝非常发育。其中,层号为 16(1)的储层(深度为 5 414.0～5 420.0 m)是缝洞较发育带,层号为 16(2)的储层(深度为 5 420.0～5 441.0 m)是缝洞发育带。截止到 2008 年 2 月 13 日,累积产液 359 613 t,累积产油 148 113 t,累积产水 211 500 t。

在缝洞形成过程中,断层等地质构造会对缝洞的分布造成影响。研究发现,各方位小尺度裂缝同断层有很好的对应关系,距离断层越近,小尺度裂缝密度越大,反之则越小。塔河油田四区主要发育三个方位的断层,北东向、南北向和北西向。北东向小尺度裂缝密度最大,距离北东向断层 100 m 范围内裂缝密度最高,100 m 之外小尺度裂缝密度基本稳定在 0.4 条/m;南北向小尺度裂缝密度次之,在距南北向断裂 115 m 范围内密度较高,115 m 之外小尺度裂缝密度基本稳定在 0.2 条/m;北西向小尺度裂缝最不发育,在距北西向断裂 165 m 范围内有小尺度裂缝发育,165 m 之外小尺度裂缝不发育。

单井单元中裂缝较发育,存在宏观大裂缝和溶洞,可视为缝洞型拟均质地层,储层的渗透性极好,在试井曲线上呈现出明显的均质油藏特征,由于缝洞储油能力有限,生产动态变化上往往初始产量高,但稳产时间短,油井见水后含水快速上升,产量迅速减少,长期高含水低产油,如图 3-35 所示。

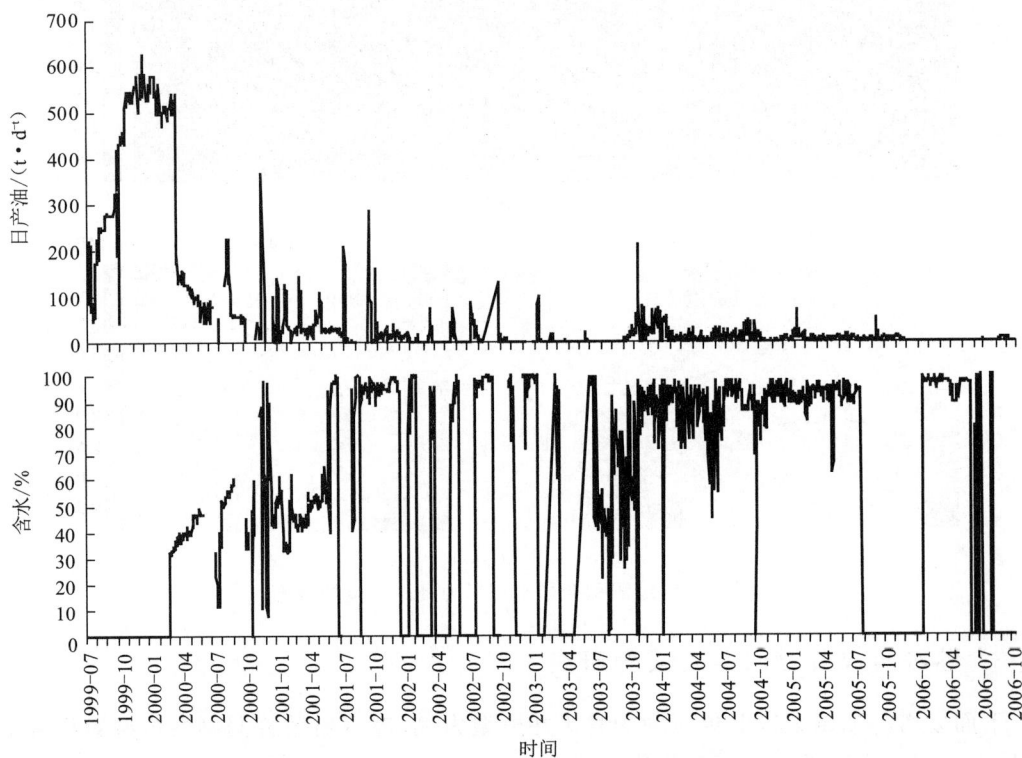

图 3-35　单井日产油和含水实际生产曲线

(2)离散缝洞网络模型数值模拟。

第 16 号地层属于典型的裂缝性储集层,在此仅对 16(1)生产层予以 DFN 数值模拟。该储层埋深 5 414.0～5 420.0 m,平均有效厚度 6.0 m。储层基质岩块平均孔隙度为 4% 左右;渗透率 3.5×10^{-3} μm^2,平均含水饱和度 20%,裂缝孔隙度 0.5% 左右,宏观裂缝概率为 8%～30%,其开度为 1 000 μm 左右,倾角基本大于 80°,可视为垂直裂缝,含油饱和度 82%。油藏的其他基本参数如表 3-6 所示,相对渗透率曲线如图 3-36 所示。由于该储层为裂缝性地层,同时考虑计算方便,在此忽略毛管压力的影响;水的密度为 1 000 kg/m³,黏度为 1.0 mPa·s。

表 3-6　油藏物性参数

名　称	取　值	单　位	数据来源
地层原油密度 ρ_o	0.863 5	g/m³	单井 PVT 样
油层厚度 h	6	m	测井解释厚度
油层基质孔隙度 ϕ	0.05	—	测井解释孔隙度
原油体积系数 B_o	1.1	—	单井 PVT 样
原油压缩系数 C_o	0.001 065	1/MPa	单井 PVT 样
原油黏度 μ_o	24.09	mPa·s	单井 PVT 样

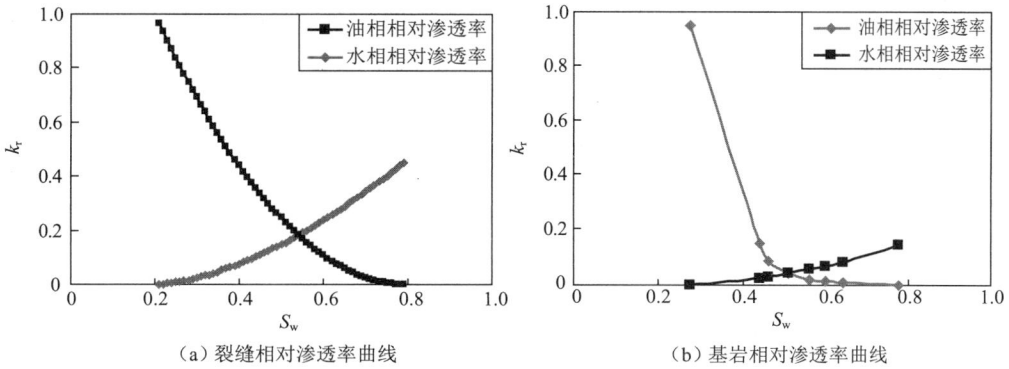

（a）裂缝相对渗透率曲线　　（b）基岩相对渗透率曲线

图 3-36　油水相对渗透率曲线

根据地质统计资料,建立相应的离散缝洞网络模型,如图 3-37(a)所示,其中注水井号为 TK407,相应的三角网格剖分如图 3-37(b)所示。

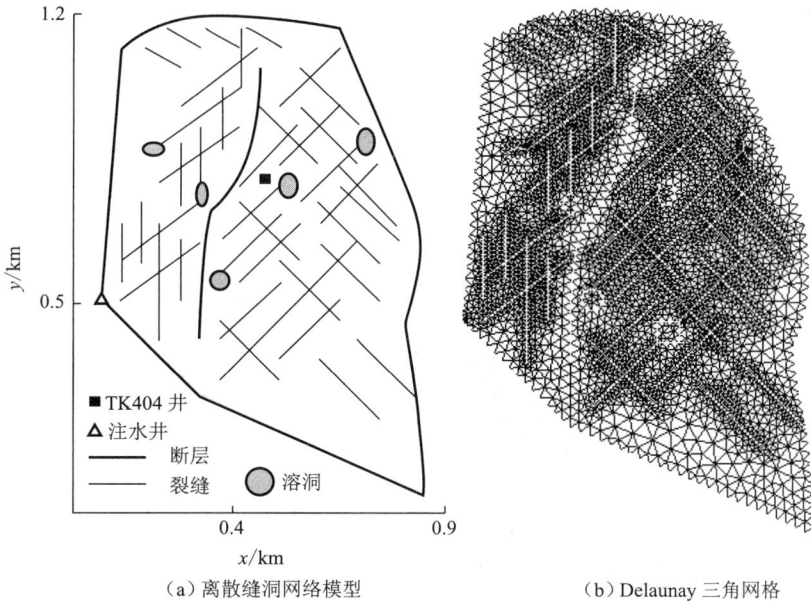

（a）离散缝洞网络模型　　　　（b）Delaunay 三角网格

图 3-37　TK404 井地质统计模型及其网格剖分

应用离散缝洞网络数模技术对 TK404 井进行生产动态历史拟合,该单元只有 TK404 一口生产井,在初始阶段属于自喷采油,随着时间的推移,周边注水井绕过断层倾入该单元。

注入水从北东和南北向断层中间的狭小区域侵入。图 3-38 给出了不同时刻单井单元的含水饱和度分布。

由产油量拟合结果可以看出,该离散缝洞网络地质模型具有较高的拟合精度(见图 3-39),因此,可将其作为进一步历史拟合的模型。通过与实际含水率曲线的对比(见图 3-40)可以看出,该离散缝洞网络模型在前期和后期都有比较高的拟合精度,但该模型见水时间比实际见水时间要稍早。若通过进一步调节裂缝产状和参数,可得到更好的模拟效果。

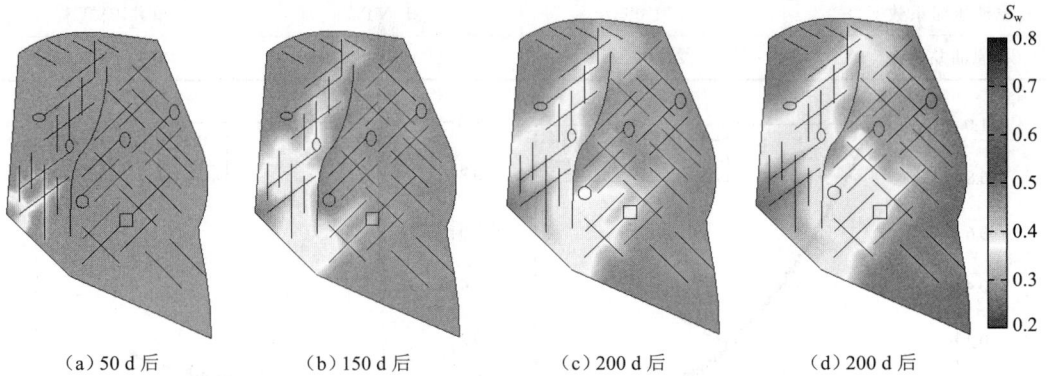

(a)50 d后　　　　(b)150 d后　　　　(c)200 d后　　　　(d)200 d后

图 3-38　不同时刻单井单元含水饱和度分布

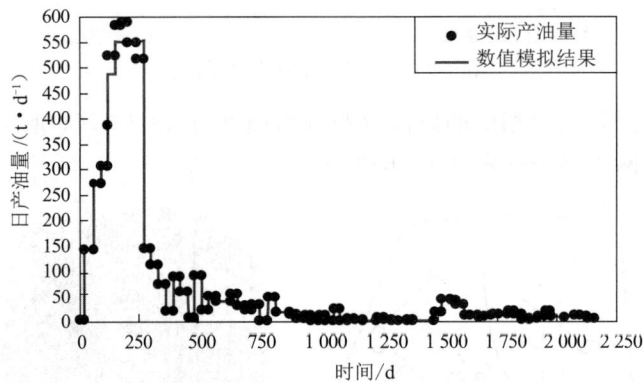

图 3-39　单井日产油量对比

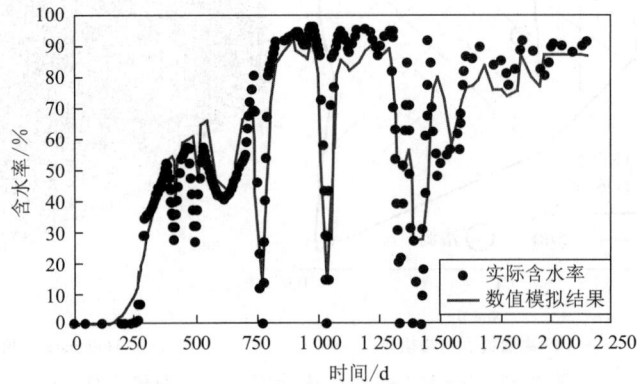

图 3-40　单井含水率对比

3.5　本章小结

（1）本章基于缝洞型介质的结构特征提出了离散缝洞网络模型。该模型在离散裂缝模型的基础上增加溶洞系统以描述缝洞型介质中的渗流-自由流耦合流动特征，克服了现有流动数学模型的缺点，为典型的离散介质模型。在离散缝洞网络模型中，溶洞系统为自由流区域，其中的流动由 Navier-Stokes 方程予以描述；裂缝和基质岩块系统为渗流区域。基于地质统计学原理，形成了一套离散缝洞网络几何模型的随机建模方法和技术，给出了相应的算例。

（2）基于体积平均方法，通过两次尺度升级从理论上严格推导出渗流-自由流耦合两相流数学模型，并建立了相应的耦合界面条件。通过与 Beavers-Joseph 实验数据的对比，验证了该耦合界面条件的正确性。所建立的耦合数学模型在渗流区域为经典的两相流 Darcy 数学模型，而在自由流区域则为经典的宏观两流体模型。对于该耦合流动数学模型，在渗流区域应用离散裂缝模型便可形成离散缝洞网络两相流数学模型。对宏观离散缝洞网络模型的流动模拟理论和方法进行了详细的研究。针对离散缝洞网络模型的几何复杂性，形成了相应的非结构化网格剖分技术，对于二维问题采用 Delaunay 三角网格，而三维问题则采用 Delaunay 四面体网格。基于离散裂缝模型建立了渗流区域的两相流数学模型，应用两流体模型建立了溶洞中的两相自由流数学模型，并采用上游迎风 Petrov-Galerkin 有限元对其进行数值离散，通过一维 Burger 方程算例验证了算法的正确性。

（3）结合耦合界面条件，应用交替求解方法实现了渗流-自由流耦合两相流动数值模拟，并给出了相应的数值算例。数值计算结果表明，离散缝洞网络系统具有无限导流能力，基本可视为等势体，容易形成优势导流通道。基于塔河油田某缝洞单元单井的地质统计信息，建立了相应的离散缝洞网络模型，应用本章建立的耦合流动数值模拟技术对其生产动态进行了数值模拟研究。数值计算结果表明，离散缝洞网络模型有较高的拟合精度，通过调整裂缝产状及其他参数，可得到更好的模拟效果。

第 4 章　等效介质模型数值模拟

4.1　研究现状与发展动态

等效介质模型(Equivalent Continuum Model,ECM)由 Snow 首次提出,该模型是以渗透率张量为基础、用连续介质方法描述裂缝岩体渗流问题的数学模型。Long 等,Oda,张有天,田开铭等,刘建军等相继对此模型进行了研究[127,128,19,129,130]。

在等效介质模型中,整个研究区域裂缝介质被看作是一个假想的连续体,当在裂缝和基质间有液量和溶质充分交换时,系统中的每个点的各物理量都处于局部平衡状态。该模型重点研究裂缝介质整体所表现出来的宏观溶质运移特征,首先将裂缝中的溶质浓度和裂缝的渗透性等效平均到整个裂缝介质中,再将其视为具有对称张量的各向异性介质,不考虑单条裂缝的物理结构,裂缝介质被看作多孔介质,利用多孔介质渗流理论来建立方程。显然,这种等效仅是渗流量的等效。

等效介质模型突出的优点是可以利用各向异性连续介质理论进行分析。无论从理论上还是方法上都有雄厚的基础和经验,而且不需要知道每条裂缝的确切位置和水力特性。对于不易获得单条裂缝数据的工程问题,该模型是一种很有价值的工具。等效介质模型本身并不复杂,但该模型的应用尚存在如下两方面的困难:一是等效介质模型有效性的判定;二是裂缝油藏岩石等效渗透率张量的确定。

连续介质是一个数学力学的抽象概念。孔隙介质是由固体颗粒和颗粒间的空隙组成的,它并不是连续介质。然而,用连续介质数学力学模型分析孔隙介质的渗流从未引起过争论和怀疑,这主要是因为孔隙介质的表征单元体(Representative Element Volume,REV)非常小,有的文献称之为样本单元体。任何实际材料的力学特性都由专门的实验求得。当试件尺寸超过某一特定值时,由实验求得的材料性质与试件大小无明显关系;当试件尺寸小于某一特定值时,由实验求得的材料性质参数是波动的。对于一种介质的渗透系数,例如孔隙介质岩石,其实验值与试件体积 V 可绘成一条关系曲线,如图 4-1 所示。由于孔隙介质岩石的 REV 相对较小,其结构又比较均匀,可用少数小试件求得较为可靠的渗透系数,因而可将孔隙介质岩石作为连续介质进行处理,其可行性是公认的。

能否利用连续介质渗流理论进行裂缝性油藏的渗

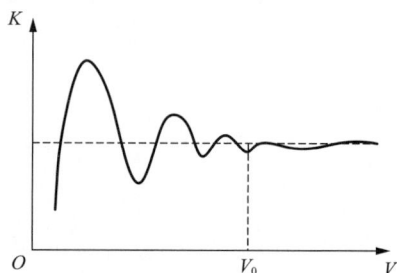

图 4-1　渗透系数 K-表征单元体 REV(V_0)关系曲线图

流分析是一个有争议的问题,许多学者对此进行了研究,提出了各自的判别准则。Louis[131]认为,在工程范围内,裂缝数目超过 1 000 条时,可以采用等效介质模型;周德华[132]认为,平均裂缝间距与构筑尺寸之比小于 0.05 时,可以采用等效介质模型;Wilson 等[133]认为,最大节理间距与构筑尺寸之比小于 0.02 时,可以采用等效介质模型。然而,这些判据都是根据某一具体的工程或理论推导出来的,实际推广应用尚有难度。

Long[134]进一步研究指出,将裂缝性油藏视为连续介质需要具备两个条件:① 存在REV,并且等效渗透性随着样本体积的微小变化只有细微的改变;② 存在对称等效渗透率张量。衡量渗透率张量是否具有对称性的方法是测定其方向渗透率,设势梯度方向渗透率为 K_J,流动方向渗透率为 K_f,如果$(K_J)^{-1/2}$和$(K_f)^{-1/2}$在极坐标下能构成椭圆,那么介质具有对称的渗透率张量。当然,对于均质各向同性介质而言,椭圆变为圆,流动方向与梯度方向总是一致的。

对于裂缝性油藏,其等效渗透系数取决于裂缝的密度和分布规律,亦取决于裂缝网络。在渗透性方面,裂缝岩体的 REV 比孔隙岩石的 REV 值要大几个数量级,甚至不存在。因而,将裂缝油藏抽象为等效介质并非总是可行的。张有天进一步总结了裂缝性油藏应用等效介质模型进行渗流分析的必要条件[19]。

对于缝洞介质等效渗透率的确定,早在 1973 年 Neale 和 Nader[135]便进行了相关研究,他们应用 Darcy 方程来描述多孔介质中的流动,大溶洞中的流动则采用 Stokes 方程予以描述,基于流量等效原理研究了圆洞对均质各向同性多孔介质渗透性的影响,但由于研究的对象过于简单,并未形成系统的理论。近年来,Arbogast 及其课题组成员[136-139]对溶洞型介质的渗透性进行了系统的研究,他们应用 Darcy-Stokes 方程描述溶洞型介质中流体的宏观流动,多孔介质和自由流区域通过 Beavers-Joseph-Saffman 边界条件进行耦合,基于均化理论推导得到了大尺度上的等效 Darcy 流动方程,并给出了等效渗透率张量的理论求解公式。同时 Arbogast 等指出:对于同一介质模型,采用不同的区域分解方式,理论计算所得的等效渗透率分布相差甚远,虽然通过超样本技术对其进行了计算处理,但仍会有一定的差异。如图 4-2 所示的介质模型,2×2 网格与 3×3 网格计算得到的等效渗透率值及其分布会有差异。其根本原因是人为的网格区域分解破坏了原有缝洞型介质的拓扑结构特征,但现有的方法很难解决这一问题。

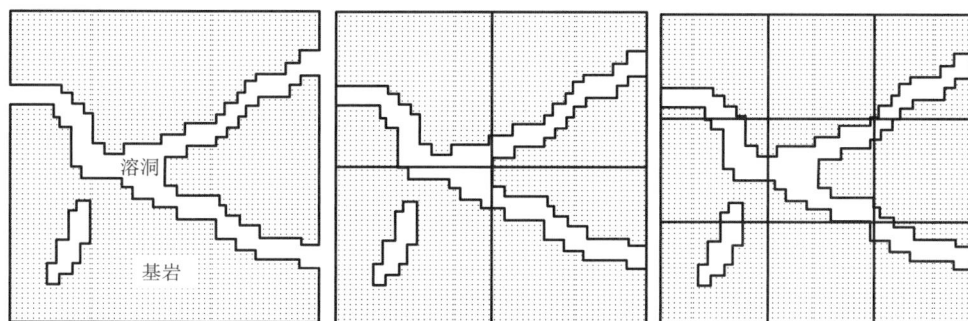

图 4-2　Arbogast 研究中的算例示意图

Popov 等[123]认为真实溶洞往往会伴随着不同程度的充填,因此应用 Stokes-Brinkman 方程系统来描述缝洞型介质中的耦合流动更为有效,同时在渗流和自由流区域交界面上无须引入额外的交界面条件。在研究缝洞型介质时,Popov 等把裂缝视为小溶洞进行处理,得到了一些有益的结果;但裂缝和溶洞本身尺度的差异使得计算量过大而无法实际应用。

对此,Huang 等[140,141]、Qin 等[124]把离散裂缝概念引入缝洞型介质的研究中,克服了上述缺点,并研究了溶洞的大小、形状、位置以及不同缝洞组合对等效渗透率的影响。然而,上述所有的研究均为单相流,计算得到的渗透率为等效绝对渗透率张量。实际油藏中的流体都是两相或多相的,因此还需要分别获得各相的等效相对渗透率。然而国内外的相关研究很少,尚未形成一套成熟有效的获取等效相对渗透率的方法。对此,黄朝琴等[142]基于离散缝洞网络模型和优先流假设,提出了一种计算等效相渗曲线的方法,但该方法仅适用于缝洞系统发育程度高且连通性好的地层。

4.2 裂缝性介质的等效

4.2.1 渗透率张量简介

渗透率具有方向性,渗透率的方向性反映油藏的各向异性。渗透率具有张量形式,应该用张量表示。

低阶张量在各学科中应用广泛。标量(如物体的质量)为零阶张量(只有一个值);向量(如物体的运动速度)为一阶张量(一个值和一个方向);二阶张量定义为含有一个值和两个方向的物理量,它有 9 个分量。张量的数学意义可以理解为同时改变向量大小和方向的矩阵。此外,张量的另一个重要性质是与坐标系无关,也就是说,张量在不同的坐标系下表示相同的物理意义,因此,不同坐标系下同一个张量物理量有可能形式不同,这为渗透率张量可以用渗透率椭圆表示提供了理论基础。

达西方程中渗透率张量是联系压力梯度 U 和流动速度 Q 的量:

$$Q = KU \tag{4-1}$$

三维油藏情况下的渗透率张量是二阶张量,具有如下形式:

$$K = \begin{bmatrix} K_{xx} & K_{xy} & K_{xz} \\ K_{yx} & K_{yy} & K_{yz} \\ K_{zx} & K_{zy} & K_{zz} \end{bmatrix} \tag{4-2}$$

其中,第一下标指流动方向;第二下标指压力梯度方向。例如,K_{xx} 是指 x 方向单位压力梯度在 x 方向产生的流速;同理,K_{yz} 是指 z 方向单位压力梯度在 y 方向产生的流速。

达西方程展开后具有如下形式:

$$Q_x = -\left[K_{xx}\left(\frac{\partial p}{\partial x}\right) + K_{xy}\left(\frac{\partial p}{\partial y}\right) + K_{xz}\left(\frac{\partial p}{\partial z}\right) \right]$$

$$Q_y = -\left[K_{yx}\left(\frac{\partial p}{\partial x}\right) + K_{yy}\left(\frac{\partial p}{\partial y}\right) + K_{yz}\left(\frac{\partial p}{\partial z}\right) \right] \tag{4-3}$$

$$Q_z = -\left[K_{zx}\left(\frac{\partial p}{\partial x}\right) + K_{zy}\left(\frac{\partial p}{\partial y}\right) + K_{zz}\left(\frac{\partial p}{\partial z}\right) \right]$$

渗透率张量的物理意义可以这样理解:如果在岩石的某个方向加上一定的压力梯度,则不仅在这个方向上有流体产出,而且在其他方向上同样有流体产出,只不过产量以该方向为主,称为主流量,其他方向在该压力梯度作用下的流量较小,称为次流量。一般因为主方向上的渗透率远大于其他方向上的渗透率,因此主流量远大于次流量,所以在大多数实际问题中可以(或必须)假设渗透率是对角张量,这是有条件的。根据张量与坐标系无关的性质,渗透率总存在一个方向使得非对角张量为零,这个方向称为主渗透率方向,该方向下的渗透率张量具有如下形式:

$$\boldsymbol{K} = \begin{bmatrix} K_{xx} & 0 & 0 \\ 0 & K_{yy} & 0 \\ 0 & 0 & K_{zz} \end{bmatrix} \tag{4-4}$$

因此,如果坐标系与主渗透率方向平行,那么渗透率具有式(4-4)形式,其他坐标系下渗透率具有式(4-2)形式。所以在大多数情况下,忽略渗透率张量的非对角元素将引起很大误差。当坐标系与主渗透率呈 $45°$ 夹角时,达西方程计算流量误差可达 45%。

Durlofsky[143]认为,对称正定的渗透率可保证流动沿着压力降落方向,反之,可能导致流动沿压力降落反方向渗流,这是不符合实际的。因此,为了保证渗透率张量有意义,渗透率必须对称正定。

下面给出几种特殊情况下的渗透率张量。

(1)黑油模型采用对角渗透率张量,如式(4-4),此时坐标系方向与主渗透率方向一致或夹角不大。

(2)如图 4-3 所示分层油藏,已知 x' 方向的渗透率为 K_a,z' 方向渗透率为 K_h,在这个二维剖面内,如果 x-z 坐标与 x'-z' 方向平行,则渗透率张量为:

$$\boldsymbol{K} = \begin{bmatrix} K_a & 0 \\ 0 & K_h \end{bmatrix} \tag{4-5}$$

反之,如果 x-z 坐标方向与 x'-z' 方向不一致,则有:

$$\boldsymbol{K} = \begin{bmatrix} K_{xx} & K_{xy} \\ K_{yx} & K_{yy} \end{bmatrix} = \begin{bmatrix} K_a\cos^2\theta + K_h\sin^2\theta & (K_a - K_h)\cos\theta\sin\theta \\ (K_a - K_h)\cos\theta\sin\theta & K_a\sin^2\theta + K_h\cos^2\theta \end{bmatrix} \tag{4-6}$$

(3)对于非均质性很强的裂缝性油藏,采用等效介质模型计算出的等效渗透率张量应是全张量形式,如式(4-2),在某些特殊情况下,如当裂缝垂直于边界时(见图 4-4),等效渗透率张量具有如下形式:

$$\boldsymbol{K} = \begin{bmatrix} K_{xx} & K_{xy} & 0 \\ K_{yx} & K_{yy} & 0 \\ 0 & 0 & K_{zz} \end{bmatrix} \tag{4-7}$$

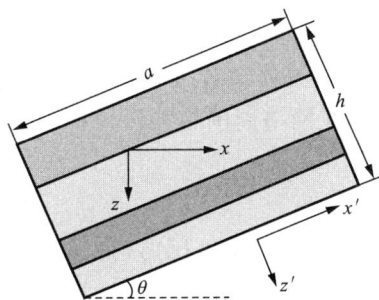

图 4-3　分层油藏示意图

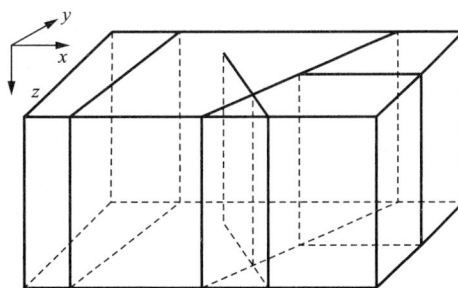

图 4-4　典型垂直裂缝网格块

4.2.2 裂缝性介质等效渗透率张量计算方法

对裂缝性油藏等效渗透率张量的确定,国内外专家学者进行了大量的研究并提出了多种计算方法,主要可以分为基于裂缝几何信息的解析方法和基于流动模拟的数值方法两大类。基于裂缝几何信息的解析方法需对裂缝几何信息进行统计分析,将所有裂缝进行概化分组,然后利用解析公式求得等效渗透率张量。这类方法计算效率高,但由于不能有效考虑裂缝之间的连通性,导致结果不够准确。随着数值计算方法的不断改进以及计算机能力的提升,基于流动模拟的数值方法越来越受到人们的关注。这类方法的主要思想是先在小尺度上进行单相流流动模拟,然后根据流量等效原理计算等效渗透率张量。此类方法中,边界条件对于求取等效渗透率张量尤为关键,目前常用的边界条件主要分为周期性边界条件和封闭定压边界条件。

1) 周期性边界条件计算方法

网格的等效渗透率张量反映基岩和裂缝对渗流的共同影响,因此等效渗透率张量的计算要考虑流体在基岩、裂缝中的流动以及两种介质间的窜流。以计算如图 4-5 所示网格的等效渗透率张量为例,阐述周期性边界条件计算方法的基本原理。图 4-5 所示裂缝性油藏的网格内含 6 条裂缝,所有裂缝满足以下条件:

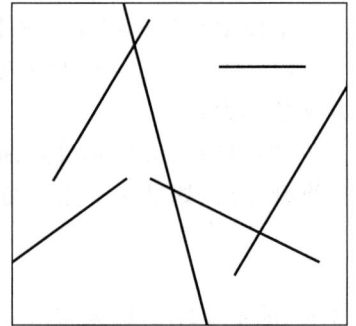

图 4-5 含有垂直裂缝的二维网格

(1) 裂缝随机分布,可以与其他裂缝相交,可以在网格块内终止或横跨几个网格;

(2) 当某条裂缝横跨几个网格时,采用的处理方式是把该裂缝按网格分段处理;

(3) 如果裂缝与网格边界相交,则在与网格边界相交处把裂缝向网格内缩短一定的长度;

(4) 裂缝具有统一的高度,且高度等于网格高度。

该网格块水平方向等效渗透率张量具有如下形式:

$$\boldsymbol{K} = \begin{bmatrix} K_{xx} & K_{xy} \\ K_{yx} & K_{yy} \end{bmatrix} \tag{4-8}$$

如图 4-5 所示,二维网格内部含有基岩和裂缝两种介质,裂缝的渗透率远大于基岩渗透率,认为流体通过两种介质时均满足达西定律和质量守恒方程。把实际网格用等效网格代替,等效网格认为是均质各向异性的,等效渗透率为 $\boldsymbol{K}$(张量),流体通过等效网格也满足达西定律和质量守恒方程。假设单位黏度流体通过等效网格,在网格周围施加压力梯度 $\boldsymbol{J}$(矢量),根据达西定律得到平均流速 $\boldsymbol{Q}$(矢量):

$$\boldsymbol{Q} = -\boldsymbol{K} \times \boldsymbol{J} \tag{4-9}$$

如果给该网格施加单位压力梯度 $\boldsymbol{J} = (1,0)^\mathrm{T}$,则根据式(4-9)可得该压力梯度下的平均流速为:

$$\boldsymbol{Q} = -(K_{xx}, K_{yx})^\mathrm{T} \tag{4-10}$$

也就是说,渗透率张量的第一列恰好对应于单位压力梯度下的平均流速。在此压力梯度下,计算出流体通过实际网格时网格边界的流量 $\boldsymbol{Q}$,根据式(4-10)可求出 K_{xx} 和 K_{yx}。同理,在 y 方向上施加单位压力梯度 $\boldsymbol{J} = (1,0)^{\mathrm{T}}$,可以求出渗透率张量的其他两个元素。

如图 4-6 所示矩形网格块,它含有四条外边界,$\Gamma_i(i = 1,2,3,4)$,$\boldsymbol{n}_i(i = 1,2,3,4)$ 是边界的外法线向量。在 x 方向施加单位压力梯度 $\boldsymbol{J} = (1,0)^{\mathrm{T}}$,此时周期边界条件为:

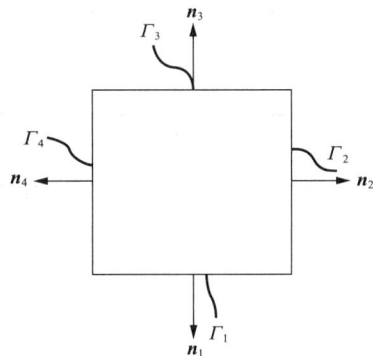

图 4-6　网格块及其边界

$$\begin{cases} p\,|_{\Gamma_2} = p\,|_{\Gamma_4} - 1 \\ p\,|_{\Gamma_1} = p\,|_{\Gamma_3} \\ \boldsymbol{q}\,|_{\Gamma_1} \cdot \boldsymbol{n}_1 = -\boldsymbol{q}\,|_{\Gamma_3} \cdot \boldsymbol{n}_3 \\ \boldsymbol{q}\,|_{\Gamma_2} \cdot \boldsymbol{n}_2 = -\boldsymbol{q}\,|_{\Gamma_4} \cdot \boldsymbol{n}_4 \end{cases} \tag{4-11}$$

通过求解周期边界条件下的单相稳态离散裂缝模型,结合以上计算过程可求得等效渗透率张量。离散裂缝模型具体的建立及有限单元法求解过程参考本书第 2 章,也有部分学者采用边界元方法进行求解。

应用周期性边界条件可以保证得到准确的全张量形式等效渗透率张量,但对于与网格边界相交的裂缝,需要在与网格边界相交处把裂缝向网格内缩短一定的长度,以便网格内的裂缝满足周期性分布,这种做法在一定程度上减弱了裂缝的导流能力。

2)封闭定压边界条件计算方法

对于实际的裂缝性油藏,每个网格单元内的裂缝分布情况不尽相同,而且裂缝经常会与网格边界相交,不能保证网格内的裂缝满足周期性分布且网格对边与裂缝相交情况对称,此时采用周期性边界条件计算得到的结果会出现较大偏差。对此,基于离散裂缝模型提出一种计算等效渗透率张量的新方法,该方法采用封闭定压边界条件,适用于各种复杂裂缝分布情况。首先在粗网格单元内建立离散裂缝模型并利用有限元进行求解,然后求取粗网格单元内的压力和速度的体积平均值,最后基于广义达西定律求取全张量形式的等效渗透率,计算流程如图 4-7 所示。

在粗网格单元内以裂缝为内边界约束划分非结构网格,求解网格单元内的离散裂缝模型,获得各节点的压力,以此为基础插值计算得到粗网格单元内各三角网格的速度和压力梯度,求取粗网格单元上的速度和压力梯度的体积平均值:

$$\langle u \rangle^j = \frac{1}{V_{\mathrm{b}}} \int_V u^j \, \mathrm{d}V = \frac{1}{V_{\mathrm{b}}} \sum_{l=1}^{N} u_l V_l \tag{4-12}$$

$$\langle \nabla p \rangle^j = \frac{1}{V_{\mathrm{b}}} \int_V (\nabla p)^j \, \mathrm{d}V = \frac{1}{V_{\mathrm{b}}} \sum_{l=1}^{N} (\nabla p)_l V_l \tag{4-13}$$

式中,$j = \{x,y\}$,表示施加定压边界的坐标轴方向;V_{b} 表示粗网格单元的体积;u_l 和 $(\nabla p)_l$ 分别表示粗网格单元中第 l 个三角网格的速度和压力梯度;V_l 表示第 l 个三角网格的体积;N 表示粗网格中单元的个数。

$\langle u \rangle^j$ 和 $\langle \nabla p \rangle^j$ 由两部分组成,分别为 x 和 y 方向,结合广义达西定律 $\langle u \rangle = -\dfrac{\boldsymbol{K}}{\mu} \cdot \langle \nabla p \rangle$,

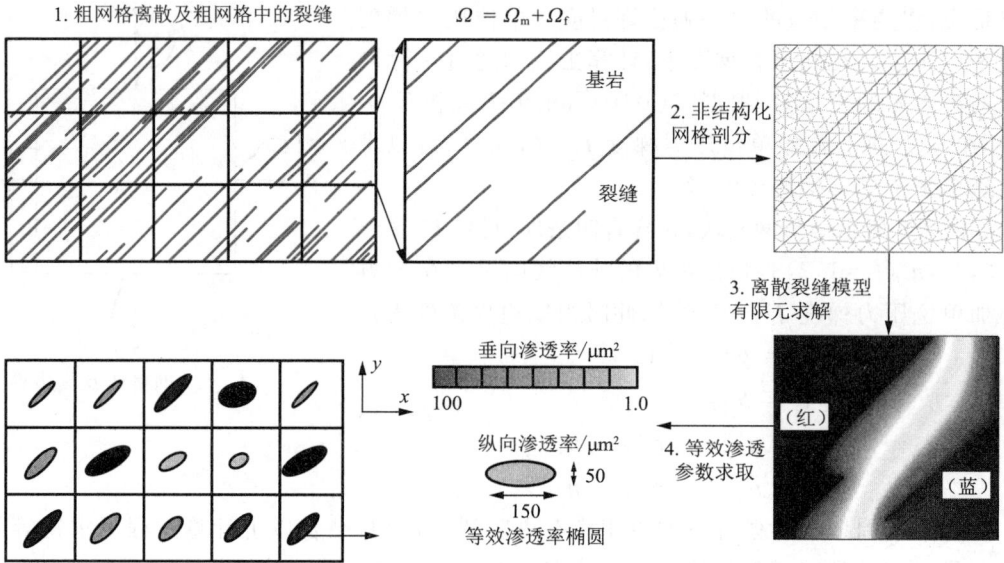

图 4-7 裂缝性油藏等效渗透率场计算流程图

可得到下述方程组：

$$
\begin{pmatrix}
\langle\nabla p\rangle_x^x & \langle\nabla p\rangle_y^x & 0 & 0 \\
0 & 0 & \langle\nabla p\rangle_x^x & \langle\nabla p\rangle_y^x \\
\langle\nabla p\rangle_x^y & \langle\nabla p\rangle_y^y & 0 & 0 \\
0 & 0 & \langle\nabla p\rangle_x^y & \langle\nabla p\rangle_y^y
\end{pmatrix}
\begin{pmatrix}
K_{xx} \\ K_{xy} \\ K_{yx} \\ K_{yy}
\end{pmatrix}
= -\mu
\begin{pmatrix}
\langle u\rangle_x^x \\ \langle u\rangle_y^x \\ \langle u\rangle_x^y \\ \langle u\rangle_y^y
\end{pmatrix}
\tag{4-14}
$$

通过求解上述方程组便可获得等效渗透率张量 $\boldsymbol{K}$，考虑到定压封闭边界条件下得到的渗透率并不一定满足对称性，通常可以取 $K_{xy} = K_{yx} = \sqrt{K_{xy}K_{yx}}$。

3）超样本技术

鉴于上述方法在进行小尺度流动模拟过程中只选取网格单元本身，并未考虑周围单元的影响，因此，可以统称为局部流动分析法。这类方法的优势是计算量小，其缺点表现为：在处理油藏中存在大尺度裂缝的情况时，不能有效地表征出贯穿多个油藏网格的大尺度裂缝的强导流作用，并且忽略了周边网格裂缝分布对该网格渗流场的影响，计算误差往往较大。因此，部分学者提出采用全局流动分析法，即首先获取整个裂缝性油藏的离散裂缝地质模型渗流场，然后分析每个网格单元的渗流场，基于流量等效原理可准确得到整体的渗透率场，但该技术一次性计算量太大，难以应用于工程实际。

综合考虑以上两种方法的优缺点，提出超样本单元的概念：在目标单元的基础上，将流动分析区域扩大至多个粗网格单元的尺寸，以充分考虑周边网格对其流动的影响。虽然计算量略有增加，但通过该技术可充分体现贯穿多个油藏网格的裂缝的导流作用。

超样本技术是将网格及其周围网格组成一个大的超样本单元，如图 4-8 所示。以二维系统为例：当网格在角落时，超样本单元中包含 4 个网格；当网格在边界上时，超样本单元中有 6 个网格；当网格在内部时，超样本单元包含 9 个网格。

具体的计算过程与前面介绍的封闭定压边界计算方法基本一致，主要区别在于：需要先获取每一粗网格的超样本单元,在超样本单元内建立离散裂缝模型,并进行单相数值求解,求取超样本单元内的压力和速度场,最后基于体积平均法计算目标原始粗网格内的速度、压力梯度的体积平均值,从而求取目标网格的等效渗透率。图 4-9 为基于超样本技术的裂缝性油藏渗透率场计算流程图。

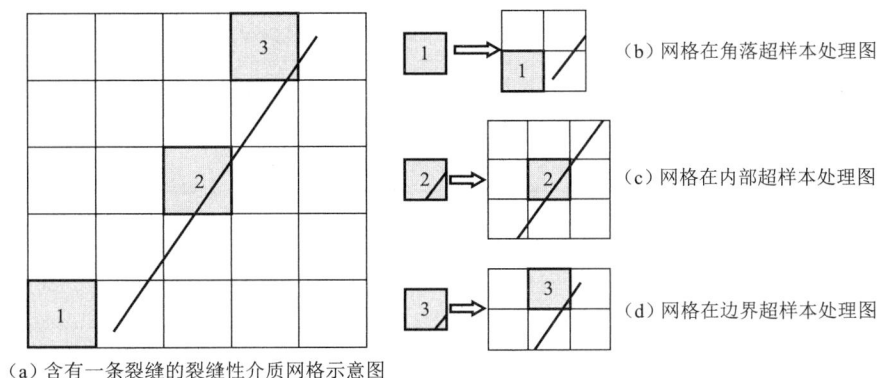

（a）含有一条裂缝的裂缝性介质网格示意图

（b）网格在角落超样本处理图

（c）网格在内部超样本处理图

（d）网格在边界超样本处理图

图 4-8　超样本技术示意图

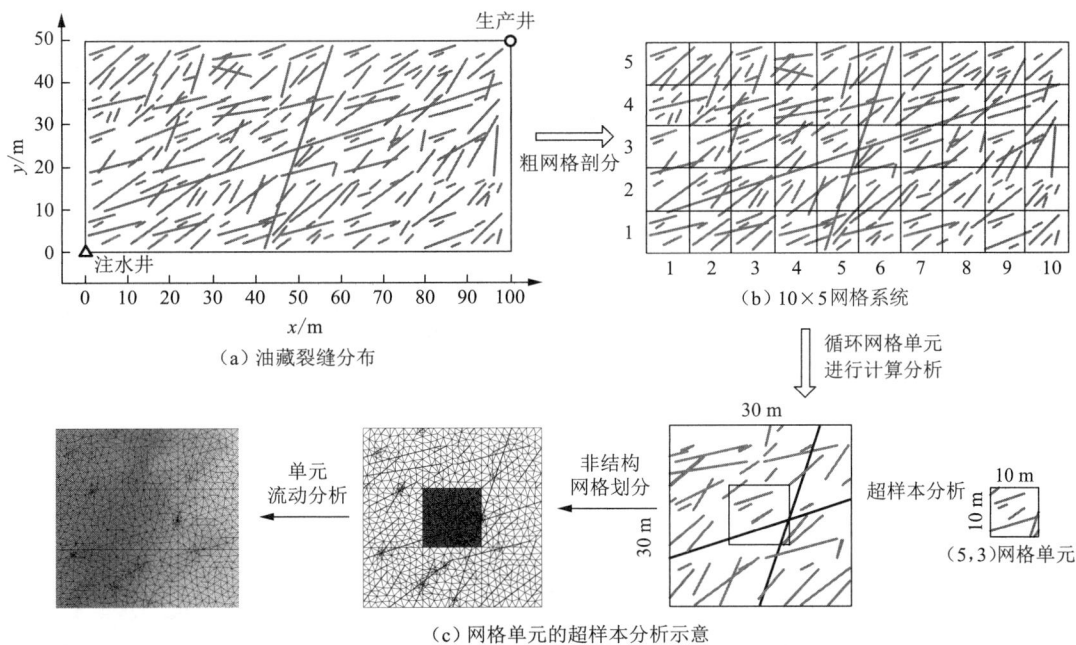

（a）油藏裂缝分布

（b）10×5网格系统

（c）网格单元的超样本分析示意

图 4-9　基于超样本技术的裂缝性油藏渗透率场计算流程图

4）算例分析

以图 4-9(a)所示的裂缝性油藏为例,首先将该油藏分别采用 10×5 和 20×10 的两套粗网格离散,如图 4-10 所示。模型中的基本参数如表 4-1 所示。

图 4-11 和图 4-12 分别为两套不同网格系统下,采用超样本技术和未采用超样本技术计算得到的各个网格的等效渗透率结果分布。

（a）10×5 网格系统　　　　　　　　　　（b）20×10 网格系统

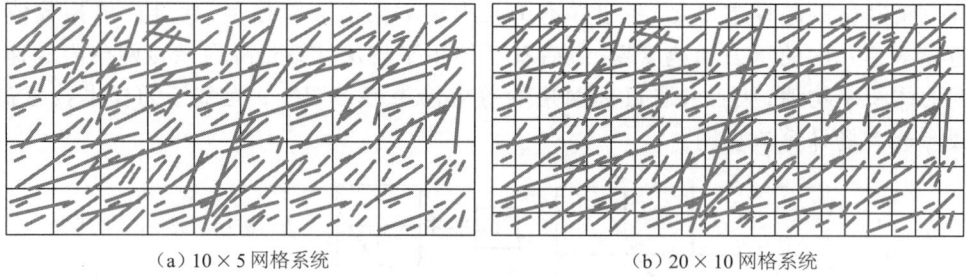

图 4-10　裂缝性油藏粗网格系统

表 4-1　裂缝性油藏模型基本参数

参数名称	参数值
基岩渗透率/μm^2	1×10^{-3}
裂缝渗透率/μm^2	1×10^4
裂缝开度/m	1×10^{-3}
流体黏度/(mPa·s)	1

（a）采用超样本技术

（b）未采用超样本技术

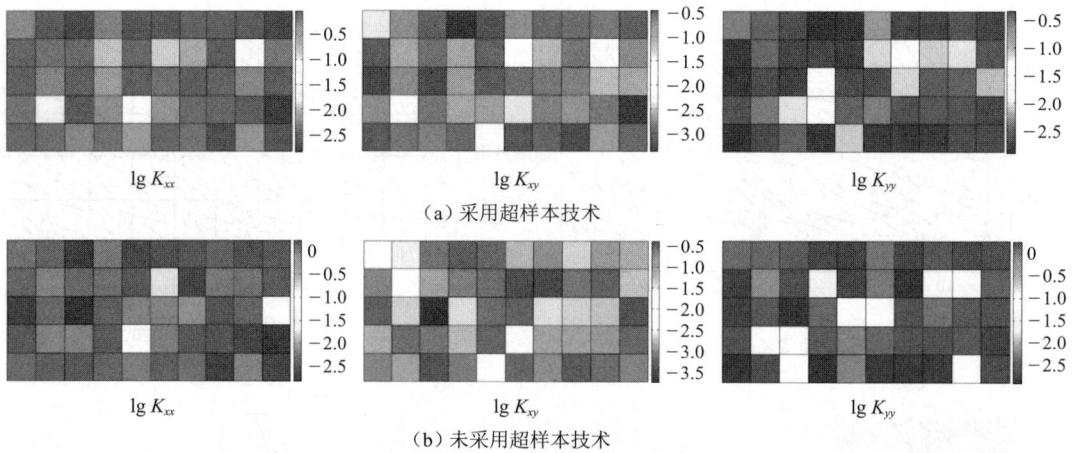

图 4-11　两种方法计算得到的 10×5 网格系统等效渗透率场云图（单位：μm^2）

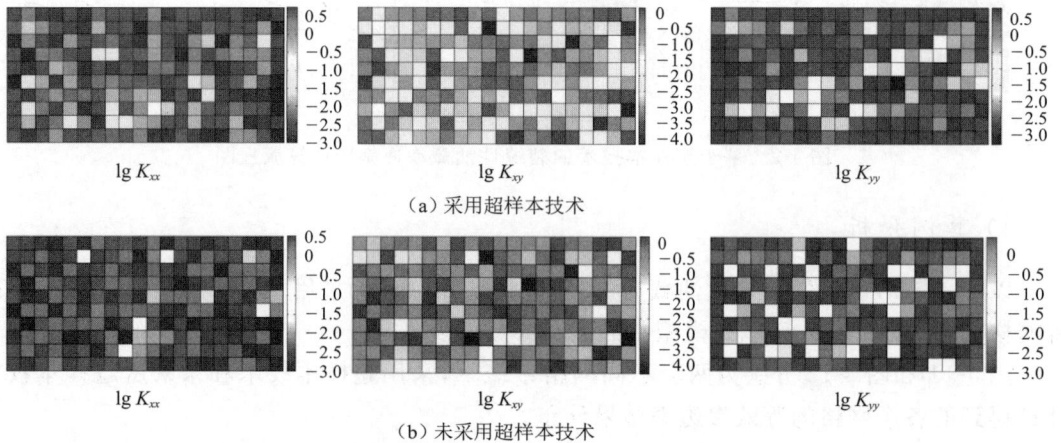

（a）采用超样本技术

（b）未采用超样本技术

图 4-12　两种方法计算得到的 20×10 网格系统等效渗透率场云图（单位：μm^2）

图 4-11 和 4-12 结果显示：未采用超样本技术计算得到的等效渗透率场很明显地丢失了长裂缝的贯通性，而采用超样本技术获得的等效渗透率场则有效地刻画出了长裂缝的连通性。

以 20×10 网格系统为基础，基于以上两种方法计算得到的等效渗透率，分别建立等效介质模型对该裂缝性油藏进行单相流数值模拟，并与离散裂缝模型的模拟结果进行对比，如图 4-13 所示。显然，采用超样本方法的模拟结果图具有更好的拟真性，与离散裂缝模型结果基本一致。图 4-14 和图 4-15 分别给出了 $y = 20$ m 和 $x = 40$ m 两条线上的压力曲线比较。从图中可以看出，采用超样本方法的计算结果与离散裂缝模型参考解吻合更好。

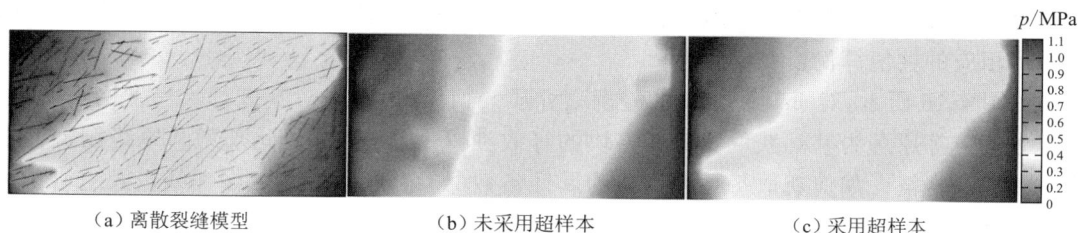

（a）离散裂缝模型　　　　（b）未采用超样本　　　　（c）采用超样本

图 4-13　二维算例流压力场分布

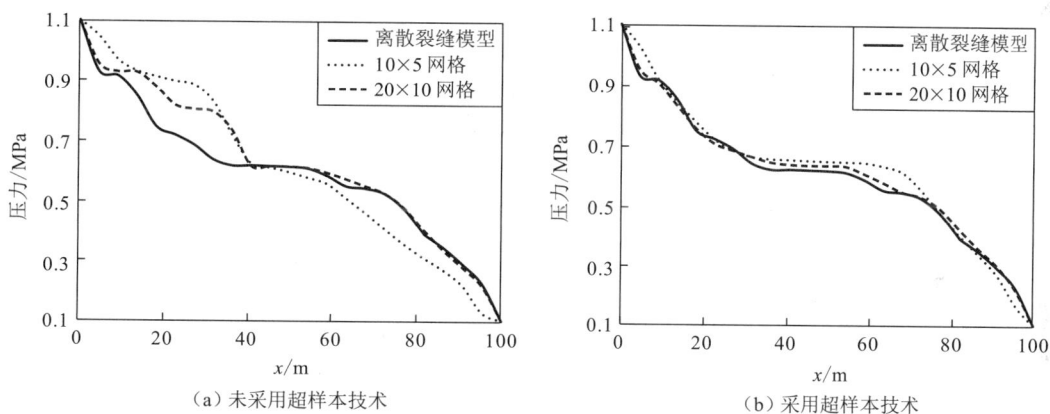

（a）未采用超样本技术　　　　（b）采用超样本技术

图 4-14　$y = 20$ m 线上的压力分布比较

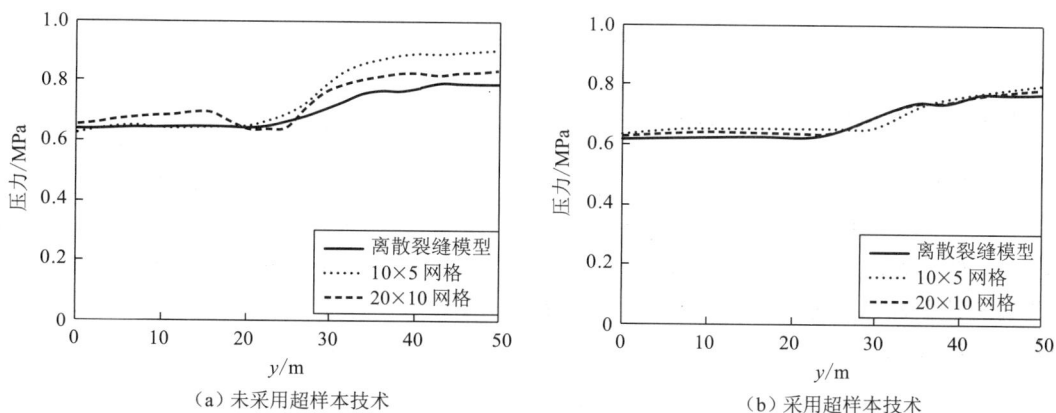

（a）未采用超样本技术　　　　（b）采用超样本技术

图 4-15　$x = 40$ m 线上的压力分布比较

4.3 缝洞型介质的等效

在第 3 章中已经对离散缝洞网络模型宏观流动模拟给予了详细的研究,研究结果表明,该模型在宏观 REV 尺度上能够精细地模拟缝洞中流体的真实流动状态,对于认识缝洞型介质的流动规律具有重要的指导意义。然而,从数值计算角度上讲,该模型计算量大且耦合数值计算的复杂度高,在现有的计算机条件下很难实现大规模油田级别的流动数值模拟,仅适用于小规模的精细研究。对此,本节将基于离散缝洞网络模型,应用均化尺度升级方法形成一套有效的大尺度等效介质流动模拟理论和技术,详细阐述其原理、方法及其技术实现,并给出相应的数值算例。

如图 4-16 所示,对于某一给定的缝洞型介质几何模型,首先对其进行大尺度网格离散,以等效流量等原理为基础获取每个网格块的等效油藏属性参数,以此来刻画原缝洞型介质的宏观流动特征。如何获取每一粗网格的属性参数(如绝对渗透率、相渗曲线以及毛管压力曲线等)是等效介质流动模拟中的关键科学问题。

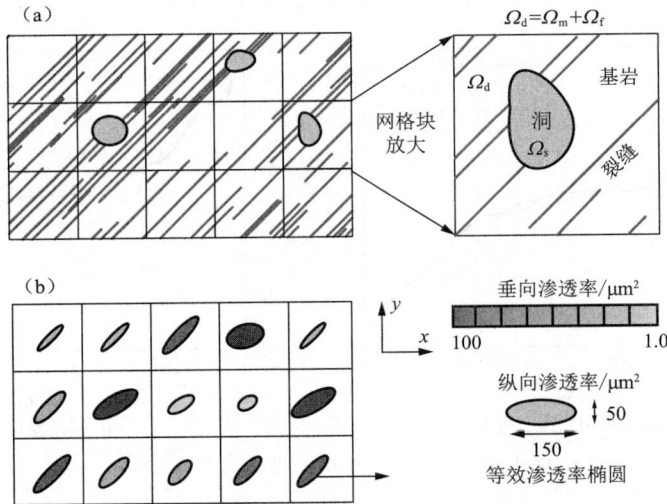

图 4-16 简单缝洞介质及其渗透率张量映射图

4.3.1 等效绝对渗透率计算

对于粗网格渗透率的获取,目前常用的方法有两大类:一种方法是通过简单算术、几何平均或统计平均来求取[144],此方法适用于精细网格属性参数已知的情形;另一种方法为基于流动计算的方法(flow-based method)[145],该方法适用于所有网格粗化问题,其中流动数学模型的建立和求解是关键。显然,对于缝洞型介质,第一种方法并不适用,因此采用第二种方法进行研究。

1) 离散缝洞网络单相流数学模型

如图 4-16 所示,每一粗网格中的精细流动均可应用离散缝洞网络模型予以描述,在具体计算时仅需研究单相稳定流。对此,将第 3 章中所提出的通用耦合两相流数学模型进行简化,便可很容易地得到相应的单相流数学模型。

（1）自由流区域。

在计算粗网格的渗透率张量时,仅需要对其稳定流进行研究,因此相应的流动数学模型可由简单的 Stokes 方程予以描述,具体如下:

$$\nabla \cdot \boldsymbol{u} = 0 \tag{4-15}$$

$$-\mu \nabla^2 \boldsymbol{u} + \nabla p_s = \rho \boldsymbol{f} \tag{4-16}$$

式中, $\boldsymbol{f}$ 为单位体积力,m/s^2;下标 s 表示自由流区域。

对于不可压缩牛顿流体,其应力张量 $\boldsymbol{\sigma}$ 具有如下形式:

$$\boldsymbol{\sigma} = -p_s \boldsymbol{I} + 2\mu \boldsymbol{S}(\boldsymbol{u}) \tag{4-17}$$

式中, $\boldsymbol{I}$ 为单位张量; $\boldsymbol{S}(\boldsymbol{u})$ 为流体的应变率,具体如下:

$$\boldsymbol{S}(\boldsymbol{u}) = \frac{1}{2} \left[\nabla \boldsymbol{u} + (\nabla \boldsymbol{u})^{\mathrm{T}} \right] \tag{4-18}$$

相应的边界条件包含 Dirichlet 条件(速度条件)和 Neumann 条件(应力条件),分别如下:

$$\boldsymbol{u} = \boldsymbol{u}_{\mathrm{D}}, \quad \text{on} \quad \Gamma_{\mathrm{D}} \tag{4-19}$$

$$\boldsymbol{n} \cdot \boldsymbol{\sigma} = \boldsymbol{t}_{\mathrm{N}}, \quad \text{on} \quad \Gamma_{\mathrm{N}} \tag{4-20}$$

式中, $\boldsymbol{u}_{\mathrm{D}}$ 为 Dirichlet 边界上给定的速度; $\boldsymbol{t}_{\mathrm{N}}$ 为 Neumann 边界上给定的力。

除上述边界条件外,还必须引入渗流-自由流耦合界面条件,这将在后续内容中阐述。

（2）渗流区域。

对于渗流区域,采用离散裂缝模型予以描述:

$$\int_{\Omega} FEQ \mathrm{d}\Omega = \int_{\Omega_{\mathrm{m}}} FEQ \mathrm{d}\Omega_{\mathrm{m}} + e \times \int_{\Omega_{\mathrm{f}}} FEQ \mathrm{d}\Omega_{\mathrm{f}} \tag{4-21}$$

其中,流动控制方程 FEQ 为单相渗流数学模型,具体如下:

$$\nabla \cdot \boldsymbol{v} = 0 \tag{4-22}$$

$$\mu (\boldsymbol{K})^{-1} \boldsymbol{v} + \nabla p_{\mathrm{d}} = \rho \boldsymbol{f} \tag{4-23}$$

式中,下标 d 表示渗流区域。

上述数学模型相应的边界条件为:

$$p_{\mathrm{d}} = p_{\mathrm{D}}, \quad \text{on} \quad \Gamma_{\mathrm{D}} \tag{4-24}$$

$$\boldsymbol{n} \cdot \frac{\boldsymbol{K}}{\mu} (\nabla p_{\mathrm{d}} - \rho \boldsymbol{f}) = q_{\mathrm{N}}, \quad \text{on} \quad \Gamma_{\mathrm{N}} \tag{4-25}$$

其中, p_{D} 为 Dirichlet 边界上给定的压力; q_{N} 为 Neumann 边界上给定的流量。

（3）渗流-自由流耦合界面条件。

单相流的耦合界面条件:在耦合界面的法线方向上应满足质量连续性条件。此时,法向应力也满足连续性条件,具体如下:

$$\boldsymbol{u} \cdot \boldsymbol{n} = \boldsymbol{v} \cdot \boldsymbol{n}, \quad \text{on} \quad \Sigma \tag{4-26}$$

$$\boldsymbol{n} \cdot (-\boldsymbol{\sigma} \cdot \boldsymbol{n}) = \boldsymbol{n} \cdot (p_{\mathrm{d}} \boldsymbol{I} \cdot \boldsymbol{n}), \quad \text{on} \quad \Sigma \tag{4-27}$$

对于切向速度和应力条件,一般写成如下通用条件:

$$\boldsymbol{\lambda} \cdot (\boldsymbol{u} - \boldsymbol{v}) = \boldsymbol{u}_{\mathrm{s}} \tag{4-28}$$

$$\boldsymbol{u} \cdot \boldsymbol{\lambda} = \frac{\sqrt{\boldsymbol{\lambda} \cdot \boldsymbol{K} \cdot \boldsymbol{\lambda}}}{\mu \alpha} (-\boldsymbol{\sigma} \cdot \boldsymbol{n}) \cdot \boldsymbol{\lambda}, \quad \text{on} \quad \Sigma \tag{4-29}$$

注意,式(4-29)左端项中忽略了渗流速度项的影响,这是因为当介质的渗透率较小时,渗流速度的影响可以忽略不计。对于牛顿流体,式(4-27)和(4-29)可简化为:

$$2\mu \boldsymbol{n} \cdot \boldsymbol{S}(\boldsymbol{u}) \cdot \boldsymbol{n} = p_s - p_d, \quad \text{on} \quad \Sigma \tag{4-30}$$

$$\boldsymbol{u} \cdot \boldsymbol{\lambda} = -2 \frac{\sqrt{\boldsymbol{\lambda} \cdot \boldsymbol{K} \cdot \boldsymbol{\lambda}}}{\alpha} \boldsymbol{n} \cdot \boldsymbol{S}(\boldsymbol{u}) \cdot \boldsymbol{\lambda}, \quad \text{on} \quad \Sigma \tag{4-31}$$

2) 均化理论的基本原理

目前,基于流动计算来求取等效渗透率的方法主要有两类:一类是基于 Darcy 定律的流量等效原理,另一类则是基于均化理论的尺度升级方法。流量等效原理是在一定的水力梯度下,通过计算出口端的流量来确定研究区域的渗透率。该方法原理简单,计算量也较小,但其计算结果受所施加的边界条件的影响很大。均化理论是一种求解复杂介质等效宏观参数的有效方法,利用该方法可以推导出介质的宏观物性参数。

均化理论是 20 世纪 70 年代由 Benssousan 等[146]在研究复合材料的宏观等效材料参数时提出的。随后该理论在材料科学和固体力学领域得到了广泛的应用。均化理论具有严格的数学理论背景,目前在多孔介质传质、传热以及流体力学等领域也得到了广泛应用[147-149],有些文献将其称为多尺度均化方法。从数学角度来看,均化理论可视为一种极限理论,一般用系数是常数或变化缓慢但逼近原始解的微分方程来代替系数快速变化的原始方程,并在周期性假设条件下利用渐进展开式进行求解。该理论方法首先将研究区域看成是由元胞(base cell)在空间上周期重复而形成的,其物理量有如下周期变化性质:

$$F(\boldsymbol{x} + \boldsymbol{N}\boldsymbol{Y}) = F(\boldsymbol{x}) \tag{4-32}$$

其中:

$$\boldsymbol{N} = \begin{bmatrix} n_1 & 0 & 0 \\ 0 & n_2 & 0 \\ 0 & 0 & n_3 \end{bmatrix} \tag{4-33}$$

式中,$\boldsymbol{x} - \{x_1, x_2, x_3\}$,是空间点的位置坐标向量;$n_i$ 是任意整数,$i = 1,2,3$;$\boldsymbol{Y} = [Y_1, Y_2, Y_3]^T$,是常数向量,该向量决定研究区域的周期;$F$ 是位置向量的函数,可以为标量、矢量或张量。

在均化理论中,假定周期 $\boldsymbol{Y}$ 与整体研究区域相比非常小,在点 $\boldsymbol{x}$ 的很小邻域内,强烈非均质特征函数将快速变化。因此,所有物理量依赖于两种不同的尺度:一种是大尺度,即整体研究区域水平上的 $\boldsymbol{x}$,用来表征介质特征函数在大尺度上的平缓变化;另一种则为小尺度,即元胞局部区域水平上的 $\boldsymbol{y}$,用来表征特征函数在小尺度上的震荡变化。对此,引入比值 ε,满足 $\varepsilon \boldsymbol{y} = \boldsymbol{x}$,该参数把大尺度和小尺度联系起来,表征了元胞实际特征尺度与整体研究域特征尺度间的尺度比例关系。因此,对于强烈非均质性介质,其任一物理量 ϕ 可表示为:

$$\phi = \phi(\boldsymbol{x}, \boldsymbol{y}) = \phi\left(\boldsymbol{x}, \frac{\boldsymbol{x}}{\varepsilon}\right) = \phi(\boldsymbol{x}, \varepsilon) \tag{4-34}$$

假设 $\Phi(\boldsymbol{x})$ 是强烈非均质性介质的一个快速震荡物理量函数,其变化如图 4-17(a)所示。为研究其变化,需使用上述双尺度展开式,并对某一局部放大研究,如图 4-17(b)所示。其目标是寻求 $\Phi(\boldsymbol{x})$ 在整体研究域上的一种平缓变化的等效曲线,如图 4-17 中粗线所示的 $\overline{\Phi}(\boldsymbol{x})$。对此,在 R^3 空间坐标系 $\boldsymbol{x} = (x_1, x_2, x_3)$ 下定义介质的研究域 Ω,并假设该研究域由典型尺寸为 $\varepsilon Y_1, \varepsilon Y_2$ 和 εY_3 的元胞周期排列而成。其中,$\boldsymbol{Y} = [Y_1, Y_2, Y_3]^T$ 是元胞的边,其

局部坐标 $\boldsymbol{y}=(y_1,y_2,y_3)=\boldsymbol{x}/\varepsilon$。假设大尺度研究域上点 $\boldsymbol{x}$ 处的物理量是 $\boldsymbol{Y}$-周期的,物理量 $\varPhi$ 可写为如下形式:

$$\varPhi^\varepsilon(\boldsymbol{x})=\varPhi\left(\boldsymbol{x},\frac{\boldsymbol{x}}{\varepsilon}\right)=\varPhi(\boldsymbol{x},\boldsymbol{y})=\sum_{i}^{\infty}\varepsilon^i\varPhi_i(\boldsymbol{x},\boldsymbol{y}) \tag{4-35}$$

式中,$\varepsilon\rightarrow0$;$\varPhi_i(\boldsymbol{x},\boldsymbol{y})$ 是关于坐标 $\boldsymbol{x}$ 的光滑函数,且关于局部坐标 $\boldsymbol{y}$ 是 $\boldsymbol{Y}$-周期的,即元胞满足周期性边界条件。

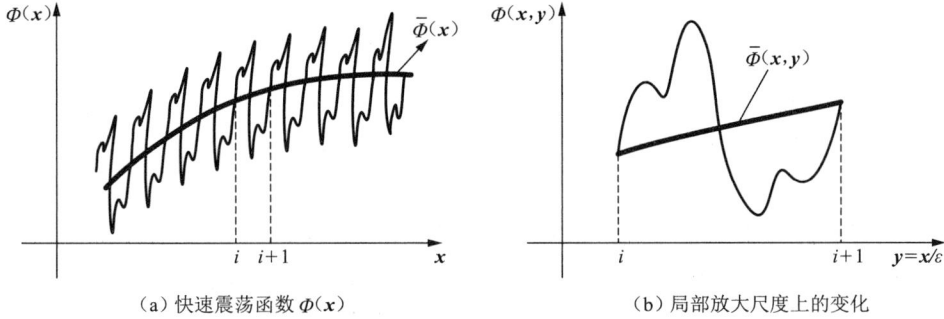

(a) 快速震荡函数 $\varPhi(\boldsymbol{x})$　　　　　　　(b) 局部放大尺度上的变化

图 4-17　强非均质性介质中的快速震荡物理量函数

3) 等效渗透率张量求取

考虑一缝洞型介质研究域 $\varOmega$,假设该研究域是 $\boldsymbol{Y}$-周期的,元胞 $\boldsymbol{Y}$ 的单元体积为 $|\boldsymbol{Y}|$。设定 $\varOmega_s^\varepsilon$ 为元胞中的自由流区域,$\varOmega_d^\varepsilon$ 为相应的渗流区域,Σ^ε 为其耦合界面,并设 $\boldsymbol{n}_s$ 为该界面的单位法线向量,$\boldsymbol{\lambda}_s$ 为其单位切向量,则在细尺度上元胞 $\boldsymbol{Y}$ 中,离散缝洞网络单相流数学模型可写为如下形式:

(1) 自由流区域(Stokes 方程)。

$$-\mu\varepsilon^2\nabla^2\boldsymbol{u}^\varepsilon+\nabla p_s^\varepsilon=\rho\boldsymbol{f},\quad \text{in}\quad \varOmega_s^\varepsilon \tag{4-36}$$
$$\nabla\cdot\boldsymbol{u}^\varepsilon=0,\quad \text{in}\quad \varOmega_s^\varepsilon \tag{4-37}$$

(2) 渗流区域(Darcy 方程)。

$$-\mu\boldsymbol{K}^{-1}\boldsymbol{v}^\varepsilon+\nabla p_d^\varepsilon=\rho\boldsymbol{f},\quad \text{in}\quad \varOmega_d^\varepsilon \tag{4-38}$$
$$\nabla\cdot\boldsymbol{v}^\varepsilon=0,\quad \text{in}\quad \varOmega_d^\varepsilon \tag{4-39}$$

(3) 耦合界面边界条件。

$$\boldsymbol{u}^\varepsilon\cdot\boldsymbol{n}_s=\boldsymbol{v}^\varepsilon\cdot\boldsymbol{n}_s,\quad \text{on}\quad \Sigma^\varepsilon \tag{4-40}$$
$$2\mu\varepsilon^2\boldsymbol{n}_s\cdot\boldsymbol{S}(\boldsymbol{u}^\varepsilon)\cdot\boldsymbol{n}_s=p_s^\varepsilon-p_d^\varepsilon,\quad \text{on}\quad \Sigma^\varepsilon \tag{4-41}$$
$$\boldsymbol{u}^\varepsilon\cdot\boldsymbol{\lambda}_s=-2\frac{\varepsilon\sqrt{\boldsymbol{\lambda}_s\cdot\boldsymbol{K}\cdot\boldsymbol{\lambda}_s}}{\alpha}\boldsymbol{n}_s\cdot\boldsymbol{S}(\boldsymbol{u}^\varepsilon)\cdot\boldsymbol{\lambda}_s,\quad \text{on}\quad \Sigma^\varepsilon \tag{4-42}$$

(4) 外边界条件。

$$\boldsymbol{u}^\varepsilon=0,\quad \text{on}\quad \partial\varOmega\bigcap\partial\varOmega_s^\varepsilon \tag{4-43}$$
$$\boldsymbol{v}^\varepsilon\cdot\boldsymbol{n}=0,\quad \text{on}\quad \partial\varOmega\bigcap\partial\varOmega_d^\varepsilon \tag{4-44}$$

均化问题的目的就是在 $\varepsilon\rightarrow0$ 的极限情况下确定系统的宏观物性参数。注意,为了保证问题在 $\varepsilon\rightarrow0$ 时压力和速度极限值的存在,在方程(4-36)中已经对参数 μ 和 $\boldsymbol{K}$ 进行了尺度缩放,尺度因子为 ε^2。显然这是符合参数的物理特性的,而这一尺度缩放因子同样需应用于界面条件(4-42)。进一步假设缝洞型介质的表征单元体(REV)存在,则上述数学模型中的压力和速度变量可写成下述渐进展开式形式：

$$\boldsymbol{u}^{\varepsilon}(\boldsymbol{x}) = \sum_{i=0}^{\infty} \varepsilon^{i} \boldsymbol{u}_{i}(\boldsymbol{x},\boldsymbol{y}) = \boldsymbol{u}_{0}(\boldsymbol{x},\boldsymbol{y}) + \varepsilon^{1} \boldsymbol{u}_{1}(\boldsymbol{x},\boldsymbol{y}) + \varepsilon^{2} \boldsymbol{u}_{2}(\boldsymbol{x},\boldsymbol{y}) + \cdots \tag{4-45}$$

$$\boldsymbol{v}^{\varepsilon}(\boldsymbol{x}) = \sum_{i=0}^{\infty} \varepsilon^{i} \boldsymbol{v}_{i}(\boldsymbol{x},\boldsymbol{y}) = \boldsymbol{v}_{0}(\boldsymbol{x},\boldsymbol{y}) + \varepsilon^{1} \boldsymbol{v}_{1}(\boldsymbol{x},\boldsymbol{y}) + \varepsilon^{2} \boldsymbol{v}_{2}(\boldsymbol{x},\boldsymbol{y}) + \cdots \tag{4-46}$$

$$p_{s}^{\varepsilon}(\boldsymbol{x}) = \sum_{i=0}^{\infty} \varepsilon^{i} p_{s}^{i}(\boldsymbol{x},\boldsymbol{y}) = p_{s}^{0}(\boldsymbol{x},\boldsymbol{y}) + \varepsilon^{1} p_{s}^{1}(\boldsymbol{x},\boldsymbol{y}) + \varepsilon^{2} p_{s}^{2}(\boldsymbol{x},\boldsymbol{y}) + \cdots \tag{4-47}$$

$$p_{d}^{\varepsilon}(\boldsymbol{x}) = \sum_{i=0}^{\infty} \varepsilon^{i} p_{d}^{i}(\boldsymbol{x},\boldsymbol{y}) = p_{d}^{0}(\boldsymbol{x},\boldsymbol{y}) + \varepsilon^{1} p_{d}^{1}(\boldsymbol{x},\boldsymbol{y}) + \varepsilon^{2} p_{d}^{2}(\boldsymbol{x},\boldsymbol{y}) + \cdots \tag{4-48}$$

把上述四式代入方程(4-36)~(4-44)，通过比较方程中 ε^{-1} 的系数可知，式(4-47)和(4-48)等号右端展开式的第一项压力值仅在粗尺度上变化，而与细尺度无关，即

$$p^{0}(\boldsymbol{x}) = p_{s}^{0}(\boldsymbol{x}) = p_{d}^{0}(\boldsymbol{x}), \quad \text{on} \quad \Omega \tag{4-49}$$

然后，通过比较方程中 ε^{0} 的系数可得到相应的元胞问题(cell problem)如下：

$$-\mu \nabla_{y}^{2} \boldsymbol{u}_{0} + \nabla_{y} p_{s}^{1} = -(\nabla_{x} p_{s}^{0} - \rho \boldsymbol{f}), \quad \text{in} \quad \boldsymbol{Y}_{s} \tag{4-50}$$

$$\nabla_{y} \cdot \boldsymbol{u}_{0} = 0, \quad \text{in} \quad \boldsymbol{Y}_{s} \tag{4-51}$$

$$-\mu \boldsymbol{K}^{-1} \boldsymbol{v}_{0} + \nabla_{y} p_{d}^{1} = -(\nabla_{x} p_{d}^{0} - \rho \boldsymbol{f}), \quad \text{in} \quad \boldsymbol{Y}_{d} \tag{4-52}$$

$$\nabla_{y} \cdot \boldsymbol{v}_{0} = 0, \quad \text{in} \quad \boldsymbol{Y}_{d} \tag{4-53}$$

$$\boldsymbol{u}_{0} \cdot \boldsymbol{n}_{s} = \boldsymbol{v}_{0} \cdot \boldsymbol{n}_{s}, \quad \text{on} \quad \Sigma \tag{4-54}$$

$$2\mu \boldsymbol{n}_{s} \cdot \boldsymbol{S}_{y}(\boldsymbol{u}_{0}) \cdot \boldsymbol{n}_{s} = p_{s}^{1} - p_{d}^{1}, \quad \text{on} \quad \Sigma \tag{4-55}$$

$$\boldsymbol{u}_{0} \cdot \boldsymbol{\lambda}_{s} = -2 \frac{\sqrt{\boldsymbol{\lambda}_{s} \cdot \boldsymbol{K} \cdot \boldsymbol{\lambda}_{s}}}{\alpha} \boldsymbol{n}_{s} \cdot \boldsymbol{S}_{y}(\boldsymbol{u}_{0}) \cdot \boldsymbol{\lambda}_{s}, \quad \text{on} \quad \Sigma \tag{4-56}$$

其中，$\nabla = \nabla_{x} + \varepsilon^{-1} \nabla_{y}$。

通常式(4-50)和(4-52)等号右端项可写成如下形式：

$$\nabla_{x} p_{l}^{0} - \rho \boldsymbol{f} = \sum_{j} \boldsymbol{e}_{j} [\partial_{x_{j}} p_{l}^{0}(\boldsymbol{x}) - \rho f_{x_{j}}], \quad l = s, d \tag{4-57}$$

式中，$\boldsymbol{e}_{j}$ 为笛卡尔坐标系中 j 方向的单位矢量。

对 $\boldsymbol{u}_{0}$，$\boldsymbol{v}_{0}$ 和 p_{l}^{1} 进行变量分离分析，可得到如下表达式：

$$\boldsymbol{u}_{0}(\boldsymbol{x},\boldsymbol{y}) = -\frac{1}{\mu} \sum_{j} \boldsymbol{e}_{j} [\partial_{x_{j}} p_{s}^{0}(\boldsymbol{x}) - \rho f_{x_{j}}] \boldsymbol{w}_{s}^{j} \tag{4-58}$$

$$\boldsymbol{v}_{0}(\boldsymbol{x},\boldsymbol{y}) = -\frac{1}{\mu} \sum_{j} \boldsymbol{e}_{j} [\partial_{x_{j}} p_{d}^{0}(\boldsymbol{x}) - \rho f_{x_{j}}] \boldsymbol{w}_{d}^{j} \tag{4-59}$$

$$p_{l}^{1}(\boldsymbol{x},\boldsymbol{y}) = -\sum_{j} \boldsymbol{e}_{j} [\partial_{x_{j}} p_{l}^{0}(\boldsymbol{x}) - \rho f_{x_{j}}] \pi_{s}^{j} \tag{4-60}$$

式中，$\boldsymbol{w}_{l}^{j}$ 和 $\pi_{l}^{j}(l = s, d)$ 均为 $\boldsymbol{Y}$-周期物理场函数。

把式(4-57)~(4-60)代入方程(4-50)~(4-56)，可得到以下元胞辅助方程：

$$-\nabla_{y}^{2} \boldsymbol{w}_{s}^{j} + \nabla_{y} \pi_{s}^{j} = \boldsymbol{e}_{j}, \quad \text{in} \quad \boldsymbol{Y}_{s} \tag{4-61}$$

$$\nabla_{y} \cdot \boldsymbol{w}_{s}^{j} = 0, \quad \text{in} \quad \boldsymbol{Y}_{s} \tag{4-62}$$

$$\boldsymbol{K}^{-1} \boldsymbol{w}_{d}^{j} + \nabla_{y} \pi_{d}^{j} = \boldsymbol{e}_{j}, \quad \text{in} \quad \boldsymbol{Y}_{d} \tag{4-63}$$

$$\nabla_{y} \cdot \boldsymbol{w}_{d}^{j} = 0, \quad \text{in} \quad \boldsymbol{Y}_{d} \tag{4-64}$$

$$\boldsymbol{w}_{s}^{j} \cdot \boldsymbol{n}_{s} = \boldsymbol{w}_{d}^{j} \cdot \boldsymbol{n}_{d}, \quad \text{on} \quad \Sigma \tag{4-65}$$

$$\boldsymbol{n}_s \cdot \boldsymbol{S}(\boldsymbol{w}_s^j) \cdot \boldsymbol{n}_s = \pi_s^j - \pi_d^j, \quad \text{on} \quad \Sigma \tag{4-66}$$

$$\boldsymbol{w}_s^j \cdot \boldsymbol{\tau}_s = -2 \frac{\sqrt{\boldsymbol{\tau}_s \cdot \boldsymbol{K} \cdot \boldsymbol{\tau}_s}}{\alpha} \boldsymbol{n}_s \cdot \boldsymbol{S}(\boldsymbol{w}_s^j) \cdot \boldsymbol{\tau}_s, \quad \text{on} \quad \Sigma \tag{4-67}$$

通过求解上述辅助问题,粗网格上等效渗透率张量 $\boldsymbol{K}$ 可由下式求得:

$$\boldsymbol{K} = \frac{1}{|\boldsymbol{Y}|} \left(\int_{Y_s} \boldsymbol{w}_s^j \mathrm{d}\boldsymbol{y} + \int_{Y_d} \boldsymbol{w}_d^j \mathrm{d}\boldsymbol{y} \right) \tag{4-68}$$

显然,其分量为:

$$\boldsymbol{K}_{ij} = \frac{1}{|\boldsymbol{Y}|} \left(\int_{Y_s} (\boldsymbol{w}_s^j)_i \mathrm{d}\boldsymbol{y} + \int_{Y_d} (\boldsymbol{w}_d^j)_i \mathrm{d}\boldsymbol{y} \right) \tag{4-69}$$

由离散裂缝模型的定义可知:

$$\int_{Y_d} (\boldsymbol{w}_d^j)_i \mathrm{d}\boldsymbol{y} = \int_{Y_m} (\boldsymbol{w}_m^j)_i \mathrm{d}\boldsymbol{y} + e \times \int_{Y_f} (\boldsymbol{w}_f^j)_i \mathrm{d}\boldsymbol{y} \tag{4-70}$$

当 $\varepsilon \to 0$ 时,宏观粗尺度上的等效流量可写成经典的 Darcy 定律形式,具体如下:

$$\mu \boldsymbol{K}^{-1} \overline{\boldsymbol{u}} + \nabla p^0 = \rho \boldsymbol{f} \tag{4-71}$$

$$\nabla \cdot \overline{\boldsymbol{u}} = 0 \tag{4-72}$$

式中,$\overline{\boldsymbol{u}}$ 为宏观渗流速度。

注意,式(4-61)~(4-67)中的 $\boldsymbol{w}^j$ 为细尺度元胞上的流速;方程(4-61)和(4-63)中 j 方向上单位矢量可写为:

$$\nabla_y (\pi_l^j - y_j) = \nabla_y \pi_l^j - \boldsymbol{e}_j \tag{4-73}$$

上式表明:流速 $\boldsymbol{w}^j$ 为具有周期性边界元胞在 j 方向上受到单元压力梯度作用下的结果。因此,上述元胞辅助问题与 Stokes-Darcy 问题形式一致,容易进行求解。最后通过式(4-68)可求取粗网格的等效绝对渗透率张量。

4）算例验证

对于工程实际问题,需应用方程(4-71)和(4-72)进行大尺度流动模拟。为了验证上述方法的正确性和有效性,在此对一简单的缝洞型介质(见图 4-18a)进行分析和数值计算研究。首先对整个研究区域用 5×5 的粗网格系统予以离散,如图 4-18(b)所示;然后应用均化理论和耦合数值模拟技术计算每一粗网格的等效渗透率张量,在此基础上应用方程(4-71)和(4-72)进行粗尺度上的流动模拟;最后将计算结果与细尺度上的 DFVN 模型进行对比研究。

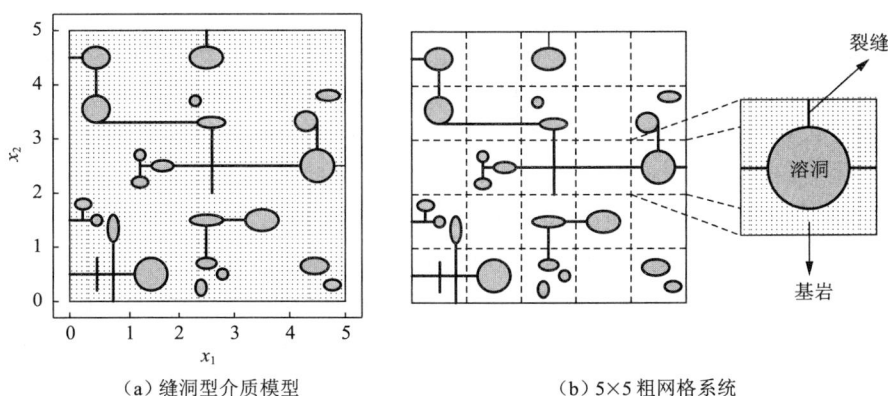

(a) 缝洞型介质模型　　　　　　(b) 5×5 粗网格系统

图 4-18　简单缝洞型介质及其粗网格系统

图 4-19 给出了两种不同尺度上的流动模拟结果的比较。数值结果表明,粗尺度上的数值计算结果能够大体上反映出流体流动的特征,但小尺度上的精细解对裂缝和溶洞的作用刻画更为细致。图 4-20 进一步比较了两者的差异,从图中曲线可以看出,粗尺度模拟结果的精度是令人满意的,这为下一步的大尺度两相流动模拟奠定了基础。

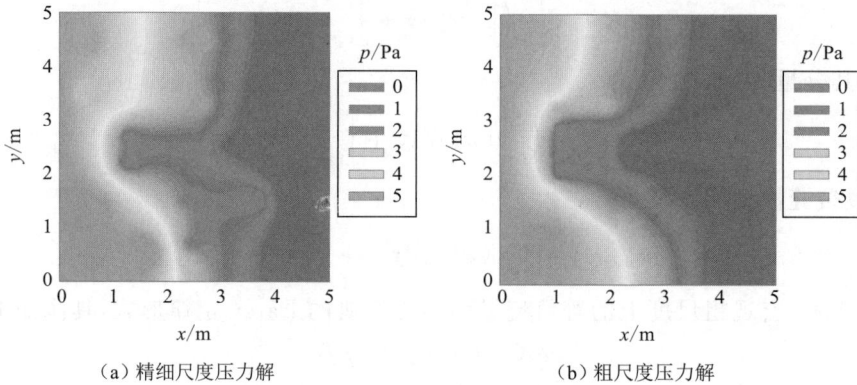

(a) 精细尺度压力解　　　　　　　　(b) 粗尺度压力解

图 4-19　小尺度上的 DFVN 精细解与粗尺度压力解的对比

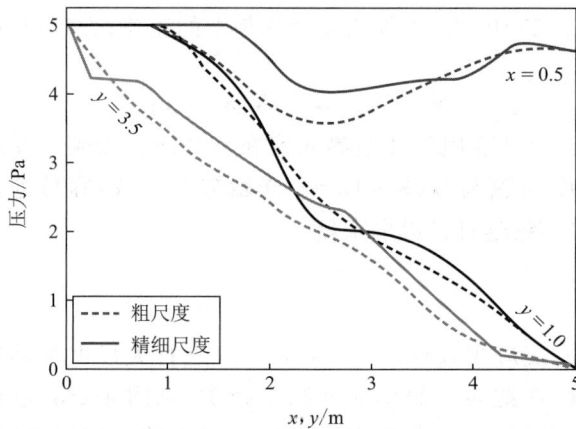

图 4-20　不同位置上小尺度精细解与粗尺度渗流解的对比

4.3.2　拟相对渗透率计算

对于缝洞型介质的大尺度两相流动模拟,如何准确有效地描述和表征裂缝、溶洞对油水前沿的影响是其关键科学问题和技术难点,目前尚无成熟的理论和方法。对此基于缝洞优先流假设提出了粗网格拟相对渗透率概念,并形成了相应的解析求解方法。但拟相对渗透率并非新的概念,早在 1971 年 Hearn[150] 在研究层状地层的两相流问题时便已提出;随后Talleria 等(1999)[151] 对其应用和局限性进行了研究。期间,Van Golf-Racht(1982)[152] 指出:对于裂缝性介质,应用实验手段来建立拟相对渗透曲线是完全可能的。Pruess 等(1990)[153] 应用此概念对双重介质模型中的等效介质参数予以研究并推导出一些简单的表达式。

Van Lingen 等(2001)[154] 形成了一套求解粗网格中包含裂缝的拟相对渗透率的理论方法,Rida Abdel-Ghani(2009)[155] 在其基础上对其中的参数定义和求解进行了重新解释和修正,其研究结果表明该方法适用于裂缝发育和中等发育地层。Huang 等(2013)[142] 在 Rida

Abdel-Ghani 的工作基础上提出了一套适用于缝洞型介质的拟相对渗透率的求解理论和方法。对此,首先提出了缝洞网络优先流的假设,即流体流经具有离散缝洞网络的粗网格时,润湿相流体优先流入缝洞中,然后以吸渗的方式进入基岩中。这一假设是符合实际的,因为缝洞网络通常具有很大的导流能力(比基质岩块大 3～7 个数量级),这在塔河油田中也得到了验证。对于图 4-16 中所示的粗网格,其孔隙度 ϕ_b 定义为:

$$\phi_b = \phi_m + \phi_f + \phi_c = \phi_m + \frac{\sum a_i l_i}{V} + \frac{\sum (V_c)_j}{V} \tag{4-74}$$

式中,ϕ_m,ϕ_f 和 ϕ_c 分别为基岩、裂缝和溶洞的孔隙度;a_i 和 l_i 分别为第 i 条裂缝的开度和长度;$(V_c)_j$ 为第 j 个溶洞的体积;V 为粗网格的体积。

在本章研究中,不考虑裂缝和溶洞的内部充填,其内部孔隙度均为 1。

1) 残余油饱和度和束缚水饱和度

由于缝洞的存在,粗网格的残余油饱和度和束缚水饱和度将随着离散缝洞网络结构的变化而变化,对此采用下述解析公式来进行重新定义。

(1) 残余油饱和度 $S_{or,b}$。

$$S_{or,b} = \frac{\phi_m S_{or,m} + (\phi_f + \phi_c) S_{or,fc}}{\phi_m + \phi_f + \phi_c} \tag{4-75}$$

式中,$S_{or,m}$ 为基岩的残余油饱和度;$S_{or,fc}$ 为缝洞网络的残余油饱和度。

(2) 束缚水饱和度 $S_{wc,b}$。

$$S_{wc,b} = \frac{\phi_m S_{wc,m} + (\phi_f + \phi_c) S_{wc,fc}}{\phi_m + \phi_f + \phi_c} \tag{4-76}$$

式中,$S_{wc,m}$ 为基岩的束缚水饱和度;$S_{wc,fc}$ 缝洞网络的束缚水饱和度。

有了上述定义,便可求得上述端点上对应的相对渗透率 $k_{oe,b}$ 和 $k_{we,b}$。

(3) 相对渗透率 $k_{oe,b}$。

$$k_{oe,b} = \frac{k_{oe,m} k_m \phi_m + k_{oe,fc} k_{fc} (\phi_f + \phi_c)}{k_m \phi_m + k_{fc} (\phi_f + \phi_c)} \tag{4-77}$$

式中,$k_{oe,m}$ 为基岩中残余油饱和度相对应的油的相对渗透率;$k_{oe,fc}$ 为缝洞系统中残余油饱和度相对应的油的相对渗透率;$k_m = \text{trace}(\boldsymbol{K}_m)/n$,其中 n 为问题的空间维数,$\boldsymbol{K}_m$ 为基岩的渗透率张量;$k_{fc} = \text{trace}(\boldsymbol{K}_{fc})/n$,其中 $\boldsymbol{K}_{fc}$ 为缝洞的渗透率张量。

$$\boldsymbol{K} = \boldsymbol{K}_m + \boldsymbol{K}_{fc} \tag{4-78}$$

从上式可以看出,三个渗透率张量均为对称正定二阶张量。在此假设相对渗透率具有方向不变性,这也是多孔介质多相流研究中的通用做法。

(4) 相对渗透率 $k_{we,b}$。

$$k_{we,b} = \frac{k_{we,m} k_m \phi_m + k_{we,fc} k_{fc} (\phi_f + \phi_c)}{k_m \phi_m + k_{fc} (\phi_f + \phi_c)} \tag{4-79}$$

式中,$k_{we,m}$ 为基岩中束缚水饱和度相对应的油的相对渗透率;$k_{we,fc}$ 为缝洞系统中束缚水饱和度相对应的油的相对渗透率。

2) 拟相对渗透率曲线

基于优先流假设,拟相对渗透曲线的具体计算流程如图 4-21 所示。首先,对基岩和缝洞系统的真实相对渗透率曲线进行归一化,在此认为缝洞系统的归一化相渗曲线为经典 X 形(见图 4-21a)。图 4-21(c)中各参数的求取需要耦合基岩和缝洞网络系统的相对渗透率参数,具体如下:

$$\alpha_{\text{fc}} = \frac{(1 - S_{\text{wc,fc}} - S_{\text{or,fc}})(\phi_{\text{f}} + \phi_{\text{c}})}{(1 - S_{\text{wc,fc}} - S_{\text{or,fc}})(\phi_{\text{f}} + \phi_{\text{c}}) + (1 - S_{\text{wc,m}} - S_{\text{or,m}})\phi_{\text{m}}} \tag{4-80}$$

α_{fc} 表征的是缝洞系统对整个粗网格的可流动空间的作用,即优先流阶段的界限。图 4-21 中 $\beta_{\text{fc,w}}$ 表征缝洞系统对粗网格水相相对渗透率的贡献,可由下式求取:

$$\beta_{\text{fc,w}} = \frac{k_{\text{fc}}k_{\text{we,fc}}(\phi_{\text{f}} + \phi_{\text{c}})}{k_{\text{fc}}k_{\text{we,fc}}(\phi_{\text{f}} + \phi_{\text{c}}) + k_{\text{m}}k_{\text{we,m}}\phi_{\text{m}}} \tag{4-81}$$

$\beta_{\text{m,o}}$ 表征基岩对粗网格油相相对渗透率的贡献,可由下式求取:

$$\beta_{\text{m,o}} = \frac{k_{\text{m}}k_{\text{oe,m}}\phi_{\text{m}}}{k_{\text{fc}}k_{\text{oe,fc}}(\phi_{\text{f}} + \phi_{\text{c}}) + k_{\text{m}}k_{\text{oe,m}}\phi_{\text{m}}} \tag{4-82}$$

然后,可根据下式求取相应的拟相对渗透率曲线:

$$\begin{cases} S_{\text{wn,b}}^* = S_{\text{wn,m}}(1 - \alpha_{\text{fc}}) + \alpha_{\text{fc}} \\ k_{\text{rw,b}}^* = k_{\text{rw,m}} + (S_{\text{wn,b}}^* - k_{\text{rw,m}})\beta_{\text{fc,w}} \\ k_{\text{ro,b}}^* = k_{\text{ro,m}} + (1 - S_{\text{wn,b}}^* - k_{\text{ro,m}})(1 - \beta_{\text{m,o}}) \end{cases} \tag{4-83}$$

式中,$S_{\text{wn,m}}$ 表征基岩中水相饱和度。

注意,由上述方法得到的拟相对渗透率曲线应当介于原始基岩和缝洞相渗曲线之间,如图 4-21(d)所示。

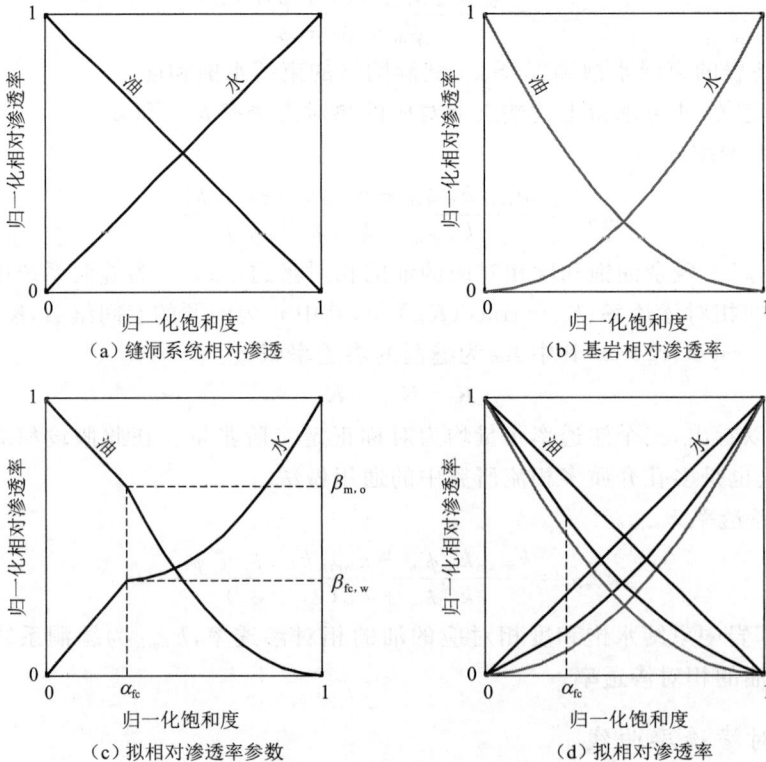

图 4-21　拟相对渗透率曲线求解示意图

在上述研究的基础上,可求取相应的等效毛管压力曲线。基于优先流假设可知:粗网格中的流动存在两个显著的流动阶段,即缝洞中的优先流阶段以及基岩中的流动阶段。因此,对于某一给定的粗网格饱和度 $S_{w,b}$,其相应的基岩含水饱和度 $S_{w,m}$ 以及缝洞网络的含水饱和度 $S_{w,fc}$ 可由下式求取:

$$S_{w,b} = \frac{\phi_m S_{w,m} + (\phi_f + \phi_c) S_{w,fc}}{\phi_m + \phi_f + \phi_c} \qquad (4-84)$$

此时,可求得基岩和缝洞系统中相应的毛管压力。

至此已成功求得粗网格的等效绝对渗透率张量及其拟相对渗透率曲线。

4.4 等效介质全张量数值模拟理论与方法

通常情况下,等效绝对渗透率张量并非简单的对角形式,而是满秩张量,因此,在进行相应的流动数值模拟时必须采用全张量数值模拟器。目前尚未形成相应的商业软件,对此本节将结合混合有限元和有限体积方法形成一套高效的全张量数值模拟理论和技术。采用经典的 IMPES 顺序求解方法进行大尺度两相流动模拟,其中压力方程采用混合有限元方法进行隐式数值离散;饱和度方程则采用有限体积方法进行显式求解。

4.4.1 大尺度两相渗流数学模型

1) 全局压力方程

首先将油水两相的连续性方程相加并展开,可得:

$$\nabla \cdot (v_w + v_o) + \frac{\partial \phi}{\partial t} + \phi \frac{S_w}{\rho_w} \frac{\partial \rho_w}{\partial t} + \phi \frac{S_o}{\rho_o} \frac{\partial \rho_o}{\partial t} + \frac{v_w}{\rho_w} \cdot \nabla \rho_w + \frac{v_o}{\rho_o} \cdot \nabla \rho_o = q \qquad (4-85)$$

为简便起见,假设流体和岩石均不可压缩,则上式可简化为:

$$v = -[K\lambda_w(\nabla p_w - \rho_w G) + K\lambda_o(\nabla p_o - \rho_o G)], \qquad \nabla \cdot v = q \qquad (4-86)$$

式中,$v = v_w + v_o$ 为流体的总速度;$q = q_w + q_o$ 为源汇项;K 为粗网格的绝对渗透率张量;$G = g\nabla z$ 为重力加速度项。

上述方程中存在两个压力变量 p_w 和 p_o,通过引入毛管压力 $p_c = p_o - p_w$(在此设定水相为润湿相,毛管压力是饱和度 S_w 的函数)可消除一个变量:

$$v = -[K(\lambda_w + \lambda_o)\nabla p_o - K\lambda_w \nabla p_c] + K(\lambda_w \rho_w + \lambda_o \rho_o)G \qquad (4-87)$$

显然,这种方法会造成压力和饱和度方程间的强耦合性,不易于求解。因此,采用另一种方法来消除 ∇p_c。首先假设毛管压力 p_c 是含水饱和度 S_w 的单调函数,然后引入全局压力 $p = p_o - p_{com}$,其中 p_{com} 称为修正压力,定义如下:

$$p_{com}(S_w) = \int_1^{S_w} f_w(\tau) \frac{\partial p_c}{\partial S_w}(\tau) d\tau \qquad (4-88)$$

式中,$f_w = \lambda_w/(\lambda_w + \lambda_o)$ 为水相分流量函数。

由上式可知 $\nabla p_{com} = f_w \nabla p_c$,因此有:

$$v = -K\lambda\nabla p + K(\lambda_w \rho_w + \lambda_o \rho_o)G \qquad (4-89)$$

式中,$\lambda = \lambda_w + \lambda_o$ 为总流度系数。

将上式代入方程(4-86)中的连续性方程可得：

$$-\nabla \cdot \left[\boldsymbol{K} \lambda \nabla p - \boldsymbol{K} (\lambda_w \rho_w + \lambda_o \rho_o) \boldsymbol{G} \right] = q \tag{4-90}$$

显然，该压力方程为椭圆方程。

2）水相饱和度方程

对于饱和度方程，通常选取 S_w 方程。由 Darcy 定律可得：

$$\lambda_o \boldsymbol{v}_w - \lambda_w \boldsymbol{v}_o = \boldsymbol{K} \lambda_w \lambda_o \nabla p_c + \boldsymbol{K} \lambda_w \lambda_o (\rho_w - \rho_o) \boldsymbol{G} \tag{4-91}$$

将 $\boldsymbol{v}_o = \boldsymbol{v} - \boldsymbol{v}_w$ 代入上式，然后两边同除 λ，则可得到水相速度：

$$\boldsymbol{v}_w = f_w \left[\boldsymbol{v} + \boldsymbol{K} \lambda_o \nabla p_c + \boldsymbol{K} \lambda_o (\rho_w - \rho_o) \boldsymbol{G} \right] \tag{4-92}$$

将上式代入水相连续性方程，可得：

$$\phi \frac{\partial S_w}{\partial t} + \nabla \cdot \left\{ f_w (S_w) \left[\boldsymbol{v} + \boldsymbol{K} \lambda_o \nabla p_c + \boldsymbol{K} \lambda_o (\rho_w - \rho_o) \boldsymbol{G} \right] \right\} = q_w \tag{4-93}$$

该方程为典型的抛物线方程。

4.4.2　压力方程的混合有限元数值计算格式

采用混合有限元方法对椭圆形压力方程(4-90)进行数值求解[156-158]。该方法囊括了有限元法和有限体积方法的双重优点：不仅在单元上严格满足质量守恒，同时能方便地处理全张量渗透率计算。不同于标准 Galerkin 有限元，混合有限元以压力和速度为直接物理变量，直接对 Darcy 方程和连续性方程进行有限元数值离散，建立相应的混合计算格式。

具体过程为：在空间 $L^2(\Omega) \times H_0^{1,\mathrm{div}}(\Omega)$ 上寻找压力方程(4-90)的近似解 $(p, \boldsymbol{v})$，以满足下述等效积分方程组：

$$\int_\Omega \boldsymbol{u} \cdot \left[\boldsymbol{K} \lambda (S_w^k) \right]^{-1} \cdot \boldsymbol{v}^{k+1} \mathrm{d}\Omega - \int_\Omega p^{k+1} \nabla \cdot \boldsymbol{u} \, \mathrm{d}\Omega = \int_\Omega \boldsymbol{u} \cdot \left[f_w (S_w^k) \rho_w + f_o (S_w^k) \rho_o \right] \boldsymbol{G} \mathrm{d}\Omega \tag{4-94}$$

$$\int_\Omega l \nabla \cdot \boldsymbol{v}^{k+1} \mathrm{d}\Omega = \int_\Omega l q^{k+1} \mathrm{d}\Omega \tag{4-95}$$

对于所有的试探函数 $\boldsymbol{u} \in H_0^{1,\mathrm{div}}(\Omega)$ 和 $l \in L^2(\Omega)$，上述两式中的上标 k 表示第 k 个时间步。

在此采用低阶的线性 Raviart-Thomas 空间（即 RT_0 空间），具体如下：

$$P = \{ P \in L^2(\Omega) : p|_{\Omega_i} \text{ 是常数 } \forall \Omega_i \in \Omega \} \tag{4-96}$$

$$V = \{ \boldsymbol{v} \in H_0^{1,\mathrm{div}}(\Omega) : \boldsymbol{v}|_{\Omega_i} \text{ 为线性函数 } \forall \Omega_i,$$

$$(\boldsymbol{v} \cdot \boldsymbol{n}_{ij})|_{\gamma_{ij}} \text{ 是常数 } \forall \gamma_{ij} \in \Omega \text{ 且 } \boldsymbol{v} \cdot \boldsymbol{n}_{ij} \text{ 穿过 } \gamma_{ij} \text{ 是连续的} \} \tag{4-97}$$

式中，$\boldsymbol{n}_{ij}$ 为单元 Ω_i 和 Ω_j 的交界面 γ_{ij} 的单位法向量，如图 4-22 所示。相应的 Raviart-Thomas 混合有限元即为寻找 $(p, \boldsymbol{v}) \in P \times V$ 使得式(4-94)和(4-95)在 $\boldsymbol{u} \in V$ 和 $l \in P$ 均成立。

为了得到方程(4-94)和(4-95)的线性代数方程组，在上述速度空间 V 选取基函数 $\{\boldsymbol{w}_{ij}\}$，并满足下述定义：

$$\{\boldsymbol{w}_{ij}\} \in \mathscr{P}(\Omega_i)^d \bigcup \mathscr{P}(\Omega_j)^d \tag{4-98}$$

$$\int_{\gamma_{kl}} \boldsymbol{w}_{ij} \cdot \boldsymbol{n}_{kl} \mathrm{d}\Gamma = \begin{cases} 1, & \gamma_{kl} = \gamma_{ij} \\ 0, & \gamma_{kl} \neq \gamma_{ij} \end{cases} \tag{4-99}$$

式中，$\mathscr{P}(\Omega_i)$ 和 $\mathscr{P}(\Omega_j)$ 为 Ω_i 和 Ω_j 上的一组线性函数；上标 d 为空间维度。

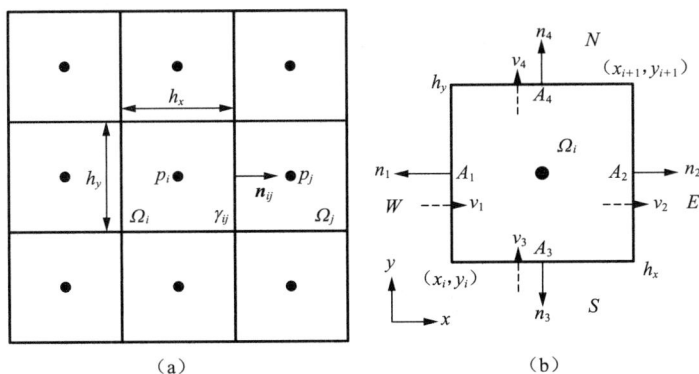

图 4-22　混合有限元单元示意图

对于压力空间 P，可类似地定义如下基函数空间：

$$U = \mathrm{span}\{\psi_{\mathrm{m}}\}$$

其中：

$$\psi_{\mathrm{m}} = \begin{cases} 1, & x \in \Omega_{\mathrm{m}} \\ 0, & x \notin \Omega_{\mathrm{m}} \end{cases} \tag{4-100}$$

因此，压力和速度的单元近似表达式如下：

$$\hat{p} = \sum_{\Omega_{\mathrm{m}}} p_{\mathrm{m}} \psi_{\mathrm{m}}, \quad \hat{\boldsymbol{v}} = \sum_{\gamma_{ij}} v_{ij} \boldsymbol{w}_{ij} = \boldsymbol{W}\boldsymbol{v} \tag{4-101}$$

把上式代入方程(4-94)和(4-95)，经分部积分可得到：

$$\sum_{\Omega_e} \left\{ \int_{\Omega_e} \boldsymbol{W}_e^{\mathrm{T}} \cdot \left[\boldsymbol{K}\lambda\left(S_{\mathrm{w}}^k\right) \right]_e^{-1} \cdot \boldsymbol{W}_e \,\mathrm{d}\Omega \boldsymbol{v}_e^{k+1} \right\} - \sum_{\Omega_e} \left(\int_{\Omega_e} \nabla \cdot \boldsymbol{W}_e^{\mathrm{T}} \,\mathrm{d}\Omega p_e^{k+1} \right) = \sum_{\Omega_e} \left(\int_{\Omega_e} \boldsymbol{W}_e^{\mathrm{T}} \cdot \rho_e \boldsymbol{G}_e \,\mathrm{d}\Omega \right)$$
$$\tag{4-102}$$

$$\sum_{\Omega_e} \left(\int_{\Omega_e} \nabla \cdot \boldsymbol{W}_e \,\mathrm{d}\Omega \boldsymbol{v}_e^{k+1} \right) = \sum_{\Omega_e} \left(\int_{\Omega_e} q^{k+1} \,\mathrm{d}\Omega \right) \tag{4-103}$$

其中：

$$\rho_e = f_{\mathrm{w}}(S_{\mathrm{w}}^k)\rho_{\mathrm{w}} + f_{\mathrm{o}}(S_{\mathrm{w}}^k)\rho_{\mathrm{o}}$$

一般把上述方程组写成如下代数方程组形式：

$$\begin{bmatrix} \boldsymbol{B} & -\boldsymbol{C}^{\mathrm{T}} \\ \boldsymbol{C} & 0 \end{bmatrix} \begin{bmatrix} \boldsymbol{v}^{k+1} \\ \boldsymbol{p}^{k+1} \end{bmatrix} = \begin{bmatrix} \boldsymbol{g}^{k+1} \\ \boldsymbol{q}^{k+1} \end{bmatrix} \tag{4-104}$$

其中：

$$\boldsymbol{B} = \sum_{\Omega_e} \left\{ \int_{\Omega_e} \boldsymbol{W}_e^{\mathrm{T}} \cdot \left[\boldsymbol{K}\lambda\left(S_{\mathrm{w}}^k\right) \right]_e^{-1} \cdot \boldsymbol{W}_e \,\mathrm{d}\Omega \boldsymbol{v}_e^{k+1} \right\}$$

$$\boldsymbol{C} = \sum_{\Omega_e} \left(\int_{\Omega_e} \nabla \cdot \boldsymbol{W}_e \,\mathrm{d}\Omega \boldsymbol{v}_e^{k+1} \right)$$

$$\boldsymbol{g}^{k+1} = \sum_{\Omega_e} \left(\int_{\Omega_e} \boldsymbol{W}_e^{\mathrm{T}} \cdot \rho_e \boldsymbol{G}_e \,\mathrm{d}\Omega \right)$$

$$\boldsymbol{q}^{k+1} = \sum_{\Omega_e} \left(\int_{\Omega_e} q^{k+1} \,\mathrm{d}\Omega \right)$$

为了得到上述方程组中的单元信息，需对其单元特性进行分析。区别于标准 Galerkin

有限元,混合有限元方法的基本思想类似于块中心有限体积法,即在单元中心点上定义压力以代表整个单元的平均压力,如式(4-100),并不需要做特殊处理;而速度则定义在单元的边界上,如图4-22(b)所示。对于矩形单元,其速度可由下式给出:

$$\boldsymbol{v} = \sum_{A_m} v_m \boldsymbol{w}_m = (-\boldsymbol{w}_1, \boldsymbol{w}_2, -\boldsymbol{w}_3, \boldsymbol{w}_4)\begin{pmatrix} v_1 \\ v_2 \\ v_3 \\ v_4 \end{pmatrix} = \boldsymbol{W}\boldsymbol{v} \tag{4-105}$$

在上式中,定义所有的矢量函数的正值均以坐标的正方向为基准,如图4-22(b)所示。显然,对于RT_0空间,速度为线性变化函数,故有:

$$\boldsymbol{w}_m = \begin{bmatrix} a_{m1} + a_{m2}x \\ a_{m3} + a_{m4}y \end{bmatrix} \tag{4-106}$$

式中的系数a_{mi}可由下述单元基函数的特性求解出来:

$$\int_{A_i} \boldsymbol{w}_m \cdot \boldsymbol{n}_i \mathrm{d}A = \delta_{mi} \tag{4-107}$$

如图4-22(b)所示,对于基函数$\boldsymbol{w}_1$,结合上式可得:

$$\int_{A_1} \boldsymbol{w}_1 \cdot \boldsymbol{n}_1 \mathrm{d}A = 1 \Rightarrow \int_0^{h_y} -(a_{m1} + a_{m2}x_i)\mathrm{d}y = 1$$

$$\int_{A_2} \boldsymbol{w}_1 \cdot \boldsymbol{n}_2 \mathrm{d}A = 0 \Rightarrow \int_0^{h_y} (a_{m1} + a_{m2}x_{i+1})\mathrm{d}y = 0$$

$$\int_{A_3} \boldsymbol{w}_1 \cdot \boldsymbol{n}_3 \mathrm{d}A = 0 \Rightarrow \int_0^{h_x} -(a_{m3} + a_{m4}y_i)\mathrm{d}x = 0$$

$$\int_{A_4} \boldsymbol{w}_1 \cdot \boldsymbol{n}_4 \mathrm{d}A = 0 \Rightarrow \int_0^{h_x} (a_{m3} + a_{m4}y_{i+1})\mathrm{d}x = 0$$

通过求解上述方程组可以很容易地得到系数a_{mi},进而得到基函数$\boldsymbol{w}_1$的具体表达式。同理可求得其他边界上的速度基函数,具体如下:

$$\boldsymbol{w}_1 = \frac{1}{h_x h_y}\begin{pmatrix} x - h_x \\ 0 \end{pmatrix}, \quad \boldsymbol{w}_2 = \frac{1}{h_x h_y}\begin{pmatrix} x \\ 0 \end{pmatrix}$$

$$\boldsymbol{w}_3 = \frac{1}{h_x h_y}\begin{pmatrix} 0 \\ y - h_y \end{pmatrix}, \quad \boldsymbol{w}_4 = \frac{1}{h_x h_y}\begin{pmatrix} 0 \\ y \end{pmatrix} \tag{4-108}$$

将上述表达式代入方程(4-105),便可得到速度的单元近似函数的具体表达式,并将其代入方程(4-102)和(4-103),可得到矩阵方程(4-104)中的单元特性矩阵如下:

$$\boldsymbol{B}_e = \int_{\Omega_e} \boldsymbol{W}_e^{\mathrm{T}} \cdot [\boldsymbol{K}\lambda(S_w^k)]_e^{-1} \cdot \boldsymbol{W}_e \mathrm{d}\Omega$$

$$= \int_{\Omega_e} \begin{bmatrix} -\boldsymbol{w}_1^e \\ \boldsymbol{w}_2^e \\ -\boldsymbol{w}_3^e \\ \boldsymbol{w}_4^e \end{bmatrix}_{4\times2} \begin{bmatrix} \lambda K_{11}^e & \lambda K_{12}^e \\ \lambda K_{21}^e & \lambda K_{22}^e \end{bmatrix}_{2\times2}^{-1} \begin{bmatrix} -\boldsymbol{w}_1^e & \boldsymbol{w}_2^e & -\boldsymbol{w}_3^e & \boldsymbol{w}_4^e \end{bmatrix}_{2\times4} \mathrm{d}\Omega$$

$$= \frac{1}{(h_x h_y)^2}\int_0^{h_y}\int_0^{h_x} \begin{bmatrix} h_x - x & 0 \\ x & 0 \\ 0 & h_y - y \\ 0 & y \end{bmatrix}_{4\times2} \begin{bmatrix} K_{11} & K_{12} \\ K_{21} & K_{22} \end{bmatrix}_{2\times2} \begin{bmatrix} h_x - x & x & 0 & 0 \\ 0 & 0 & h_y - y & y \end{bmatrix}_{2\times4} \mathrm{d}x\,\mathrm{d}y$$

进而可得：

$$\boldsymbol{B}_e = \begin{bmatrix} \dfrac{K_{11}h_x}{3h_y} & \dfrac{K_{11}h_x}{6h_y} & \dfrac{K_{12}}{4} & \dfrac{K_{12}}{4} \\[2mm] \dfrac{K_{11}h_x}{6h_y} & \dfrac{K_{11}h_x}{3h_y} & \dfrac{K_{12}}{4} & \dfrac{K_{12}}{4} \\[2mm] \dfrac{K_{21}}{4} & \dfrac{K_{21}}{4} & \dfrac{K_{22}h_y}{3h_x} & \dfrac{K_{22}h_y}{6h_x} \\[2mm] \dfrac{K_{21}}{4} & \dfrac{K_{21}}{4} & \dfrac{K_{22}h_y}{6h_x} & \dfrac{K_{22}h_y}{3h_x} \end{bmatrix}_{4\times4} \tag{4-109}$$

同理，其他单元特性矩阵和单元载荷列阵分别如下：

$$\boldsymbol{C}_e = \int_{\Omega_e} \nabla \cdot \boldsymbol{W}_e\, \mathrm{d}\Omega = \int_{\Omega_e} \begin{bmatrix} -\nabla \cdot \boldsymbol{w}_1^e & \nabla \cdot \boldsymbol{w}_2^e & -\nabla \cdot \boldsymbol{w}_3^e & \nabla \cdot \boldsymbol{w}_4^e \end{bmatrix}_{1\times4} \mathrm{d}\Omega$$

$$= \frac{1}{h_x h_y} \int_{\Omega_e} \begin{bmatrix} -1 & 1 & -1 & 1 \end{bmatrix}_{1\times4} \mathrm{d}\Omega$$

$$= \begin{bmatrix} -1 & 1 & -1 & 1 \end{bmatrix}_{1\times4} \tag{4-110}$$

$$\boldsymbol{g}_e = \int_{\Omega_e} \boldsymbol{W}_e^{\mathrm{T}} \cdot \rho_e \boldsymbol{G}_e\, \mathrm{d}\Omega = \int_{\Omega_e} \begin{bmatrix} -\boldsymbol{w}_1^e \\ \boldsymbol{w}_2^e \\ -\boldsymbol{w}_3^e \\ \boldsymbol{w}_4^e \end{bmatrix}_{4\times2} \begin{bmatrix} \rho g_x \\ \rho g_y \end{bmatrix}_{2\times1} \mathrm{d}\Omega$$

$$= \frac{\rho_e}{h_x h_y} \int_0^{h_y} \int_0^{h_x} \begin{bmatrix} h_x - x & 0 \\ x & 0 \\ 0 & h_y - y \\ 0 & y \end{bmatrix}_{4\times2} \begin{bmatrix} g_x \\ g_y \end{bmatrix}_{2\times1} \mathrm{d}x\,\mathrm{d}y = \frac{\rho_e}{2} \begin{bmatrix} g_x h_x \\ g_x h_x \\ g_y h_y \\ g_y h_y \end{bmatrix}_{4\times1} \tag{4-111}$$

$$\boldsymbol{q}_e = \int_{\Omega_e} q^{k+1}\, \mathrm{d}\Omega = \boldsymbol{A}_e \boldsymbol{q}^{k+1} \tag{4-112}$$

循环所有单元，把其单元特性矩阵组装成整体矩阵方程(4-104)，应用高斯消元法进行直接求解，便可求得整个粗网格系统的单元压力值及单元边界上的流速。

4.4.3　饱和度方程的有限体积数值计算格式

对于水相饱和度方程，采用有限体积方法进行离散[159-161]。首先在单元上对水相饱和度方程进行积分，可得：

$$\int_{\Omega_i} \phi \frac{\partial S}{\partial t} \mathrm{d}\Omega + \int_{\partial\Omega_i} \{ f_w [\boldsymbol{v} + \boldsymbol{K}\lambda_o \cdot \nabla p_c + \boldsymbol{K}\lambda_o \cdot (\rho_w - \rho_o)\boldsymbol{G}] \} \cdot \boldsymbol{n}_i \mathrm{d}\Gamma = \int_{\Omega_i} q_w \mathrm{d}\Omega$$

$$\tag{4-113}$$

为书写方便，在此省略了含水饱和度的下标 w。应用散度定理，并把上式写成一阶的控制体积有限差分格式，可得：

$$\int_{\Omega_i} q_w \mathrm{d}\Omega = \int_{\Omega_i} \frac{\phi}{\Delta t} (S_i^{k+1} - S_i^k) \mathrm{d}\Omega +$$

$$\sum_{\gamma_{ij}} \{ f_w(S)_{ij} [\boldsymbol{v} \cdot \boldsymbol{n}_{ij} + \boldsymbol{K}\lambda_o \cdot \nabla p_c \cdot \boldsymbol{n}_{ij} + \boldsymbol{K}\lambda_o \cdot (\rho_w - \rho_o)\boldsymbol{G} \cdot \boldsymbol{n}_{ij}] \}$$

$$\tag{4-114}$$

对上式的最后一项应用时间离散 θ 法则,则有:

$$\frac{\phi_i}{\Delta t}(S_i^{k+1} - S_i^k) + \frac{1}{|\Omega_i|}\sum_{\gamma_{ij}}\left[\theta F_{ij}(S^{k+1}) + (1-\theta)F_{ij}(S^k)\right] = q_w(S_i^k) \quad (4\text{-}115)$$

其中:

$$F_{ij}(S) = \int_{\gamma_{ij}} f_w(S)_{ij}\left[\boldsymbol{v}\cdot\boldsymbol{n}_{ij} + \boldsymbol{K}\lambda_\circ\cdot\nabla p_c\cdot\boldsymbol{n}_{ij} + \boldsymbol{K}\lambda_\circ\cdot(\rho_w-\rho_o)\boldsymbol{G}\cdot\boldsymbol{n}_{ij}\right]\mathrm{d}\Gamma$$

$$(4\text{-}116)$$

$F_{ij}(S)$ 为流经界面 γ_{ij} 的流量数值近似。

对于一阶计算格式,通常应用如下上游迎风格式:

$$f_w(S)_{ij} = \begin{cases} f_w(S_i), & \boldsymbol{v}\cdot\boldsymbol{n}_{ij} \geqslant 0 \\ f_w(S_j), & \boldsymbol{v}\cdot\boldsymbol{n}_{ij} < 0 \end{cases} \quad (4\text{-}117)$$

如前所述,采用显式求解方案,即 $\theta=0$。对于显式计算格式,为避免出现计算中数值震荡现象,需要采用 CFL 条件:

$$\Delta t \leqslant \frac{\phi_i|\Omega_i|}{v_i^{in}\max\{f_w'(S)\}_{0\leqslant S\leqslant 1}} \quad (4\text{-}118)$$

其中:

$$v_i^{in} = \max(q_i,0) - \sum_{\gamma_{ij}}\min(v_{ij},0) \quad (4\text{-}119)$$

$$\frac{\partial f_w}{\partial S} = \frac{\partial f_w}{\partial S^*}\frac{\partial S^*}{\partial S} = \frac{1}{1-S_{wc}-S_{or}}\frac{\partial f_w}{\partial S^*} \quad (4\text{-}120)$$

式中,S^* 表示归一化含水饱和度。

4.4.4 数值算例

基于上述数值模拟理论和方法,应用 Matlab 程序语言编制相应的全张量两相流数值模拟器。下面首先通过简单的算例来验证等效流动方法和数值程序的正确性,然后给出两个复杂缝洞型介质的大尺度流动模拟算例。

1) 数值验证算例及分析

考虑图 4-23(a)中的单裂缝 1/4 五点井网注水模型,裂缝开度 $a=100~\mu m$($K_f=8.37\times10^5~\mu m^2$)。基岩孔隙度和渗透率分别为 $\phi=0.2$,$K_m=1~\mu m^2$;初始时刻模型被油饱和,残余油饱和度和束缚水饱和度均为 0。注水井以恒定速度 $q_w=0.01$ PV/d 注水,生产井以相同的速度采出。为简便起见,忽略重力和毛管压力的影响,基岩和裂缝的相渗曲线均为 X 形,由 4.3.2 节内容可知,粗网格上的拟相对渗透率曲线亦为 X 形。

对研究区域进行网格离散,在此先采用均匀 21×21 网格系统,如图 4-23(b)所示。本算例将对两种裂缝倾角($\theta=0,\pi/4$)进行数值模拟研究。图 4-23(c)为裂缝倾角 $\theta=\pi/4$ 时模型相应的渗透率张量椭圆映射图。

为了验证等效流动方法的正确性,在此将数值模拟结果和离散裂缝模型进行对比。在具体计算中,采用两套网格系统(21×21 和 31×31)分别对上述两种不同裂缝倾角模型进行模拟,其含水饱和度分布如图 4-24 所示。数值结果对比表明,等效流动模拟结果与离散裂缝模型数值计算结果基本一致,即使使用较粗网格系统也能较好地模拟出裂缝的显著导流作用。通过此算例验证了等效流动方法的正确性以及数值模拟器的可靠性。

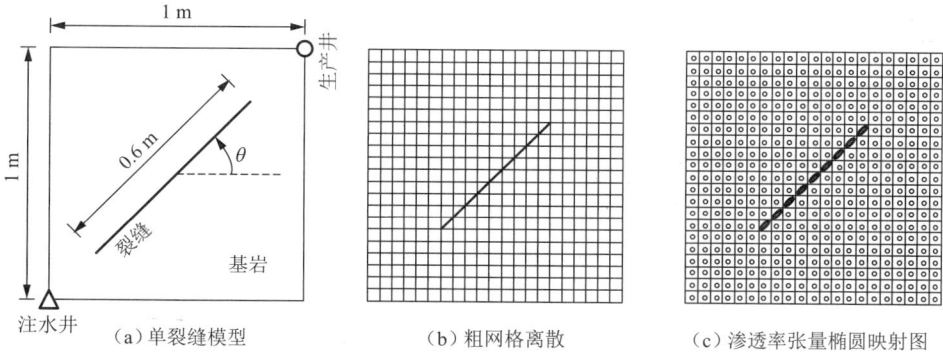

(a)单裂缝模型　　　　　　(b)粗网格离散　　　　(c)渗透率张量椭圆映射图

图 4-23　单裂缝模型及其粗网格离散和渗透率张量椭圆映射图

（a）21×21 网格剖分　　　（b）31×31 网格剖分　　　（c）离散裂缝模型

图 4-24　等效流动数值结果与离散裂缝模型的对比(注入 0.5 PV)

2）复杂缝洞网络算例 1

基于新疆塔河油田某缝洞型油藏的露头统计资料,应用随机建模技术生成相应的离散缝洞网络几何模型,在此基础上进行大尺度流动分析。大裂缝和溶洞的统计信息分别列于表 4-2 和表 4-3 中。这里使用椭圆来表征溶洞,生成的随机离散缝洞网络几何模型如图 4-25(a)所示,研究区域大小为 $100\text{ m}\times 200\text{ m}(x\times y)$。

表 4-2　宏观裂缝统计数据

表征参数	最小值	最大值	平均值
裂缝迹长/m	20	160	65.2
裂缝方位角/(°)	45	45	45
密度/(条·m⁻²)	0.14	0.58	0.33

表 4-3　宏观溶洞统计数据

表征参数	最小值	最大值	平均值
轴长/m	2.1	8.3	6.5
方位角/(°)	0	15	5.0
密度/(个·km^{-2})	1 026	2 100	1 750

首先对图 4-25(a)所示的复杂缝洞型介质予以粗网格离散,采用 10×20 的均匀矩形网格,如图 4-25(b)所示。通过均化理论可获取整个粗网格系统的渗透率张量,在此仅列出了 y 方向上的渗透率分布,如图 4-25(c)所示。从其分布可以看出,缝洞系统对于粗网格的等效渗透率有重要影响。在数值计算中,设基岩的孔隙度 $\phi = 0.2$,渗透率 $K_m = 1 \mu m^2$,裂缝开度均为 $100 \mu m (K_f = 8.37 \times 10^5 \mu m^2)$。应用式(4-68)和(4-74)可求得各粗网格的绝对渗透率张量以及相应的孔隙度。为简便起见,忽略重力和毛管压力的作用,假设缝洞系统的归一化相对渗透率曲线为 X 形,而基岩的归一化相对渗透率曲线为 $k_{rw,m} = (S^*_{w,m})^2$ 和 $k_{ro,m} = (1 - S^*_{w,m})^2$。基岩和缝洞系统的残余油饱和度及束缚水饱和度均为 0。

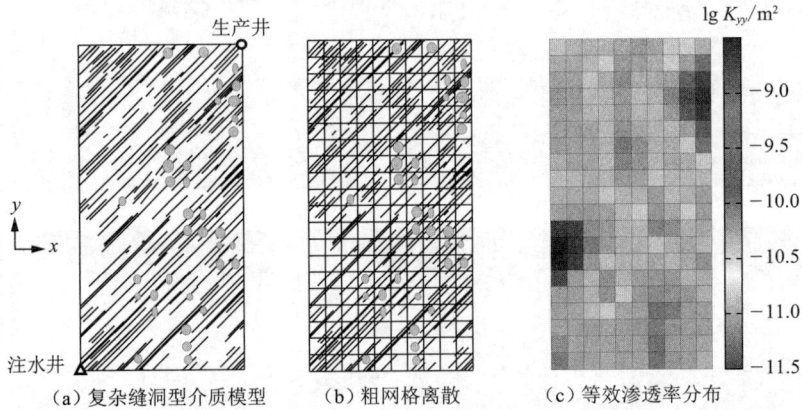

（a）复杂缝洞型介质模型　　（b）粗网格离散　　（c）等效渗透率分布

图 4-25　塔河缝洞型介质露头几何模型及其粗网格离散和等效渗透率分布

图 4-26 给出了粗网格的拟相对渗透率曲线及其相应的参数分布。为了保证图片的清晰可分辨性,在此仅列出部分网格的相应曲线,其他网格类似。假设缝洞型介质初始时刻饱和油,左下端注水井的注入速率 $q_w = 0.004$ PV/d,右上端的生产井以相同的速度采出。

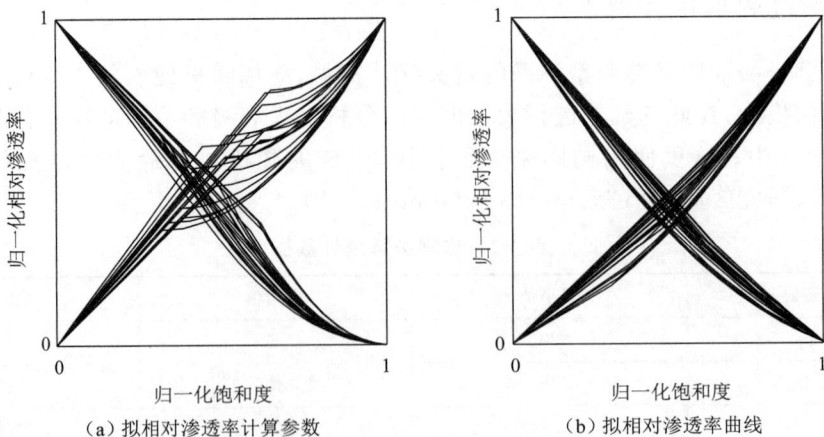

（a）拟相对渗透率计算参数　　　　（b）拟相对渗透率曲线

图 4-26　部分粗网格的拟相对渗透率曲线及相关参数

图 4-27 为不同时刻大尺度流动数值模拟结果。从该图的含水饱和度分布可以看出,油水前沿的变化主要由缝洞网络来控制,同时拟相对渗透率对两相流也具有重要影响。为方便研究,在图 4-27(d)中把离散缝洞网络与含水饱和度予以叠加,从图中可以更为清晰地看出缝洞系统的绝对导流作用。

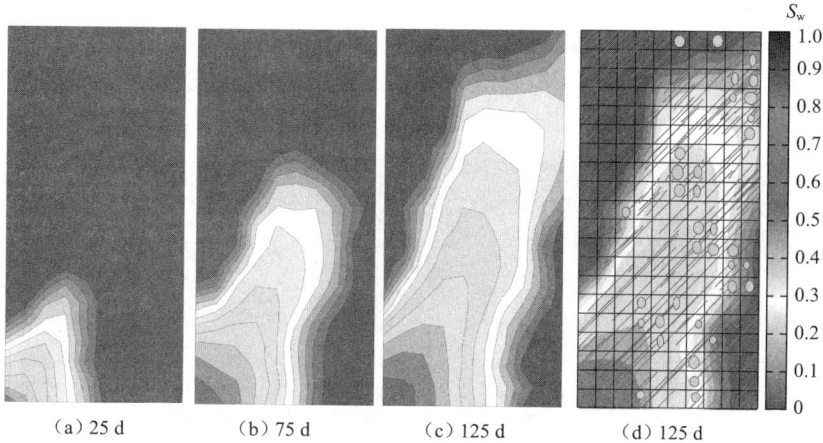

(a) 25 d　　　(b) 75 d　　　(c) 125 d　　　(d) 125 d

图 4-27　粗网格系统的含水饱和度分布

3) 复杂缝洞网络算例 2

在上述算例中,裂缝系统为比较简单的单向分布。为了进一步验证等效流动方法的有效性,本算例将研究更为复杂的缝洞系统。如图 4-28(a)所示,正交离散裂缝系统研究区域大小为 100 m × 100 m($x \times y$),直角坐标系与图 4-25 相同。计算中,基岩的孔隙度 $\phi = 0.2$,渗透率 $K_m = 11\ \mu m^2$,裂缝开度均为 100 μm($K_f = 8.37 \times 10^5\ \mu m^2$)。假设缝洞型介质初始时刻饱和油,左下端注水井的注入速率 $q_w = 0.01$ PV/d,右上端的生产井以相同的速度采出,其他参数与上一算例相同。

首先对模型进行粗网格离散,本算例采用两套不同的网格系统,如图 4-28 所示,分别为 20 × 20 和 10 × 10。在此基础上求得粗网格上的绝对渗透率张量(见图 4-28b 和图 4-28c)及其拟相对渗透率曲线(与图 4-26 相似)。

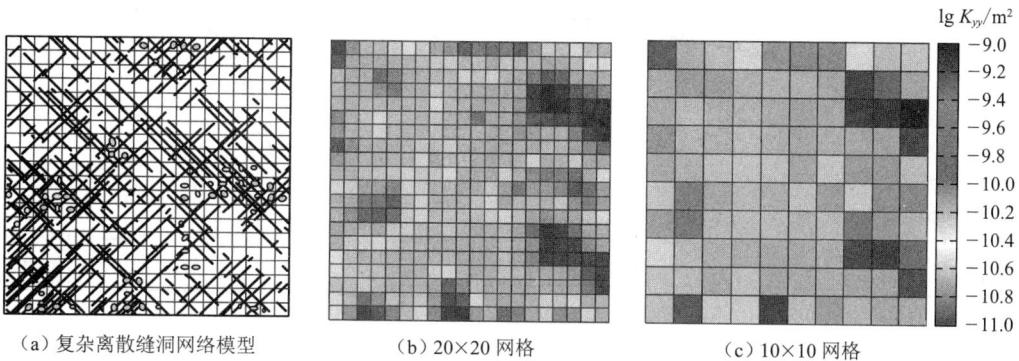

(a) 复杂离散缝洞网络模型　　　(b) 20×20 网格　　　(c) 10×10 网格

图 4-28　复杂缝洞型介质模型及其粗网格离散系统和等效渗透率分布(x 方向)

图 4-29 给出了不同时刻的含水饱和度分布。从图中可以看出,缝洞的存在导致介质的强烈非均质性,而大尺度等效流动模拟方法具有很好的适用性,从其含水饱和度分布可以清晰地看出缝洞系统的重要导流作用。同时,两种不同粗网格系统下的数值计算结果基本一致,这说明拟相对渗透率曲线在其中发挥着重要作用。虽然粗网格系统下的结果更趋于均匀化,但仍能反映出介质的强烈非均质性。

图 4-30 给出了两种不同网格系统下含水率、累积产油曲线的直接比较。结果显示,两者基本一致,进一步验证了大尺度等效流动模拟理论和方法的正确性。

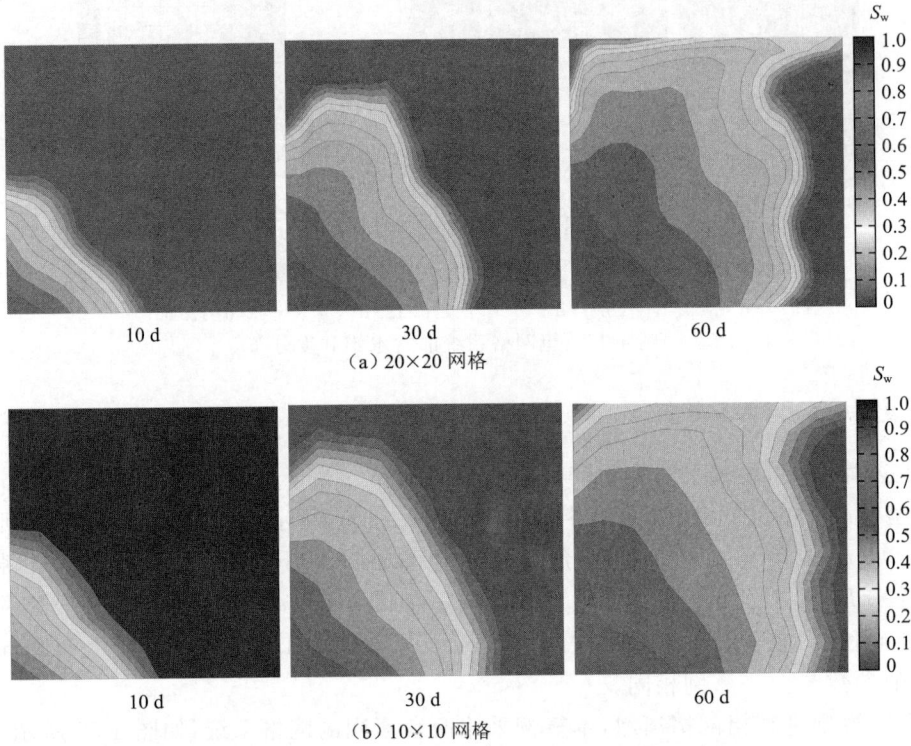

图 4-29　两种计算网格下不同时刻的含水饱和度分布比较

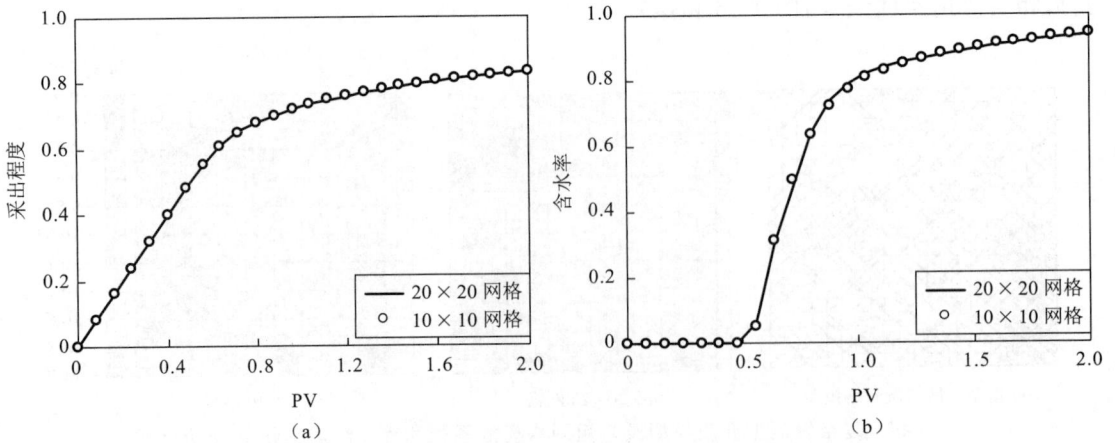

图 4-30　两种计算网格下的采出程度、含水率曲线比较

4.5　本章小结

本章对等效介质模型数值模拟进行了详细介绍。基于离散裂缝模型和离散缝洞网络模型建立了一套适用于缝洞型油藏油田级大尺度两相流动研究的等效流动模拟理论与方法，并形成了相应的数值模拟技术，将离散裂缝模型和离散缝洞网络模型成功地应用到大尺度流动模拟中，为缝洞型油藏数值模拟提供了新方法和思路。具体研究工作和结论如下：

（1）对于只含有裂缝的粗网格系统，基于超样本技术和离散裂缝单相流数学模型，应用Galerkin有限元数值计算方法求解得到粗网格的等效绝对渗透张量，通过数值算例验证了方法的正确性。

（2）对于含有缝洞的粗网格系统，基于均化理论和离散缝洞网络单相流数学模型，应用Galerkin有限元数值计算方法求解得到粗网格的等效绝对渗透张量，通过数值算例验证了方法的正确性。

（3）基于缝洞优先流假设，首次提出一套计算粗网格拟相对渗透率的解析方法，在此基础上进一步求取了粗网格中相应的毛管压力。数值计算结果表明：利用拟相对渗透率可以准确地表征出缝洞型介质中的油水前沿运动特征。但该方法对于缝洞结构欠发育的网格适用性较差，针对这类情况还需采用新的计算方法，这将是下一步的研究重点。

（4）基于混合有限元方法和有限体积法，形成一套有效的全张量数值模拟方法和技术，通过数值算例验证了数值方法的正确性，通过两个复杂的离散缝洞网络模型算例验证了等效流动模拟方法的正确性和可靠性。

第 5 章　混合模型数值模拟

5.1　裂缝性介质发育特点

在地质构造应力或人工外加作用力下,岩石介质发生破损而产生裂缝。影响裂缝发育的因素众多,例如受力大小和方向、岩性、地层厚度、所处地质构造部位等。由于裂缝的影响因素众多,使得介质内裂缝发育复杂,主要表现为裂缝长度、裂缝开度、裂缝走向、裂缝倾角、裂缝密度等的多样性。因此,裂缝性介质大多具有明显的多尺度特征和强烈非均质性(见图 5-1)。多尺度特征主要表现为同一区域内,不同长度的裂缝并存;强烈非均质性则主要表现为不同区域之间裂缝的发育程度存在明显差异,例如在断层或压裂区域附近通常存在不同尺度的裂

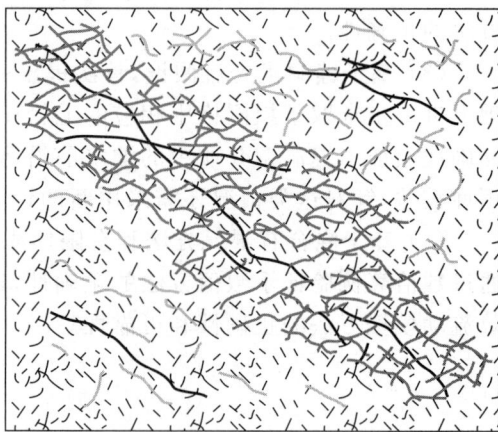

图 5-1　发育不同尺度裂缝的复杂裂缝性油藏

缝,距离断层或压裂区域越远,裂缝发育程度越低,且以中小尺度裂缝为主,裂缝条数明显减少。

裂缝发育程度不同,对单条裂缝来说,其渗透性大小不同,对整个裂缝区域来说,裂缝形成裂缝网络的连通性和渗透性不同,直接影响和改变着区域内流体的渗流路径。对复杂裂缝的描述及对其连通性与渗透性的衡量,对裂缝性介质渗流研究尤为重要。

在对裂缝进行描述时,需要描述的因素有:裂缝长度、裂缝开度、裂缝倾角、裂缝走向、裂缝密度等。地下裂缝发育复杂,但仍有规律可循。研究表明,地下裂缝发育满足地质统计规律。裂缝长度 l 通常满足一定的指数函数规律[162]:

$$n(l,L) = d_c L^2 \cdot (a-1) \cdot \frac{l^{-a}}{l_{\min}^{-a+1}}, \quad l \in [l_{\min}, l_{\max}] \tag{5-1}$$

式中,$n(l,L)$ 是中心点位于裂缝系统尺度为 L、长度在 $[l, l+dl]$ 范围内的裂缝的条数;a 为裂缝分布指数函数中的参数,通常 $a \in [1.5, 3]$;d_c 为单位面积内含有裂缝中心点的裂缝条数(面密度);$[l_{\min}, l_{\max}]$ 为裂缝长度范围。

a 的大小反映了模型中裂缝长度的发育状况,当 $a > 3$ 时,模型中包含大量小裂缝,满足典型的渗流模型;当 $a < 2$ 时,流体主要是在大裂缝内流动,可以采用离散裂缝网络模型;

当 $2 \leqslant a \leqslant 3$ 时,包含的裂缝比较复杂,大裂缝和小裂缝在流体流动中都能起到影响作用。

裂缝的连通性是通过参数 C 来刻画。给定一个门槛值 C_0,当 $C > C_0$ 时,裂缝网络为连通的,而 C_0 又可以看作是与裂缝尺度变化无关的参数[162,163],指数函数中参数 a 的变化对 C_0 的影响很小,可以忽略。

$$\begin{cases} C \sim d_c \cdot L, & a < 2 \\ C \sim d_c \cdot \dfrac{L^{3-a}}{l_{min}^{2-a}}, & 2 \leqslant a \leqslant 3 \\ C \sim d_c \cdot l_{min}, & a > 3 \end{cases} \tag{5-2}$$

当 $a > 3$ 时,渗透率和连通性与尺度无关;当 $a < 3$ 时,裂缝的连通性与裂缝密度 d_c 和尺度 L 都相关。裂缝指数函数存在四个独立变量:裂缝长度指数 a、裂缝最小长度 l_{min}、裂缝系统长度 L、裂缝密度 d_c 或者渗透率参数。大致可以分为三类[164]:当 $a < 2$ 时,流体主要通过长裂缝,裂缝网络处于次要位置;对裂缝网络来说,特征长度为系统长度,减少网格大小并不能提高渗透性。当 $a > 3$ 时,裂缝网络由小裂缝组成,采用渗流理论进行描述。当 $2 \leqslant a \leqslant 3$ 时,对裂缝的长度无需进行严格的尺度划分。

5.2　渗流概念模型

在裂缝型介质流体渗流模拟中,选择合适的渗流模型尤为重要。由于其明显的多尺度性和严重的非均匀性,常规的渗流模型难以满足模拟的要求。在描述裂缝性介质内流体流动特征的渗流模型中,常用的渗流模型主要分为两大类:连续介质模型和离散裂缝模型。连续介质模型是将裂缝看作均匀分布在基质岩石中,采用统计平均、体积平均等数学手段进行近似。对应的渗流概念模型主要有等效介质模型和双重介质模型[5-7]。另一类是力图根据裂缝发育的实际地质信息,建立基于裂缝真实形态的渗流模型。对应的渗流概念模型有离散裂缝网络模型和离散裂缝模型。以上渗流概念模型均有各自适用的条件和范围。

5.2.1　连续介质模型

等效介质模型将裂缝性介质看作是一个假想的连续体,系统中每一点的物理量都处于局部平衡状态。该模型将裂缝的物性参数等效平均到整个介质中,再将其视为具有对称张量的各向异性介质,不考虑单个裂缝的物理结构,无法对每条裂缝给出精细的描述和刻画。

双重介质模型则是将介质看作两个平行的连续系统,即裂缝系统和基岩系统,假定连续的基岩系统被裂缝系统分割成一系列岩块,两个系统之间通过窜流耦合在一起。该模型大致分为四种不同类型:双孔隙模型、双渗透率模型、多重作用模型和子区域模型。为了刻画基岩内压力和饱和度的变化,采用子区域分解法建立不同模型,其中比较常见的是 MINC 模型[12,13,165,166]。研究结果表明,对于含大尺度裂缝的强烈非均质性的裂缝性油藏,使用双重介质模型难以得到精确解。因此,双重介质模型适用于发育大量小尺度裂缝的裂缝性油藏,裂缝发育丰富且连通性好,对于裂缝发育有限、连通性差的情况,双重介质模型难以应用。

5.2.2 离散裂缝模型

离散裂缝网络模型假定流体仅在裂缝网络中流动,忽略了基岩的渗透性,重在考虑流体在裂缝网络中的流动。离散裂缝网络模型适用于裂缝发育程度高、连通性好、基岩孔渗性可忽略的油藏,即侧重于裂缝的渗透性,忽略基岩的渗透性。

离散裂缝模型则考虑了基岩渗透性,即在考虑基岩孔渗性的基础上,对裂缝进行明确的显式描述。与双重介质相比,离散裂缝模型对每条裂缝进行显式描述和计算,无须计算裂缝与基岩之间的窜流量,对裂缝进行了降维处理,降低了裂缝开度上精细网格剖分所带来的计算量。在数值模拟中,大多采用基于非结构化网格的有限元法,裂缝位于有限单元的边界上。后来研究者提出了嵌入式离散裂缝模型,即采用规则的结构化网格,裂缝被嵌入在基质网格内,被看作井源来进行类似处理。嵌入式离散裂缝模型可以对复杂裂缝性介质实现高效网格化。

5.2.3 混合模型

通常裂缝性介质要复杂得多,单一的渗流模型难以满足要求,于是研究者开始将多个渗流模型一起使用。总体来说,分为以下几种情况:

(1) 分级模型[167],即根据裂缝尺度大小不同进行分级,选择不同方法计算等效渗透率。

(2) 耦合模型[168],即在同一区域将不同渗流模型耦合在一起使用,具有代表性的是离散裂缝模型与其他渗流模型的耦合[169]。

(3) 联合模型[169],即在模拟空间内,不同区域内使用适用的渗流模型,区域之间联合求解。

通过以上渗流模型分析可以看出,每个渗流模型都存在一定的适用性,采用单一的渗流模型,难以实现多尺度性和非均质性特征的精细刻画。鉴于此,采用了连续介质-离散裂缝耦合模型和联合模型(见图5-2),即前者为同一研究区域内多个渗流模型耦合使用,后者为一个研究区域内多个渗流模型在不同分区联合使用。

采用混合模型是根据裂缝发育特点,选择与之适用的渗流模型,达到对裂缝性介质内流体渗流的精细刻画。

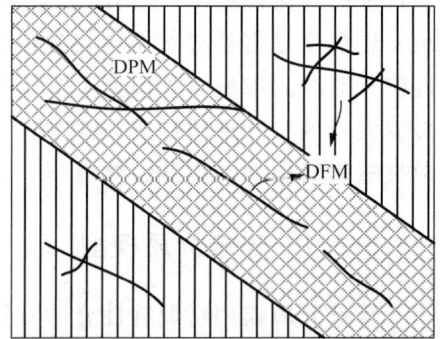

图 5-2 裂缝性介质的耦合模型和联合模型

鉴于以上分析,裂缝可以分为孤立的细小裂缝、连通性强的细小裂缝、连通性强且密度大的中尺度裂缝、稀疏连通裂缝、大尺度裂缝或断层等。不同长度、不同连通程度的复杂裂缝所适用的渗流模型不同(见图5-3):

(1) 细小孤立裂缝可被等效成基质孔隙,同一尺度的表征单元(REV)能同时表征其与基岩孔隙的渗流特征,使用单重等效各向异性介质模型即可描述其渗流特征。

(2) 对于连通性强的细小裂缝,裂缝的渗透性明显强于基质孔隙的渗透性,增强了整个表征单元内的孔渗特征,可采用双孔隙度等效连续介质模型,表征单元内的孔隙度和渗透率是裂缝和基质的统计平均值。

（3）对于连通性强且密度大的中尺度裂缝，裂缝与基质之间的物性不同，渗流过程中流体的渗流速度、流体性质也会存在很大差异。根据基岩的孔渗特征，可以选择离散裂缝网络模型、双孔隙单渗模型和双孔双渗模型。

（4）对于稀疏连通裂缝、大尺度裂缝或断层等，裂缝条数有限，渗透性强，影响渗流区域的流动路径，可以选择离散裂缝模型。

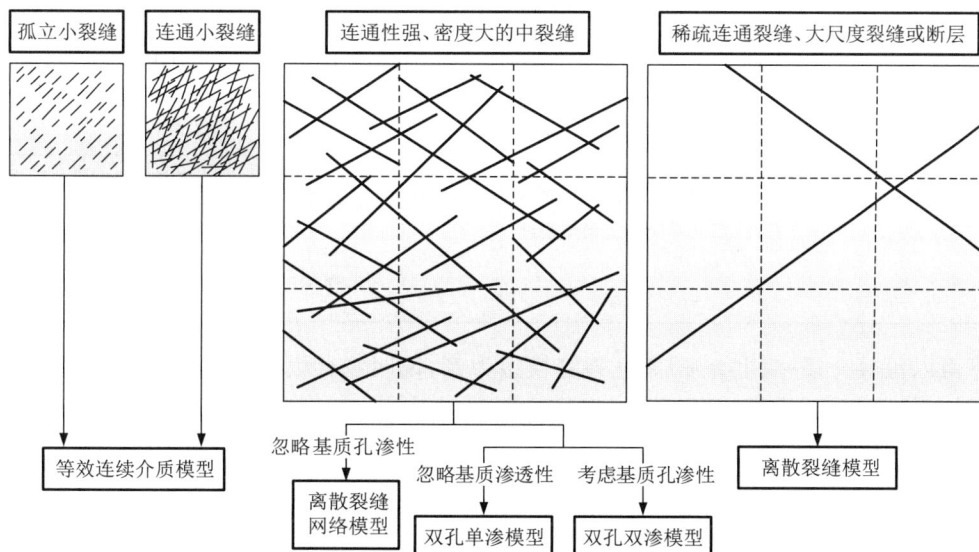

图 5-3　不同裂缝性介质适用的渗流模型

5.3　耦合模型的类型及实现

耦合模型是在同一区域内将多个渗流模型耦合在一起，主要是针对裂缝性介质的多尺度性特征，即根据不同尺度裂缝的发育特点选择与之适用的渗流模型，然后将多个渗流模型耦合在一起。

5.3.1　耦合模型

耦合模型的类型和适用的裂缝性介质如表 5-1 所示。

表 5-1　耦合模型类型和适用的裂缝性介质

耦合类型	裂缝性介质发育特点	渗流模型	适用裂缝发育特点
等效介质-双重介质模型	介质内存在大量孤立或连通的小尺度裂缝和大量连通程度高、连通性好的中尺度裂缝	等效介质模型	裂缝尺度远小于模拟网格大小、孤立的或连通性较好的小裂缝
		双重介质模型	裂缝尺度与模拟网格大小相当且连通性较好的裂缝

耦合类型	裂缝性介质发育特点	渗流模型	适用裂缝发育特点
双重介质-离散裂缝模型	存在大量连通程度高、连通性好的中尺度裂缝和有限条大尺度裂缝	双重介质模型	裂缝尺度与模拟网格大小相当且连通性较好的裂缝
		离散裂缝模型	条数有限的、尺度远大于模拟网格的大裂缝、断层等
等效介质-双重介质-离散裂缝模型	存在大量孤立或连通的小尺度裂缝和大量连通程度高、连通性好的中尺度裂缝,以及有限条大尺度裂缝	等效介质模型	裂缝尺度远小于模拟网格大小、孤立的或连通性较好的小裂缝
		双重介质模型	裂缝尺度与模拟网格大小相当且连通性较好的裂缝
		离散裂缝模型	条数有限、尺度远大于模拟网格的大裂缝、断层等

下面以等效介质-双重介质-离散裂缝模型为例,说明耦合模型的实现。

5.3.2 数学方程

假设岩石和流体均不可压缩且流动过程恒温,忽略重力和毛管压力的影响,油水两相渗流满足 Darcy 定律,则有:

$$\phi \frac{\partial S_o}{\partial t} + \nabla \cdot \boldsymbol{v}_o = q_o \tag{5-3}$$

$$\phi \frac{\partial S_w}{\partial t} + \nabla \cdot \boldsymbol{v}_w = q_w \tag{5-4}$$

$$\boldsymbol{v}_o = -\lambda_o(S_o)\boldsymbol{K}\nabla p_o \tag{5-5}$$

$$\boldsymbol{v}_w = -\lambda_w(S_w)\boldsymbol{K}\nabla p_w \tag{5-6}$$

式中,ϕ 为孔隙度;S_o 和 S_w 分别为油水两相饱和度,且 $S_o + S_w - 1$;$\boldsymbol{v}_o$ 和 $\boldsymbol{v}_w$ 分别为油水两相渗流速度;q_o 和 q_w 为源汇项;$\boldsymbol{K}$ 为油藏渗透率张量;p_o 和 p_w 分别为油相和水相压力;λ_o 和 λ_w 分别为油相和水相流度,满足:

$$\lambda_o = \frac{k_{ro}}{\mu_o}, \quad \lambda_w = \frac{k_{rw}}{\mu_w} \tag{5-7}$$

其中,k_{ro} 和 k_{rw} 分别为油和水的相对渗透率;μ_o 和 μ_w 分别为油和水的黏度。

因为忽略毛管压力的影响,所以 $p_o = p_w$。 令 $p = p_o = p_w$,则由(5-3)~(5-6)可得到压力方程:

$$\nabla \cdot \boldsymbol{v} = q \tag{5-8}$$

$$\boldsymbol{v} = -\lambda \boldsymbol{K} \nabla p \tag{5-9}$$

其中,$\boldsymbol{v} = \boldsymbol{v}_o + \boldsymbol{v}_w$ 为总速度;$\lambda = \lambda_o + \lambda_w$ 为总流度;$q = q_o + q_w$ 为总源汇项。

分流量 $f_w = \lambda_w / \lambda$,那么由(5-4)可得到含水饱和度方程为:

$$\phi \frac{\partial S_w}{\partial t} + \nabla \cdot (f_w \boldsymbol{v}) = q_w \tag{5-10}$$

式(5-8)~(5-10)构成基岩上不可压缩两相渗流的分流量模型。

5.3.3　等效介质、双重介质与离散裂缝纵向耦合模型

等效介质的数学模型适用于公式(5-6)和(5-7)。重点在于根据小裂缝计算表征单元上的等效孔隙度和渗透率。

1）双重介质(DPM)数学模型

基岩系统和裂缝系统通过窜流函数耦合在一起(见图5-4)；窜流量 q 与两个系统之间的压力差、渗透率、形状因子 α 等因素有关，而形状因子 α 又与基岩系统岩块大小、裂缝间距、裂缝密度等因素有关。将大裂缝分成两部分，分别与基岩系统和裂缝系统耦合，这两部分也通过窜流耦合在一起。在模型中同时考虑基岩的孔隙性和渗透性，采用双孔双渗模型，则在 Ω^m 和 Ω^f 内的渗流方程为：

图 5-4　双重介质模型示意图
（F_m 和 F_F 为双重介质之间和大裂缝之间的窜流量）

$$\nabla \cdot \boldsymbol{v}^n + (-1)^n F = q^n \tag{5-11}$$

$$\boldsymbol{v}^n = -\lambda^n \boldsymbol{K}^n \nabla p^n \tag{5-12}$$

$$\phi^n \frac{\partial S_w^n}{\partial t} + \nabla \cdot (f_w^n \boldsymbol{v}^n) + (-1)^n F_w = q_w^n \tag{5-13}$$

$$F_m = \begin{cases} \alpha \boldsymbol{K}^m \lambda^m (p^m - p^f), & p^m \geqslant p^f \\ \alpha \boldsymbol{K}^m \lambda^f (p^m - p^f), & p^m < p^f \end{cases} \tag{5-14}$$

$$F_{m,w} = \begin{cases} \alpha \boldsymbol{K}^m \lambda_w^m (p^m - p^f), & p^m \geqslant p^f \\ \alpha \boldsymbol{K}^m \lambda_w^f (p^m - p^f), & p^m < p^f \end{cases} \tag{5-15}$$

式中，上标 $n=1$ 或 2，分别代表裂缝系统(f)和基岩系统(m)；F 和 F_w 为两个系统之间的总窜流量和水相窜流量；α 为基岩系统的形状因子；$\boldsymbol{K}^m$ 为基岩系统的绝对渗透率张量。

同理，大裂缝内也满足以上方程形式，窜流量中的形状因子为 α_f，绝对渗透率取大裂缝的绝对渗透率 $\boldsymbol{K}^f$。

2）离散裂缝(DFM)数学模型

对于大裂缝(Fracture,F)，采用离散裂缝模型。采用降维处理的方法，将二维空间中的裂缝看作是一条线单元，位于周围介质单元的界面处。大裂缝与周围介质之间通过流量和压力关系而建立最终方程。渗流方程为：

$$\nabla \cdot \boldsymbol{v}^{Fn} + (-1)^n F_F = q^{Fn} \tag{5-16}$$

$$\boldsymbol{v}^{Fn} = -\lambda^{Fn} \boldsymbol{K}^{Fn} \nabla p^{Fn} \tag{5-17}$$

$$\phi^{Fn} \frac{\partial S_w^{Fn}}{\partial t} + \nabla \cdot (f_w^{Fn} \boldsymbol{v}^{Fn}) + (-1)^n F_{F,w} = Q_w^{Fn} + F_w^{Fn} \tag{5-18}$$

式中，上标 $n=1$ 或 2，分别表示与裂缝系统和基岩系统相耦合的大裂缝；ϕ^{Fn} 为大尺度裂缝的孔隙度；S_w^{Fn} 为大尺度裂缝的含水饱和度；q_w^{Fn} 为源汇项在大尺度裂缝上的作用；Q_w^{Fn} 为周围介质与大尺度裂缝之间的流量。

3）耦合条件

根据耦合条件实现渗流模型之间的纵向耦合。等效介质部分可看作双重介质中的基质

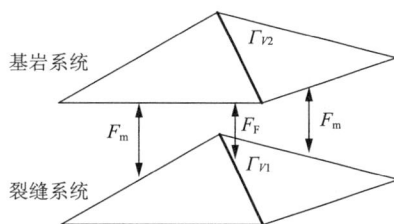

系统,重点在于离散裂缝与双重介质的纵向耦合。$\Omega^{\mathrm{f}} \cup \Omega^{\mathrm{F1}}$ 和 $\Omega^{\mathrm{m}} \cup \Omega^{\mathrm{F2}}$ 可看作是两个并行的系统,与常规的双重介质一样,两个系统之间通过窜流量耦合在一起。在每个系统内,大裂缝根据流量和压力关系,与周围介质耦合在一起,即在 Γ_{V1} 上,大尺度裂缝的面压力等于裂缝系统单元在该边上的压力,大尺度裂缝流出/流入的量等于裂缝系统流入/流出的量:

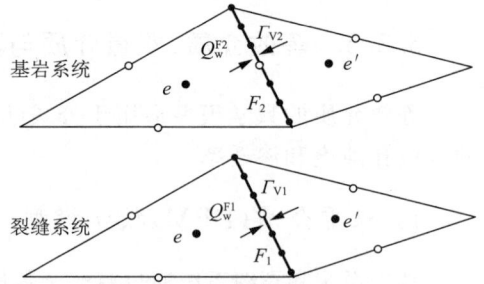

图 5-5　离散裂缝模型示意图

$$\begin{cases} q_{e,l}^{\mathrm{f}} + q_{e',l}^{\mathrm{f}} = Q_l^{\mathrm{F1}}, & \text{on} \quad \Gamma_{\mathrm{V1}} \\ p_{e,l}^{\mathrm{f}} = p_{e',l}^{\mathrm{f}} = p_l^{\mathrm{F1}}, & \text{on} \quad \Gamma_{\mathrm{V1}} \end{cases} \tag{5-19}$$

式中,$q_{e,l}^{\mathrm{f}}$ 和 $q_{e',l}^{\mathrm{f}}$ 分别代表大裂缝 l 两侧的微裂缝系统单元 e 和 e' 流入 l 的流量;Q_l^{F1} 为大裂缝 l 两侧的微裂缝单元流进 l 的总流量;$p_{e,l}^{\mathrm{f}}$ 和 $p_{e',l}^{\mathrm{f}}$ 分别为大裂缝两侧微裂缝单元在 l 边上的压力;$p_{e,l}^{\mathrm{F1}}$ 为大尺度裂缝 l 上的压力。

同理,在 Γ_{V2} 上,大尺度裂缝的面压力等于基岩系统单元在该边上的压力,大尺度裂缝流出/流入的量等于基岩系统流入/流出的量,即

$$\begin{cases} q_{e,l}^{\mathrm{m}} + q_{e',l}^{\mathrm{m}} = Q_l^{\mathrm{F2}}, & \text{on} \quad \Gamma_{\mathrm{V2}} \\ p_{e,l}^{\mathrm{m}} = p_{e',l}^{\mathrm{m}} = p_l^{\mathrm{F2}}, & \text{on} \quad \Gamma_{\mathrm{V2}} \end{cases} \tag{5-20}$$

5.3.4　耦合模型数值模拟

1) 含大尺度裂缝的双重介质模型与耦合模型对比

为了验证耦合模型的精确性,在此选择双重介质模型与双重介质和离散裂缝的耦合模型进行对比。假定内含一条大裂缝、发育多条相互连通的中小尺度裂缝的复杂介质模型的尺寸为 70 cm × 10 cm,模型的物性参数如表 5-2 所示,选取距离右端 10 cm 处的 A 点作为参考点,分析大裂缝不同长度(见图 5-6),两种模型在 A 点处的计算结果如图 5-7 所示。模型剖分

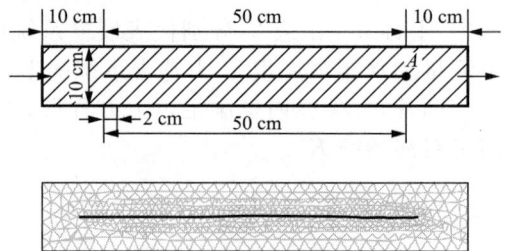

图 5-6　模型的网格剖分

的三角形网格的最大尺寸为 2.0 cm,在大裂缝附近进行了网格加密,剖分网格最大尺寸为 0.2 cm,模型总的节点个数为 807,有限单元个数为 1 532(见图 5-6)。

表 5-2　模型有关物性参数

基岩系统属性	$\phi^{\mathrm{m}} = 0.1, K^{\mathrm{m}} = 1 \times 10^3 \ \mu\mathrm{m}^2$
裂缝系统属性	$\phi^{\mathrm{f}} = 0.01, K^{\mathrm{f}} = 6 \times 10^3 \ \mu\mathrm{m}^2$
大尺度裂缝属性	$K^{\mathrm{F}} = 1 \times 10^6 \ \mu\mathrm{m}^2, a = 0.001 \ \mathrm{m}$
流体属性	$\mu_{\mathrm{w}} = \mu_{\mathrm{o}} = 1 \ \mathrm{mPa \cdot s}, \rho_{\mathrm{w}} = \rho_{\mathrm{o}} = 1\ 000 \ \mathrm{kg/m}^3$
相渗曲线类型	线　性
毛管压力	忽　略
束缚水饱和度和残余油饱和度	$S_{\mathrm{wc}} = 0.0, S_{\mathrm{or}} = 0.0$

由图 5-7 可以看出,当大尺度裂缝长 2 cm 时,两种模型得到的 A 点处含水饱和度曲线相差很小;而当大尺度裂缝增加至 50 cm 时,A 点处含水饱和度曲线存在明显差异,耦合模型中 A 点处见水早,流体通过裂缝快速渗流至 A 点,而在双重介质模型中则明显滞后,数值模拟结果见图 5-8。因此,耦合模型可对大尺度裂缝渗流特征实现精细刻画。

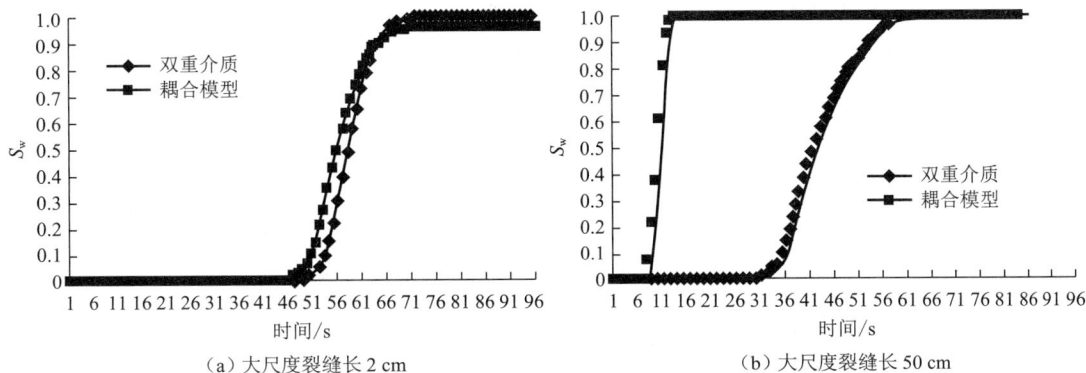

(a) 大尺度裂缝长 2 cm　　　　　　　　　　(b) 大尺度裂缝长 50 cm

图 5-7　A 点含水饱和度曲线

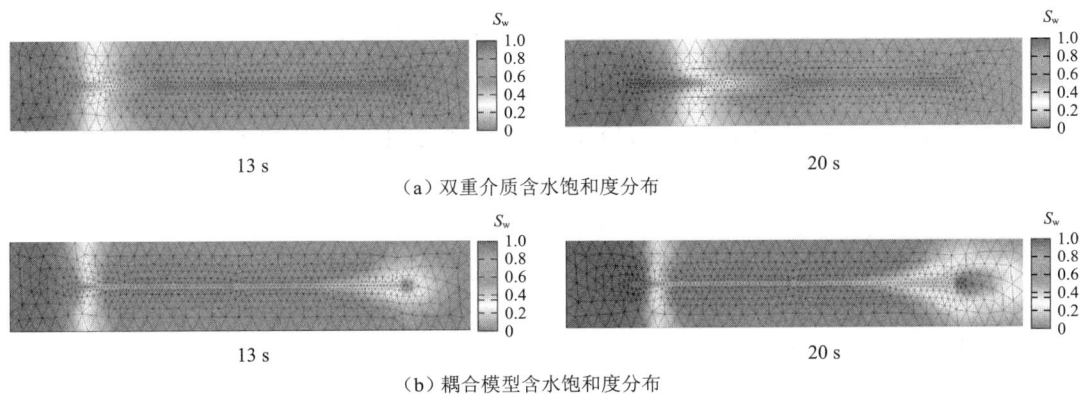

13 s　　　　　　　　　　　　　　20 s

(a) 双重介质含水饱和度分布

13 s　　　　　　　　　　　　　　20 s

(b) 耦合模型含水饱和度分布

图 5-8　当裂缝长 50 cm 时在不同时刻含水饱和度图对比

2) 裂缝性油藏单相流体压力

设计一个 1×1 二维单位面积裂缝性介质模型,模型内发育微裂缝和大尺度裂缝。模型中,大尺度裂缝渗透率 $K_F = 100\,000\ \mu m^2$, $\phi_m = 0.1$, $\phi_f = 0.01$, $\phi_F = 1$,大尺度裂缝开度 $a = 0.001\ m$, $\mu_w = 1\ mPa \cdot s$, $\mu_o = 1\ mPa \cdot s$,形状因子 $\alpha_m = 20$, $\alpha_F = 10$,流体密度 $\rho_w = \rho_o = 1\,000\ kg/m^3$。相渗曲线取线性关系,忽略毛管压力的影响,假设剩余油和束缚水饱和度均为零。模型左下端为注水井,右上端为生产井。

分析单相流体渗流时模型中压力的变化特点。在单相流体模拟中,考虑岩石的压缩性,压缩系数分别为 $C_m = 0.02$, $C_f = 0.1$, $C_F = 0.2$,定压生产,注入井压力为 $1 \times 10^6\ Pa$,生产井压力为 $1 \times 10^5\ Pa$。基岩系统的绝对渗透率张量 $\boldsymbol{K}^m$(单位 μm^2)和裂缝系统的绝对渗透率张量 $\boldsymbol{K}^f$(单位 μm^2)分别为:

$$\boldsymbol{K}^m = \begin{pmatrix} 0.01 & 0.0 \\ 0.0 & 0.01 \end{pmatrix}, \quad \boldsymbol{K}^f = \begin{pmatrix} 1.0 & 0.0 \\ 0.0 & 1.0 \end{pmatrix}$$

从图 5-9 中可以看出:裂缝系统内压力变化剧烈,注水井与生产井之间的压差大约为 1×10^6 Pa,而基岩系统内压力变化相对平缓,注水井与生产井之间的压差大约为 1×10^5 Pa;裂缝系统中,在大裂缝处,压力场明显改变,沿着大裂缝走向压力降低;系统之间的窜流量变化明显,在注水井周围,流体由裂缝系统流入基岩系统,在生产井周围则由基岩系统流入裂缝系统。由此可见,数值模拟的压力分布特征和窜流量变化与理论相符。裂缝系统的孔隙度低,渗透率高,压力变化明显,在注水井周围迅速形成高压区,基岩系统的孔隙度大,渗透率低,压力变化略缓慢,由于两个系统之间性质的差异,引起压力变化的不同,从而使系统之间的窜流流动方向也不同。

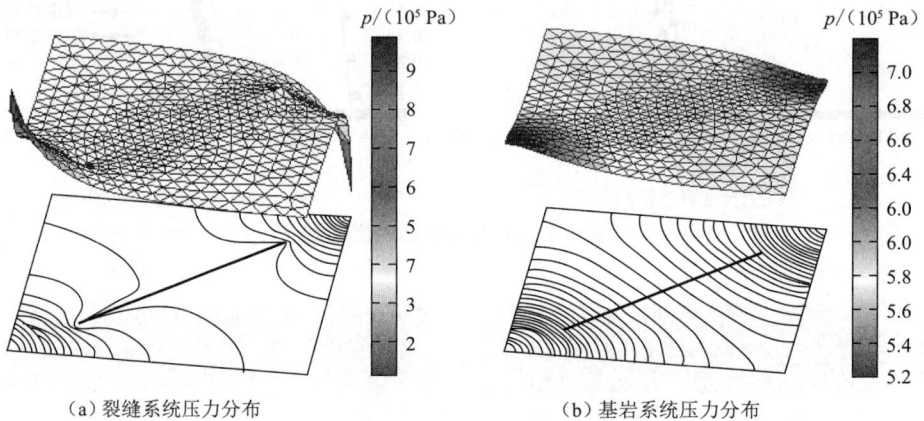

(a)裂缝系统压力分布　　　　　　(b)基岩系统压力分布

图 5-9　裂缝性油藏耦合模型单相渗流的压力分布

3)裂缝性油藏油水两相流体

双重介质渗流模型要求裂缝系统的渗透率远大于基岩系统的渗透率,裂缝系统的孔隙度远小于基岩系统的孔隙度。在水驱油数值模拟中,裂缝系统内水驱油的速度远大于基岩系统,为了分析驱替效果,在数值模拟中降低两者的差异,以便于分析耦合模型油水两相渗流的特点。裂缝系统绝对渗透率 $\boldsymbol{K}^f$(10^3 μm^2)和基岩系统绝对渗透率 $\boldsymbol{K}^m$(10^3 μm^2)分别为:

$$\boldsymbol{K}^f = \begin{pmatrix} 6.0 & 0.0 \\ 0.0 & 8.0 \end{pmatrix}, \quad \boldsymbol{K}^m = \begin{pmatrix} 1.0 & 0.0 \\ 0.0 & 1.0 \end{pmatrix}$$

假定模型中注采速度均为 $q = 10$ m³/d。模型的物性参数如表 5-3 所示。

表 5-3　模型的有关物性参数

基岩系统孔隙度	$\phi^m = 0.2$
裂缝系统孔隙度	$\phi^f = 0.02$
大尺度裂缝物性	$K^F = 1 \times 10^6$ μm^2,$a = 0.001$ m
流体物性	$\mu_w = 1$ mPa·s,$\rho_w = 1\,000$ kg/m³;$\mu_o = 2$ mPa·s,$\rho_o = 800$ kg/m³
基岩系统相渗曲线类型	线　性
裂缝系统相渗曲线类型	二次型
毛管压力	忽　略
束缚水饱和度和残余油饱和度	$S_{wc} = 0.0$,$S_{or} = 0.0$

从图 5-10 中和 5-11 可以看出,各向同性的基岩系统表现出各向异性的压力分布特征,可见裂缝系统的渗透特征直接影响着基岩系统的压力变化。在含水饱和度图上,大尺度裂缝直接影响其周围裂缝系统和基岩系统的含水饱和度变化,其周围的流体被明显驱替。

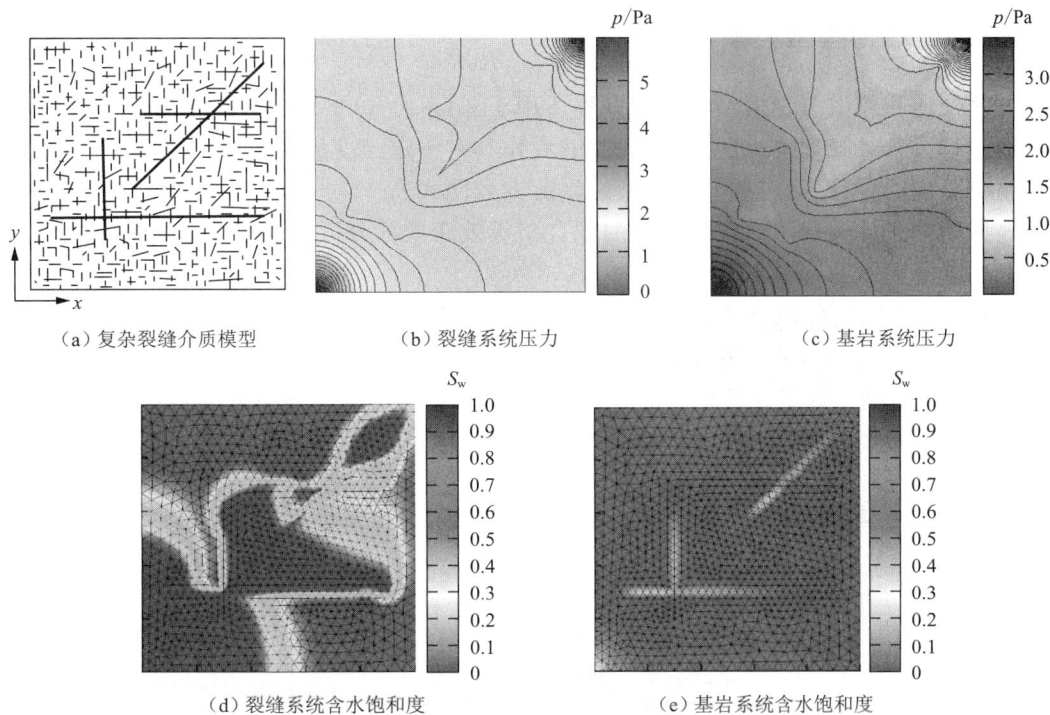

（a）复杂裂缝介质模型　　　（b）裂缝系统压力　　　（c）基岩系统压力

（d）裂缝系统含水饱和度　　　（e）基岩系统含水饱和度

图 5-10　注入 0.1 PV 时的压力和含水饱和度分布

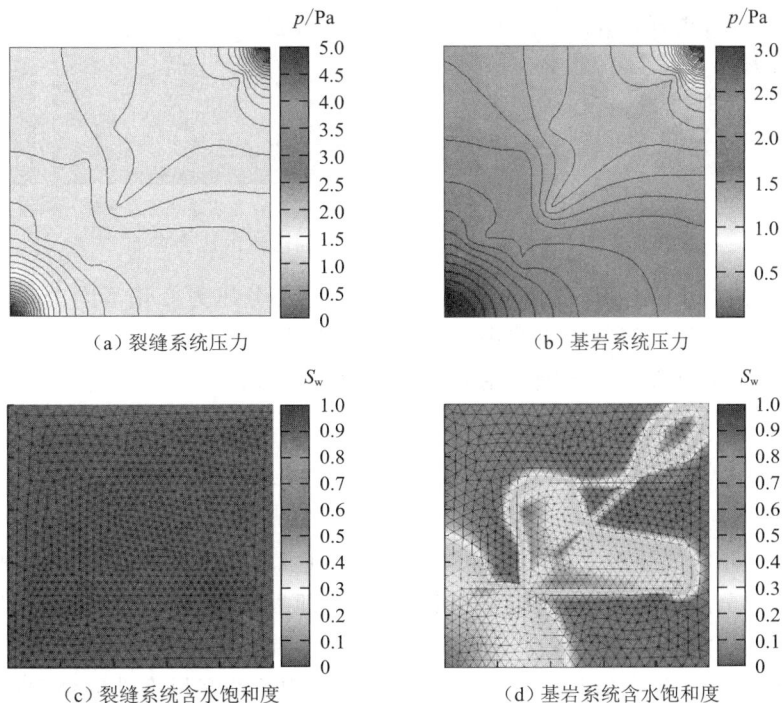

（a）裂缝系统压力　　　（b）基岩系统压力

（c）裂缝系统含水饱和度　　　（d）基岩系统含水饱和度

图 5-11　注入 2.3 PV 时的压力和含水饱和度分布

5.4 联合模型的类型及实现

5.4.1 联合模型类型

等效介质和离散裂缝模型的数学方程适用于式(5-3)～(5-10),只是在离散裂缝模型中对裂缝进行了升级处理,二维空间中的裂缝看作具有一定开度的线,三维空间中的裂缝则是具有一定厚度的平面,而双重介质模型的渗流方程同式(5-11)～(5-15)。

根据耦合条件实现渗流模型之间的耦合。等效介质部分可看作双重介质中的基岩系统或离散裂缝模型中的基岩部分。

(1)等效介质与离散裂缝耦合时,要求基岩边界压力与裂缝内压力相等,基质单元在裂缝边界处流出的流量等于裂缝在该处流入的流量。

(2)离散裂缝与双重介质耦合时,离散裂缝基质部分与双重介质基岩系统相耦合,压力相等,质量守恒;离散裂缝与双重介质的裂缝系统相耦合,压力相等,质量守恒。

5.4.2 数值模拟结果分析

裂缝性油藏联合模型单相渗流的压力分布如图 5-12 所示。

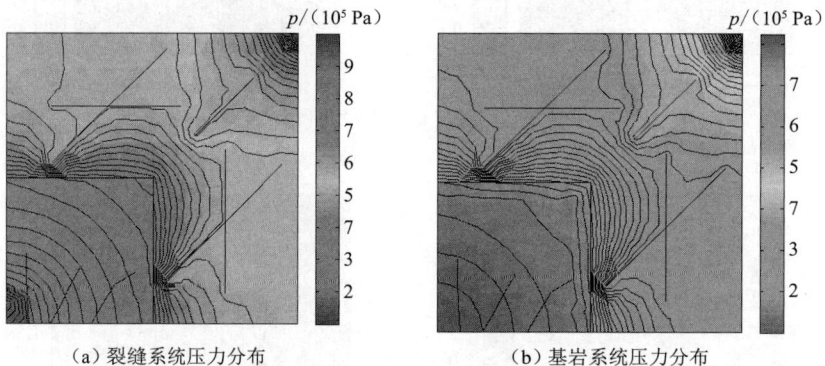

(a)裂缝系统压力分布　　　　　(b)基岩系统压力分布

图 5-12　裂缝性油藏联合模型单相渗流的压力分布

从图 5-12 中可以看出,双重介质部分和离散裂缝部分压力变化不同。双重介质中的裂缝系统存在明显的压降,而基岩系统中压力变化要平缓一些。在离散裂缝部分,离散裂缝上表现出等压特征,在离散裂缝周围的基质存在明显的压降。

5.5 本章小结

针对裂缝性介质的强烈非均质性和裂缝多尺度性特点,采用单一的流动模型难以实现对裂缝性介质的全面精细刻画,而应采用混合模型,即根据裂缝发育特点选择与之相适应的模型,多个模型混合使用,充分发挥不同模型的优势。混合模型数值模拟拓宽了单一模型的适用范围,能够实现对复杂裂缝性介质中裂缝发育不均衡和多尺度性的精细刻画。

第 6 章　多尺度数值模拟

实际油藏在空间上具有强烈的非均质性,其各参数在空间上有显著的多尺度特征。这类多尺度问题跨越多个数量级,采用传统数值方法进行模拟,计算量巨大且计算时间长,而多尺度方法可直接在地质模型上运行计算,因此多尺度方法在油藏数值模拟方面具有独特的优势。

6.1　研究现状与发展动态

许多自然科学和工程应用的问题都涉及多尺度问题。传统方法可以有效处理有限空间和时间尺度的问题。但当空间和时间尺度存在巨大差异时,多尺度效应将影响模拟结果。这类差异几乎出现在现代科学和工程的所有领域,如复合材料、多孔介质、大雷诺数流动下的湍流等。对这些问题进行全面的分析极其困难。例如,分析地下水运移的困难主要是由跨越多个尺度的地层非均质性引起的。非均质性通常由介质渗透率的多尺度波动表示。

传统数值方法模拟多尺度问题时,先将求解区域进行剖分,然后在小尺度上进行一系列求解计算。当非常精细地划分网格时,则节点数增加,计算量也会增大,很容易超出普通计算机的计算能力。即使利用超级计算机,多尺度问题直接求解仍很困难,主要难点是计算量大,计算时需要占用大量内存、花费大量时间。虽然这种情况可以通过并行计算得到一定程度的缓解,但离散问题的计算量仍然没有减少。如果只在大尺度上进行求解,忽略小尺度影响,则会降低结果的精确度。若是能够分析出问题的所有小尺度特征,那么直接解就可以提供问题所有尺度上的定量信息。另一方面,从应用角度来看,通常仅预测多尺度系统的宏观属性就可满足需求。因此,人们一直致力于寻找一种不需要分析所有小尺度特征即可反映其对大尺度的影响又能够保持计算精度的数值方法来处理多尺度问题。

在处理多尺度问题时,经常会遇到所需参数难以得到的问题。例如,在研究油藏中流体的渗流规律时,孔隙尺度上的地层参数就难以全部测定。遇到这种情况时,可以利用表征单元体(REV)得到关于非均质性的重要信息。假设可以得到整个宏观区域非均质性的数据(见图 6-1),那么就可以通过放大(或均化)来模拟整个区域。多尺度有限元法可以很容易地处理这类情况。比如研究地层渗流规律,渗透率场就是具有多尺度的空间场。我们无法得到整个研究区域渗透率场在小尺度上的详细描述,只能获取小部分区域(REV)的信息。基于REV的信息,就可以模拟地层流体的宏观运动,但前提是地层参数可进行尺度分离。

图6-2反映了一般地层问题中渗透率的多尺度特性。孔隙尺度上的信息是了解岩样渗透率所必需的,同时也是建立大尺度多孔介质综合模型所必需的。图6-3为地质多尺度变化。从图中可以看出,具有复杂几何结构的断层(见图6-3a),低

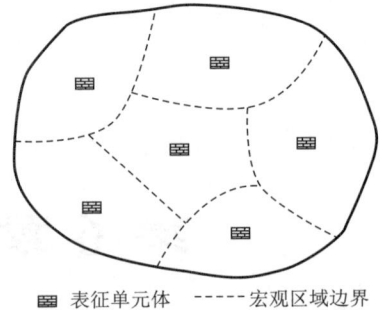

表征单元体 ----宏观区域边界

图6-1 表征单元体和宏观单元示意图

渗透率的压实带(见图6-3b)和不同尺度其他裂缝;图6-3(b)是断层带的放大图,断层渗透率低,并且滑移带由充填(完全或部分)胶结物的裂缝构成;图6-3(c)和(d)是从孔隙尺度观察的部分滑移带。若只基于前面提到的REV信息进行模拟,不考虑大尺度非局部信息,则将产生巨大的误差。因而,分析各个尺度下解的多尺度结构对于模拟是至关重要的。

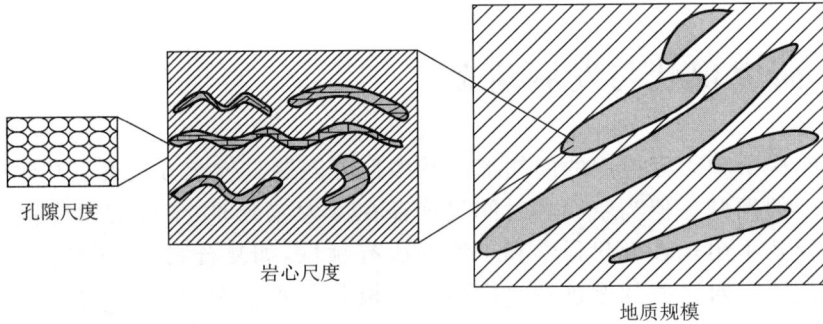

孔隙尺度

岩心尺度

地质规模

图6-2 多孔介质中各种尺度简图

多尺度计算模型的构造方法一般可分为尺度分离和尺度间耦合两种。前者是对分析对象的不同部分采用不同尺度,而后者着眼于寻找不同尺度之间的联系。

随着多尺度模拟的不断发展以及各种新类型多尺度问题的出现,多尺度求解逐渐引起了人们广泛的关注,推动了多尺度计算方法的发展。采用传统数值方法处理多尺度问题存在各种弊端,而多尺度有限元法(Multiscale Finite Element Method,MsFEM)就能很好地解决这些问题。特别是近年来先进理论方法的提出和计算机技术的快速发展,为大规模、高精度的多尺度模拟和计算的发展提供了强有力的支持。

随着科技的进步,无论是在科学研究还是实际工程应用中,空间尺度均已发展到微观层面。随之出现的多尺度建模、计算等一系列问题,也是当今世界的前沿性课题。对于这类问题,使用传统有限元法(Finite Element Method,FEM)在现有计算机水平上进行求解存在很大困难。另外,分析这类多尺度问题时并不需要得到微观尺度下的所有信息,往往更关注于宏观尺度上解的性质。因此,基于多尺度问题求解的复杂性,国内外研究学者提出了多种多尺度计算方法,大致分为传统的多尺度计算方法和近年来发展的多尺度计算方法。

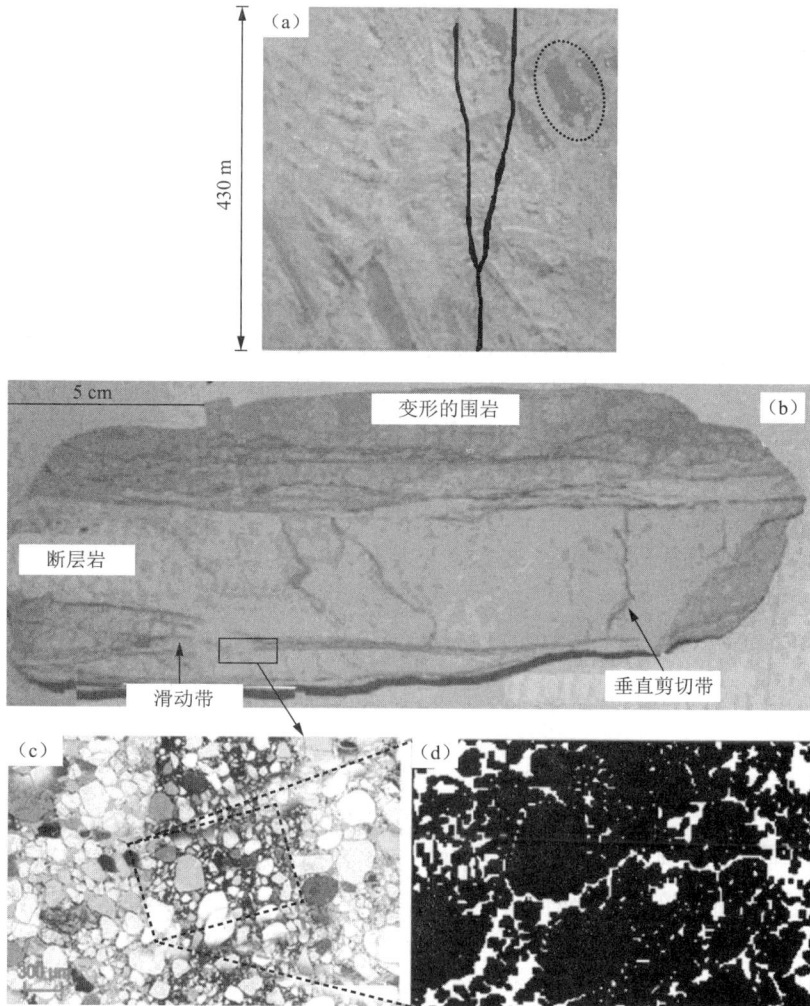

(a)

430 m

5 cm

变形的围岩

(b)

断层岩

滑动带

垂直剪切带

(c)

(d)

300μm

图 6-3　地层非均质性级别示意图

6.1.1　传统有限元法

　　传统有限元法进行数值模拟时,首先将求解区域进行离散化,形成一系列有限单元,并假定有限单元内的介质是均质的;然后采用多项式插值来表示单元内的物理场特征;再根据里兹法或 Galerkin 法等,建立单元的有限元方程;再根据有限单元各个节点在求解区域内的整体编号,将求解区域内的所有有限单元方程集合成求解区域的整体有限元方程;最后求解有限元方程,计算求解区域内的物理场特征。插值函数经常采用线性多项式,这是对单元内真实物理场的一种近似。如果单元内的介质为非均质的,则误差将增大,因此传统有限元法假设单元内介质是均质的;如果介质非均质性明显,则需要对单元进行进一步剖分,以保证每个单元的参数是常数。从理论上讲,有限单元上选定的插值函数越逼近物理场函数,有限单元越精细,有限单元的节点越多,有限元法的数值解越逼近物理场的真实解。通常选用的插值函数是线性插值,而当单元内介质为非均质时,物理场的变化通常是非线性的,此时必将产生较大误差;当采用精细网格时,则相应节点个数增加,将大大地增加计算量。所以,采用 FEM 模拟裂缝性油藏的多尺度问题存在一定的局限性,主要原因在于:采用的基函数难以真实地描述物理问题的实质,不满足渗流微分方程。如果基函数本身满足渗流微分方程,那么介质的非均质性就可以通过解的渗流定解问题反映到基函数上,这正是 MsFEM 的基本思路。

MsFEM 是针对多尺度问题提出的解决方法,如多孔介质的非均质性就包含了很多尺度,这种多尺度的非均质性通常用介质渗透性的多尺度波动来表示。对于一个具有不同尺度的地下渗流问题,在所有小尺度上用有限元法求解,即使利用现代的大型计算机,也是非常困难的。所有小尺度直接求解能提供物理过程在所有小尺度下的定量信息,但从工程应用角度,掌握多尺度系统的宏观性质就足够了。MsFEM 是一种在大尺度上求解,而又能将小尺度特征反映到大尺度上的方法。对于大区域的模拟问题,若非均质性明显,则 MsFEM 非常适用,它能克服传统有限元法在这种条件下应用的困难。MsFEM 中每个单元的参数可以变化,参数变化对压力分布的影响反映到单元基函数中,因此较粗的单元剖分就能刻画出研究区域参数的变化和流场分布,所以计算量要小得多。MsFEM 的关键是如何构造反映单元内非均质介质特征的基函数,这也是它与传统有限元法的本质区别。

6.1.2　多尺度计算方法

传统的多尺度计算方法包括多重网格法、自适应有限元法、区域分解法等。下面对这三种方法进行简述。

多重网格法(Multigrid Method)是 1977 年 Brandt[170] 提出的,随后在流体力学等领域得到广泛应用。其基本思想是在求解区域建立粗、细两套网格,并建立相应的差分或有限元离散方程,然后在粗、细网格上迭代求解方程,利用粗网格消除低频光滑部分,利用细网格消除高频误差部分。目前该方法仍难应用于实际问题中。

自适应有限元(Adaptive Finite Element, AFE)方法是 1978 年 Babuška[171] 提出的。AFE 法有 h 型、p 型、h-p 型三种基本方法[172]。h 型是有限元基函数次数 p 不变,通过减小单元尺寸 h 来得到理想精度;p 型是保持 h 不变,通过增加 p 来降低近似误差,在误差较大时通过增加有限元函数的次数来提高精度;h-p 型是 h 型与 p 型的结合。

区域分解法(Domain Decomposition Method,DDM)是将求解区域分为若干子区域,子区域形状尽可能规则。根据子区域有无重叠,可分为重叠型和非重叠型两类。重叠型 DDM 的思想源于 1890 年 Schwarz 交替法[173];非重叠型 DDM 比重叠型直观易用,适于处理在不同子区域上采用不同控制方程的复杂问题。

从上面几个多尺度计算方法来看,它们都是在小尺度上进行求解,在解决实际工程问题时仍存在计算量大的问题。因此,为了找到更有效的计算方法,近年诸多学者提出多种多尺度计算方法,除了多尺度有限元法外,还包括均匀化方法、小波数值均匀化方法、变分多尺度法、非均匀多尺度法、多尺度有限体积法、自适应多尺度有限元法、尺度升级法以及其他一些方法[174]。

均匀化方法(Homogenization Method)[175,176] 用于分析研究具有周期性结构的问题,通过把小尺度上的周期性单元信息映射到大尺度上,从而导出宏观大尺度上的属性方程,即可在大尺度上对原问题进行求解。均匀化方法在工程等方面的应用中已取得成功,但该方法是建立在微观结构周期性假设的基础上的,因此其应用范围受到一定限制。

小波数值均匀化方法（Wavelet-based Numerical Homogenization Method）是 1998 年 Dorbonuant 和 Engquist[176] 针对椭圆形方程提出的方法。该方法基于多分辨分析，在小尺度上建立原方程的离散算子，然后对离散算子进行小波变换，得到对应大尺度上的数值均匀化算子。该方法在大尺度上求解，可大大地减少计算时间，但小波变换过程较为复杂。

变分多尺度法（Variational Multiscale Method，VMM）是 1995 年 Hughes[177-181] 提出的。该方法基于多尺度模型分析和后验误差估计，将标量场分解成大尺度解和小尺度解之和，然后分别进行求解。解的分解建立在解的小尺度信息在给定的网格上不能被捕捉的假设之上。一般地，尺度解可以通过分析或数值的方法来确定。经改进的变分形式能得到更精确的数值近似[182]。

非均匀多尺度法（Heterogeneous Multiscale Method，HMM）是 2003 年 E Weinan 等[183-186] 提出的构造多尺度计算方法的一般框架。该方法先是建立含有未知系数的宏观粗网格的格式，然后通过求解局部小尺度单元对宏观系数进行估算，最后在整个区域上求解宏观方程。该方法由两个重要的部分组成：基于宏观变量的整体宏观格式和由微观模型来估计缺省的宏观数据。HMM 还可以采用高阶有限单元作为宏观算法将其应用于高阶情况，如图 6-4 采用二次单元作为宏观算法[187]，也可以扩展到等参有限单元作为宏观算法的情况。

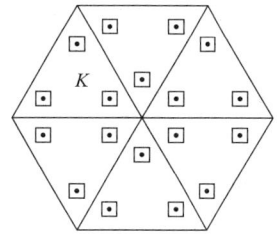

图 6-4　HMM 算法示意图

多尺度有限体积法（Multiscale Finite Volume Method，MsFVM）是 Jenny 等于 2003 年提出的[188,189]。该方法是在宏观上对求解区域进行网格剖分，在剖分单元确定控制体，并在控制体内对微分方程进行积分以得到单元平衡方程，然后利用不同方法由离散平衡方程得到不同形式的有限体格式，因而，该方法网格剖分灵活，可以处理复杂的边界条件。该方法的基本特点是能保持物理量的局部守恒。

自适应多尺度有限元法（Adaptive Multiscale Finite Element Method，Adaptive Ms-FEM）由贺新光等于 2009 年首次提出[190,191]。该方法将非线性格式与在时间域上具有自适应特征的多尺度基函数进行耦合，从而处理定义在小尺度网格上的问题。该方法的思路是采用修改的迭代格式作为多尺度方法的框架，并构造随时间变化的自适应多尺度基函数，用来捕捉方程系数中的小尺度信息。

尺度升级法（Upscaling Method）的基本思路是首先建立具有已知解析形式的大尺度方程，它可能不同于基本的小尺度方程，然后在粗网格上求解这些尺度升级后的方程[192,193]。在线性椭圆方程中，大尺度方程与小尺度方程形式一样，只是系数用有效均匀化系数表示。对于涉及尺度分离的问题，可以建立升尺度法与多尺度法之间的平衡式。尺度升级方法是对数值模型的粗网格赋予有效或等价特性的过程，根据计算方法可以分为确定性、随机、试探三类。Durlofsky[143]、McCarthy[194] 等提出的尺度提升方法更具一般性。Durlofsky 采用尺度提升计算了非均质性周期分布的多孔介质渗透率张量，如图 6-5 所示。Durlofsky 假设渗透率张量在小尺度 y 上变化而在大尺度 x 上不变，从而将确定多尺度变化的渗透

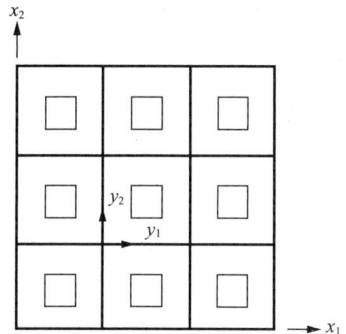

图 6-5　空间周期多孔介质

率张量简化为求解小尺度 y 上的等效渗透率张量,但其只对非均质性具有两个不同尺度或者等效渗透率张量计算区域是 REV 这两种情况成立。尺度升级的依据是周期问题的均质化理论,如果应用到非周期问题时不一定适用,而且当介质相关积分尺度较大时,应用起来也很困难。

多尺度有限元法源自 Babuška 等在文献[195]和[196]中的先驱工作。1983 年,Babuška[195]针对一维问题,采用多尺度基函数对具有特殊多尺度参数的椭圆方程进行求解;1994 年,他对特殊二维问题进行了分析[196]。Babuška 等通过引入多尺度基函数给出了多尺度有限元法的雏形。

1997 年,Hou 等[197,198]将其推广到一般的二维震荡系数椭圆问题,开创性地提出了多尺度有限元法。他们提出了求解椭圆形问题的多尺度有限元方法,MsFEM 不需要在小尺度上精确求解就可以准确抓住解的大尺度特征,通过基函数满足局部微分算子来实现。

Hou 和 Wu[198]分析了二维多孔介质中的单相稳定流。他们提出两种基函数的边界条件:一种是线性边界条件,与传统有限元法的基函数在边界的变化相似,只根据与节点坐标的关系,沿边界从 1 到 0 线性变化,不反应边界上的参数变化;另一种是震荡边界条件,基函数在边界上满足简化的椭圆方程,它能把边界上参数变化所引起的压力变化反映出来。例如,任一单元 E(见图 6-6)节点 $\boldsymbol{x}_i = (x_i, y_i)$ 的基函数 ϕ_i 满足简化椭圆方程:

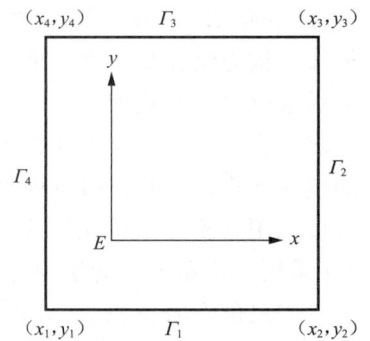

$$\nabla \boldsymbol{K}(\boldsymbol{x}) \nabla \phi_i = 0, \quad \boldsymbol{x} \in E \qquad (6\text{-}1)$$

图 6-6 单元 E 示意图

式中,$\boldsymbol{K}(\boldsymbol{x})$ 为渗透系数张量,并且在节点处满足 $\phi_i(\boldsymbol{x}_j) = \delta_{ij}$,当 $i = j$ 时,$\delta_{ij} = 1$;当 $i \neq j$ 时,$\delta_{ij} = 0$。如果 $\boldsymbol{K}(\boldsymbol{x})$ 在空间上可拆分,如 $\boldsymbol{K}(\boldsymbol{x}) = K_1(x) K_2(y)$,那么可以得到 ϕ_i 在边界上的解析解。例如,在 Γ_1 上有:

$$\phi_i(x)\big|_{\Gamma_1} = \frac{\int_x^{x_2} \dfrac{\mathrm{d}t}{K(t)}}{\int_{x_1}^{x_2} \dfrac{\mathrm{d}t}{K(t)}} \qquad (6\text{-}2)$$

如果 K 为常数,那么 $\phi_i(x) = (x_2 - x)/(x_2 - x_1)$ 是线性的;如果 K 不为常数,则 ϕ_i 即为 Γ_1 上的震荡边界条件。同理,可以得到其他边上的震荡边界条件。再结合式(6-1),就可以得到具有震荡边界条件的基函数。

这两种边界条件类型都满足 $\sum_{i=1}^{d} \phi_i = 1$,$d$ 为单元 E 的节点数。

Hou 和 Wu 认为基函数的边界条件对 MsFEM 的准确性起着重要作用。为避免网格尺寸与物理小尺度大小相近引起的共振,他们进一步提出超样本技术,以解决单元共振误差带来的影响。超样本技术是将原单元 E 放大,记放大后的单元为 S,如图 6-7 所示。先在超样本单元 S 上求临时基函数 $\psi_i(i = 1, \cdots, d)$。E 位于 S 内,则单元 E 对应的基函数可以

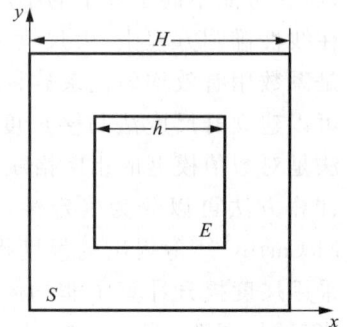

图 6-7 超样本区域示意图

由临时基函数 $\psi_i(i=1,\cdots,d)$ 得到,即

$$\phi_i = \sum_{j=1}^{d} c_{ij}\psi_j \tag{6-3}$$

结合(6-3)即可得到原单元上的基函数。

此后,Efendiev 等进一步将 MsFEM 用于求解非线性问题[199,200]。MsFEM 的基本思路是:基于控制方程的微分算子,在单元上求解基函数的局部方程以获得基函数,自动地将小尺度下解的信息带入到大尺度范围内,利用有限元格式在粗网格上组装总体刚度矩阵,如此就可以用较小的计算量得到大尺度上的解。多尺度基函数是多尺度有限元方法的关键,尽可能消除单元上尺度之间的不良影响,基函数就越能更好地体现小尺度的信息,所求解得到的数值解越精确。但 Hou 等只对参数是连续变化的二维稳定流进行了研究,没有涉及参数突变、非稳定流等问题。

2003 年,Chen 和 Hou[201]针对非均质严重的多孔介质,提出了混合多尺度有限元法,并结合超样本技术求解局部 Neumann 边界值问题,获得更精确的多尺度基函数。

2003 年,Chen 和 Yue[202]基于 MsFEM 对非均质稳定渗流问题中井的处理进行了研究。通过在井点处添加基函数来进行井的局部求解。他们提出一种尺度升级技术,将小尺度信息整合到大尺度上的宏观信息中。

2004 年,Chen 和 Cui[203]提出一种多尺度协调有限元法,用以求解具有高震荡系数的椭圆形问题。他们建立了一个特殊的多尺度协调有限元空间,在此空间内的多尺度基函数由粗网格上的线性协调基函数和包含小尺度信息的特殊气泡式(bubble-like)函数构成。

2005 年,Allaire 和 Brezzi[204]提出多尺度有限元法的数值均匀化方案。他们对全局粗网格和局部细网格进行耦合,其中细网格用于独立局部计算粗网格的有限元基,粗网格用于计算偏微分方程的解。通过数值均匀化,不仅计算出非均质严重问题的平均场解,而且得到局部振动特征。

2009 年,江山等[205]利用多尺度有限元法对二维奇异摄动反应扩散边界层问题进行了求解。

各种多尺度计算方法的目的都是对多尺度模拟建立一个通用的计算框架。Equation-Free 法[206]和 HMM 等多尺度计算方法都是利用 REV 中的信息对宏观方程组进行求解,并且这些方法都得到了广泛的应用。在求解偏微分方程问题时,MsFEM 与这些方法相类似。对于这类问题,尺度基函数一般通过 REV 的解近似。对于 MsFEM,局部问题可以由不同于全局方程组的方程表示。多尺度模拟中重要的一步通常是确定宏观方程组的形式和决定基函数的变量。在许多线性问题和尺度分离的问题中,这一点很好理解。但对于多尺度模拟中许多一般的数值方法并没有描述关于如何确定影响宏观量(如多尺度基函数)的变量。

多尺度有限元法可通过反复采用不同的源和边界条件预计算有效的参数。从预计算尺度升级的参数来看,MsFEM 法被看作是一种尺度升级方法。尺度升级的大致过程如图 6-8 所示。多尺度有限元法还可以反复利用预计算的量对不同源项、边界条件等建立大尺度方程组。此外,自适应和并行计算可用于多尺度方法,从而对部分区域的大尺度解进行降维。MsFEM 的这些特征可应用于地层方面的研究。多尺度有限元法有别于局部问题计算多次的区域分解法(DDM)。区域分解法是求解多物理场问题的有效方法,然而,迭代成本很高,特别是对多尺度问题。在适当的假设条件下,这些迭代确保区域分解法的收敛性。另一方

面,多尺度有限元试图寻找精确的次网格攫取解并避免迭代,但这不总是可行的,因此可以考虑具有准确次网格模型的混合方法。

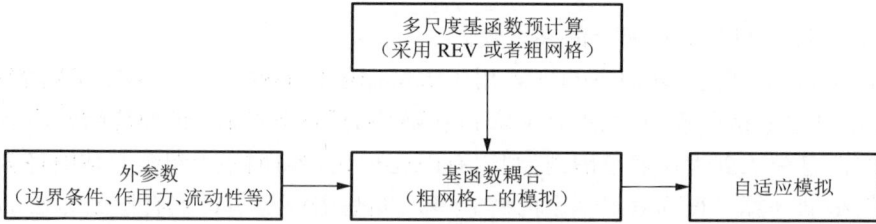

图 6-8　尺度升级过程示意图

近年来,多尺度模拟的研究方向之一是一些有限的全局信息的利用。有限的全局信息的利用在尺度升级法中经常出现,它利用一些简化代理模型来提取关于物理过程非局部多尺度运动的重要信息。代理模型一般在预计算时脱机计算,而且计算费用较高。然而,通过计算有效参数,可以对具有变化源项、边界条件等动态问题提供更为准确的描述,例如非均质性严重的介质中的两相非混相流。Chen[207] 研究了非均质严重的介质中两相非混相流,利用单相流信息对两相流和运移进行精确的尺度升级。特别是在计算尺度升级的渗透系数时,对全局单相流方程求解多次,然后将其用于粗网格的两相流流动和运移的模拟。与尺度升级法利用有限的全局数据原理类似,利用有限的全局信息的多尺度有限元方法也提了出来[207,208]。Owhadi[209] 提供了利用有限全局信息的尺度升级的理论基础。MsFEM 利用有限的全局信息建立多尺度基函数。

6.2　多尺度有限元方法原理

多尺度有限元法(MsFEM)是针对多尺度问题提出的解决方法,它克服了传统方法的不足,无需在小尺度上进行精确求解就能够在大尺度上捕获小尺度特征。

多尺度有限元法与传统有限元法的本质区别在于基函数的选取。传统有限元在选取基函数时通常采用线性或二次多项式基函数对真实物理场进行近似,此类基函数难以真实描述物理问题的实质。MsFEM 的基函数则是通过求解基于控制方程微分算子在单元上的局部方程得到的,这样自动将小尺度信息引入大尺度范围内。MsFEM 尤其适用于非均质性明显的大区域模拟问题,可克服传统 FEM 在这种条件下应用困难的问题。MsFEM 的单元基函数反映了单元参数变化,采用较粗的单元剖分就能刻画出研究区域,从而减小计算量。MsFEM 的关键是如何构造完整体现小尺度信息的基函数。

6.2.1　多尺度基函数的构造

多尺度有限元法的关键是构造可以反映材料微观结构信息的多尺度基函数。以二维稳定渗流问题为例:

$$-\nabla \cdot \left[\frac{\boldsymbol{K}(x,y)}{\mu}\nabla p\right] = q(x,y) \in \Omega \tag{6-4}$$

式中,$\boldsymbol{K}$ 为油藏渗透率张量;p 为压力;q 为源汇项。

令 Ω_h 为区域 Ω 的粗网格剖分,对每个粗网格单元 $E\in\Omega_h$,定义一组节点基函数$\{\phi_E^i,i=1,\cdots,d\}(d$ 为单元节点数)$,\boldsymbol{x}_j(j=1,\cdots,d)$为单元 E 的节点。

多尺度有限元法与有限元法的最大不同在于基函数的构造,前者利用原问题来构造基函数,即基函数 ϕ_E^i 满足齐次局部问题:

$$-\nabla\cdot\left(\frac{\boldsymbol{K}}{\mu}\nabla\phi_E^i\right)=0,\quad E\in\Omega_h \tag{6-5}$$

式中,$\phi_E^i(\boldsymbol{x}_j)=\delta_{ij}$,即当 $i=j$ 时,$\delta_{ij}=1$;当 $i\neq j$ 时,$\delta_{ij}=0$。基函数满足 $\sum\limits_{i=1}^{d}\phi_E^i=1$。这样构建的多尺度基函数一般没有解析解,通常需要将单元 E 进一步剖分,用有限元法等数值方法求得基函数的数值解。MsFEM 基函数能够反映相应的非均质性(见图 6-9),而这个优点是标准有限元基函数不具备的。

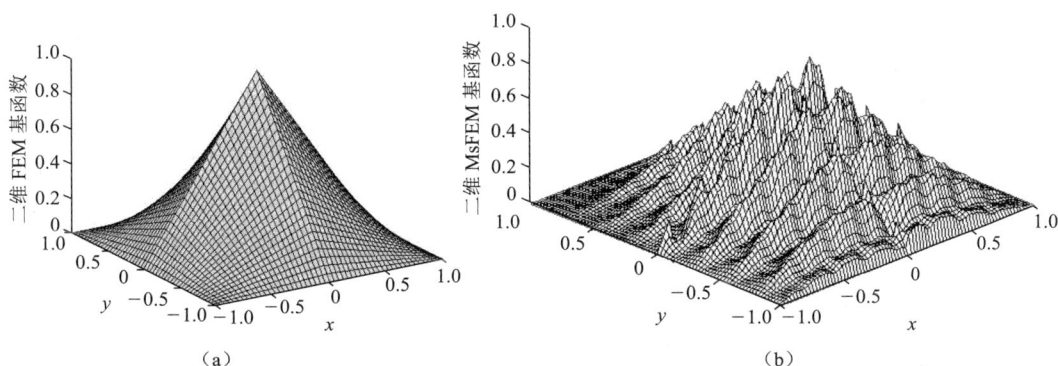

图 6-9　二维情况下 FEM 线性基函数与 MsFEM 基函数的对比图

6.2.2　多尺度基函数的边界条件

多尺度基函数边界条件的选取至关重要,它对多尺度有限元法的计算精度有重要影响。对于多尺度有限元法,边界条件一般分为线性边界条件和震荡边界条件两类。

线性边界条件与传统有限元法中基函数在边界上的变化类似,基函数不反映边界上参数的变化,只与边界上各点的坐标有关,从边界的一端到另一端从 1 线性地变化为 0。震荡边界条件则会将单元边界的参数变化所形成的分布特征反映出来。施加震荡边界条件所得到的多尺度基函数的性能比施加线性边界条件所得到的多尺度基函数的性能要好。与此同时,在粗网格单元上求解多尺度基函数时,如果粗网格单元上细网格的划分解析了单元介质的非均质性,则多尺度有限元法可以获得与传统有限元在相同细网格尺度上求解此问题时相同的收敛性;当细网格划分未能解析单元介质的非均质性时,使用有限元法将不能获得准确的结果,而多尺度有限元法仍能较好地获得问题的多尺度解。

6.2.3　超样本技术

为了避免粗网格大小与非均质材料物理尺度相近而引起的共振效应,同时也为了构建更为合理的多尺度基函数,进一步提高多尺度有限元法的计算精度和收敛性,Hou 等提出了超样本技术,即将原单元放大,先在放大的单元(超样本单元)上求临时基函数,然后根据临时基函数得到原单元上的基函数。

以图 6-10 中的单元为例,Δ_{ijk} 为原始的单元,Δ_{abc} 为超样本单元。超样本单元可以只比原始单元稍大,也可以比原始单元大很多倍,但超样本单元放大过多会在求解基函数时增加额外的计算量。需注意,超样本单元必须与原单元形状相似。

令点 i,j 和 k 的基函数依次为 ϕ_K^i,ϕ_K^j 和 ϕ_K^k;点 a,b 和 c 的临时基函数依次为 ψ_1,ψ_2 和 ψ_3。首先应用前面介绍的求基

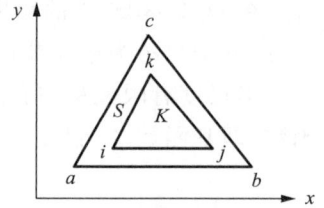

图 6-10　超样本单元示意图

函数的方法求出超样本单元 Δ_{abc} 的临时基函数。以 Δ_{abc} 中的点 a 的临时基函数 ψ_1 为例加以说明。ψ_1 为以下简化问题的解:

$$\begin{cases} L^\varepsilon \psi_1 = 0, & \text{in} \quad \boldsymbol{x} \in \Delta_{abc} \\ \psi_1 = w_1, & \text{on} \quad \partial \Delta_{abc} \end{cases} \tag{6-6}$$

其中,$w_1|_a = 1, w_1|_b = 1, w_1|_c = 1$,在边界上的值可按线性边界条件或者震荡边界条件给出;L^ε 为拉普拉斯算子。类似于求解 ψ_1 的方法,将式(6-6)中的 ψ_1 替换成 ψ_2 和 ψ_3,并修改相应的边界条件,即可求出点 b 和 c 的临时基函数 ψ_2 和 ψ_3。

由于单元 $K \subset S$,点 i,j,k 是 Δ_{abc} 的内点,所以基函数 ϕ_K^i,ϕ_K^j,ϕ_K^k 可由临时基函数 $\psi_l (l=1,2,3)$ 得到,具体关系式如下:

$$\phi_K^m = \sum_{l=1}^{3} C_{m,l} \psi_l, \quad m = i,j,k$$

其中,系数 $C_{m,l}$ 由 $\phi_K^m(\boldsymbol{x}_l) = \delta_{m,l}$ 求得。

超样本单元大小的选取:一方面,要足够大,以避免超样本单元边界层对内部目标粗网格单元的影响;另一方面,为了避免无谓地增加计算量,在保证计算精度的同时,超样本单元不宜取得太大。在实际计算中,超样本单元的选取较为灵活;同时,超样本技术明显提高了多尺度有限元法的计算精度。

6.3　强烈非均质油藏数值模拟

实际油藏通常是非均质的,其各种参数在空间上有显著的多尺度特征。油藏模拟的主要困难在于油藏非均质性的多尺度表征,而模拟的精度则很大程度上取决于地质模型的精度。目前地质建模技术可生成精细地质模型,其中包含大量的地质信息数据,一般的油藏地质模型可达数百万甚至数亿个网格单元,因计算量巨大,很难在现有计算机技术条件下实现油藏数值模拟。网格粗化后将大大减小计算量,但粗化后的大尺度油藏数值模拟不能充分捕捉油藏的小尺度特征。不同于网格粗化方法,多尺度方法是以具有原分辨率的全局问题为目标并在粗网格上进行求解,因此该方法在降低计算量的同时还能充分地捕捉到小尺度特征。

多尺度混合有限元法(Multi-scale Mixed Finite Element Method,MsMFEM)基于混合有限元来构造粗网格上的多尺度基函数,除具有 MsFEM 节省计算量、计算精度高等优点外,同时在粗网格上满足局部守恒,适于处理复杂多相流和不规则网格。目前国内外关于 MsMFEM 在油藏两相和多相渗流问题中的研究还非常少,对此,针对多尺度混合有限元法求解强非均质油藏的两相渗流问题的方法原理和两相流模拟技术进行研究。

6.3.1　两相流数学模型

假设岩石和流体均不可压缩且流动过程恒温,忽略重力和毛管压力的影响,油水两相渗流分流量模型为:

$$\phi \frac{\partial S_w}{\partial t} + \nabla \cdot (f_w \boldsymbol{v}) = q_w \tag{6-7}$$

$$\boldsymbol{v} = -(\lambda_w + \lambda_o)\boldsymbol{K}\nabla p, \quad \nabla \cdot \boldsymbol{v} = q \tag{6-8}$$

式中,ϕ 为孔隙度;S_w 为水相饱和度;$q = q_o + q_w$ 为总源汇项;q_o 和 q_w 为源汇项;$\boldsymbol{v} = \boldsymbol{v}_o + \boldsymbol{v}_w$ 为总速度;$\boldsymbol{K}$ 为渗透率张量;p 为压力;$f_w = \lambda_w/\lambda$ 为分流量;λ_o 和 λ_w 分别为油相和水相的流度,并满足:

$$\lambda_o = \frac{k_{ro}}{\mu_o}, \quad \lambda_w = \frac{k_{rw}}{\mu_w} \tag{6-9}$$

其中,k_{ro} 和 k_{rw} 分别为油和水的相对渗透率;μ_o 和 μ_w 分别为油和水的黏度。

对方程组进行顺序求解,先对时间域进行离散,然后采用多尺度混合有限元求解得到 $n+1$ 时刻的压力值 p^{n+1} 和速度 $\boldsymbol{v}^{n+1}$,此时式(6-8)中的参数均取 n 时刻的值,再利用求出的 $\boldsymbol{v}^{n+1}$,利用迎风法求解式(6-7),得到 $n+1$ 时刻的水相饱和度值 S_w^{n+1}。依次类推,可求出不同时刻压力场及饱和度场的分布。

6.3.2　多尺度混合有限元形式推导

令 $\Omega \in \mathbf{R}^d (d=2,3)$ 是有界闭区域,$\boldsymbol{n}$ 为边界 $\partial\Omega$ 的单位外法线向量。假设边界为不渗透边界,即在 $\partial\Omega$ 上 $\boldsymbol{v} \cdot \boldsymbol{n} = 0$,则压力方程的等效积分弱形式为:

$$\int_\Omega \boldsymbol{u} \cdot (\lambda\boldsymbol{K})^{-1}\tilde{\boldsymbol{v}}\mathrm{d}\Omega - \int_\Omega \tilde{p}\nabla \cdot \boldsymbol{u}\mathrm{d}\Omega = 0, \quad \boldsymbol{u} \in L_0^2(\Omega) \tag{6-10}$$

$$\int_\Omega l\nabla \cdot \tilde{\boldsymbol{v}}\mathrm{d}\Omega - \int_\Omega ql\mathrm{d}\Omega = 0, \quad l \in H_0^d(\Omega) \tag{6-11}$$

其中:

$$(\tilde{p}, \tilde{\boldsymbol{v}}) \in L_0^2(\Omega) \times H_0^d(\Omega)$$

令 Ω_h 是 Ω 的一网格剖分,U 和 V 是 $H_0^d(\Omega)$ 和 $L_0^2(\Omega)$ 在剖分 Ω_h 上的有限维子空间。采用混合有限元法对式(6-10)和(6-11)进行离散,得到相应的离散形式:

$$\int_\Omega \boldsymbol{u} \cdot (\lambda\boldsymbol{K})^{-1}\boldsymbol{v}\mathrm{d}\Omega - \int_\Omega p\nabla \cdot \boldsymbol{u}\mathrm{d}\Omega = 0, \quad \boldsymbol{u} \in U \tag{6-12}$$

$$\int_\Omega l\nabla \cdot \boldsymbol{v}\mathrm{d}\Omega - \int_\Omega ql\mathrm{d}\Omega = 0, \quad l \in V \tag{6-13}$$

其中:

$$(p, \boldsymbol{v}) \in U \times V$$

设 $\{\boldsymbol{\psi}_i\}$ 和 $\{\phi_k\}$ 分别是 U 和 V 的一组基函数。令 $\boldsymbol{v} = \sum v_i\boldsymbol{\psi}_i, p = \sum p_k\phi_k$,可以得到线性方程组为:

$$\begin{bmatrix} \boldsymbol{B} & \boldsymbol{C} \\ \boldsymbol{C}^T & 0 \end{bmatrix} \begin{bmatrix} \boldsymbol{v} \\ -\boldsymbol{p} \end{bmatrix} = \begin{bmatrix} 0 \\ \boldsymbol{q} \end{bmatrix} \tag{6-14}$$

式中,$\boldsymbol{B}=\{b_{ij}\}$,其中 $b_{ij}=\displaystyle\int_{\Omega}\psi_i\boldsymbol{\cdot}(\lambda\boldsymbol{K})^{-1}\psi_j\,\mathrm{d}x$;$\boldsymbol{C}=\{c_{ik}\}$,其中 $c_{ik}=\displaystyle\int_{\Omega}\phi_k\nabla\boldsymbol{\cdot}\psi_i\,\mathrm{d}x$;$\boldsymbol{q}=\{q_k\}$,其中 $q_k=\displaystyle\int_{\Omega}\phi_k q\,\mathrm{d}x$;$\boldsymbol{v}=\{v_i\}$;$\boldsymbol{p}=\{p_k\}$。

令 $\Omega_h=\{\Omega_i\}$ 是 Ω 的一粗网格剖分,$\{E_k\}$ 是 Ω_i 上的细网格剖分,满足:$E_k\cap\Omega_i\neq 0$,如图 6-11 所示。令 $\Gamma_{ij}=\partial\Omega_i\cap\partial\Omega_j$,每个交界面 Γ_{ij} 对应于一个速度基函数 $\psi_{ij}\in U$,每个粗网格 Ω_i 对应于一个压力基函数 $\phi_i\in V$。

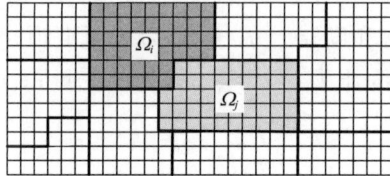

图 6-11　网格剖分示意图

1)速度的多尺度基函数

在区域 $\Omega_{ij}=\Omega_i\cup\Gamma_{ij}\cup\Omega_j$ 内,速度的基函数 $\boldsymbol{\psi}_{ij}$ 满足下面的局部流动问题:

$$\boldsymbol{\psi}_{ij}=-\lambda\boldsymbol{K}\nabla\phi_{ij} \tag{6-15}$$

$$\nabla\boldsymbol{\cdot}\boldsymbol{\psi}_{ij}=\begin{cases}w_i(x), & x\in\Omega_i\\ -w_j(x), & x\in\Omega_j\end{cases} \tag{6-16}$$

$$\boldsymbol{\psi}_{ij}(x)\boldsymbol{\cdot}\boldsymbol{n}=0, \quad x\in\partial\Omega_{ij} \tag{6-17}$$

$$\boldsymbol{\psi}_{ij}(x)\boldsymbol{\cdot}\boldsymbol{n}_{ij}=v_{ij}, \quad x\in\Gamma_{ij} \tag{6-18}$$

式中,$\boldsymbol{n}$ 为 $\partial\Omega_{ij}$ 单位外法向量;$\boldsymbol{n}_{ij}$ 为由 Ω_i 指向 Ω_j 的 Γ_{ij} 单位法向向量;$w_i(x)$ 和 $w_j(x)$ 分别为 Ω_i 和 Ω_j 上的源汇分布函数,其中 $w_i(x)$ 满足 $\displaystyle\int_{\Omega_i}w_i(x)\,\mathrm{d}x=1$。

为了保证局部守恒,$w_i(x)$ 的选取如下:

$$w(x)_i=\begin{cases}\dfrac{1}{|\Omega_i|}, & \displaystyle\int_{\Omega_i}q\,\mathrm{d}x=0\\[3mm] \dfrac{q(x)}{\displaystyle\int_{\Omega_i}q(\xi)\,\mathrm{d}\xi}, & \displaystyle\int_{\Omega_i}q\,\mathrm{d}x\neq 0\end{cases} \tag{6-19}$$

边界条件 v_{ij} 的选取:

$$v_{ij}(x)=\frac{v_{ij}^0(x)}{\displaystyle\int_{\Gamma_{ij}}v_{ij}^0(s)\,\mathrm{d}s}, \quad x\in\Gamma_{ij} \tag{6-20}$$

其中:

$$v_{ij}^0=\boldsymbol{n}_{ij}\boldsymbol{\cdot}(\boldsymbol{K}\lambda)\boldsymbol{\cdot}\boldsymbol{n}_{ij}$$

多尺度基函数要满足质量守恒,小尺度问题必须采用一种质量守恒方法(如有限体积法)进行求解,求解方法的选取还与局部网格结构有关。

2)压力的基函数

将每个粗网格的压力看作常函数,因而压力基函数 $\phi_i\in V$ 满足:

$$\phi_i(x)=\begin{cases}1, & x\in\Omega_i \\ 0, & x\notin\Omega_i\end{cases}\qquad(6\text{-}21)$$

3）全局大尺度方程

令 $\boldsymbol{\Psi}$ 是以所有基函数 $\boldsymbol{\psi}_{ij}$ 作为列向量的矩阵；D 是粗网格到细网格的变换单元，若第 i 个粗网格包含第 j 个细网格，则 $D_{ij}=1$，否则 $D_{ij}=0$。

根据式（6-14），可得到大尺度刚度矩阵为：

$$\begin{bmatrix}\boldsymbol{B}^{c} & \widetilde{\boldsymbol{C}} \\ \widetilde{\boldsymbol{C}}^{\mathrm{T}} & 0\end{bmatrix}\begin{bmatrix}\boldsymbol{v}^{c} \\ -\boldsymbol{p}^{c}\end{bmatrix}=\begin{bmatrix}0 \\ \boldsymbol{q}^{c}\end{bmatrix}\qquad(6\text{-}22)$$

其中：

$$\boldsymbol{B}^{c}=\boldsymbol{\Psi}^{\mathrm{T}}\boldsymbol{B}^{\mathrm{f}}\boldsymbol{\Psi},\quad \widetilde{\boldsymbol{C}}=\boldsymbol{\Psi}^{\mathrm{T}}\boldsymbol{C}^{\mathrm{f}}D,\quad \boldsymbol{q}^{c}=D^{\mathrm{T}}\boldsymbol{q}^{\mathrm{f}}D$$

6.3.3　数值模拟算例

选用 SPE 第 10 标准算例 Model 2 的第 81 层为地质模型，左下角和右上角分别有注水井和生产井，注入采出速度均为 1 m³/d。第 81 层的小尺度渗透率分布如图 6-12（a）所示，模型小尺度剖分为 $220\times60=13\ 200$ 个单元，x 和 y 方向分别划分 220 个和 60 个网格；利

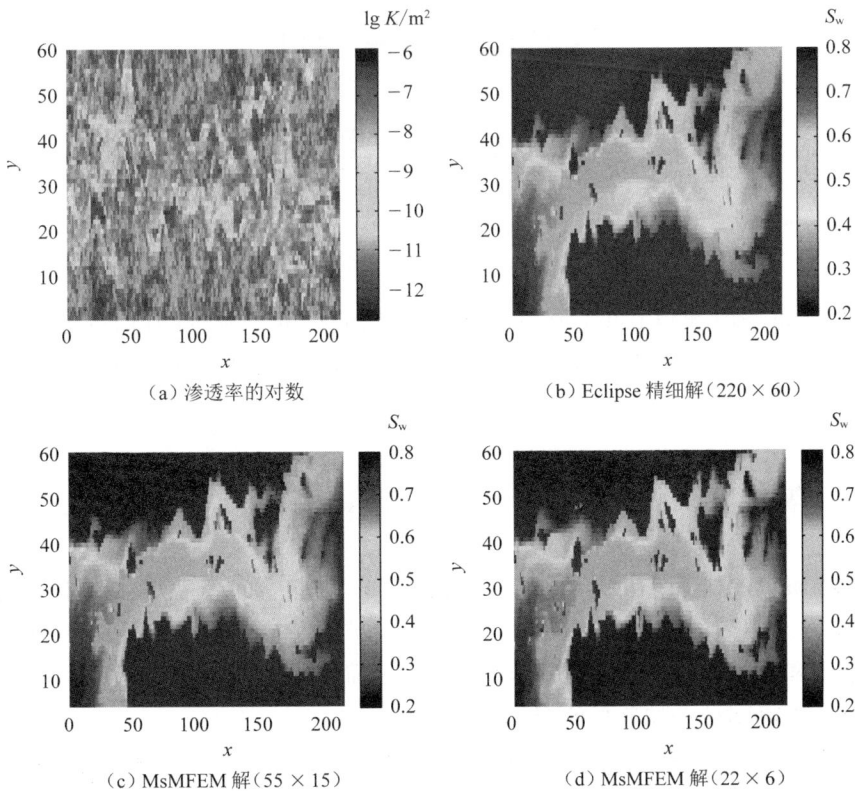

（a）渗透率的对数　　　　　　　　　　　（b）Eclipse 精细解（220×60）

（c）MsMFEM 解（55×15）　　　　　　　　（d）MsMFEM 解（22×6）

图 6-12　渗透率场（220×60）及注水量为 1 PV 时的含水饱和度场对比

用 MsMFEM 计算时采用的两种粗网格分别为 $55 \times 15 = 825$ 和 $22 \times 6 = 132$。分别采用 Eclipse 数值模拟软件和 MsMFEM 计算了相同条件下含水饱和度、压力分布的变化。图 6-12(c)和(d)分别为注水量为 1 PV 时，55×15 粗网格、22×6 粗网格的大尺度解映射得到的小尺度解；图 6-13 为注水量为 1 PV 时，Eclipse 解和 55×15 粗网格、22×6 粗网格对应的压力分布。

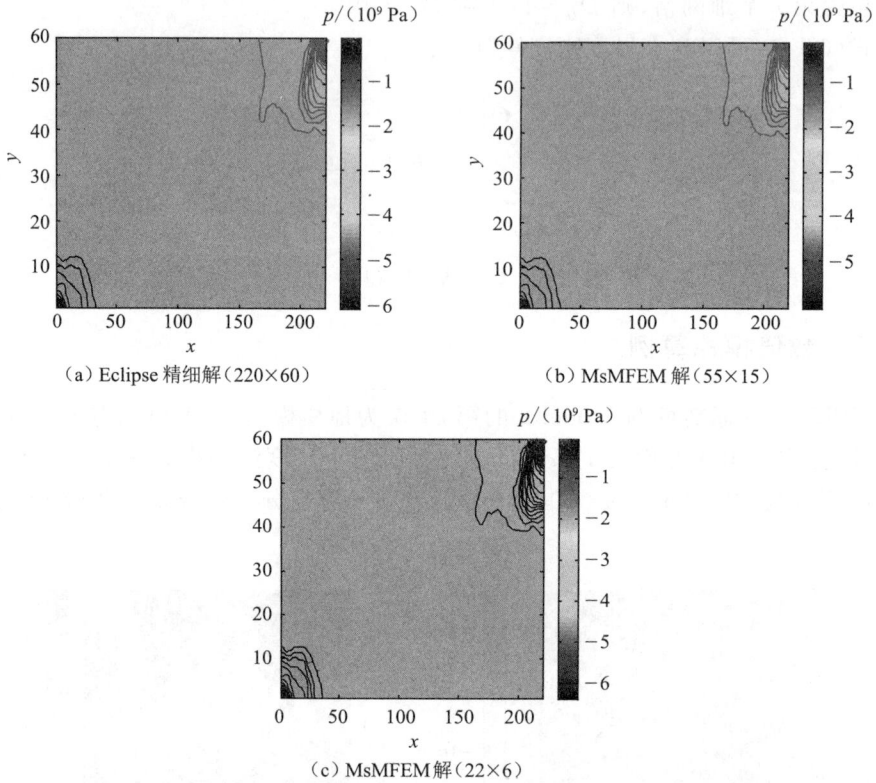

（a）Eclipse 精细解（220×60）　　　　　（b）MsMFEM 解（55×15）

（c）MsMFEM 解（22×6）

图 6-13　注水量为 1 PV 时的压力场对比

由图 6-12 和 6-13 可以看出，MsMFEM 在较粗的尺度上便可获得较高的精度，与之前的尺度升级技术不同，多尺度有限元法能够在大尺度计算时，通过局部更新和多尺度映射来捕获小尺度特征。

6.4　离散裂缝模型的多尺度数值模拟

裂缝性油藏具有储集空间大小相差悬殊的特征，裂缝空间尺度从几微米到几十米跨越多个数量级，具有强烈的非均质性和多尺度性。不同尺度的裂缝连接构成裂缝网络，成为重要的储集空间和流动通道，裂缝介质中的流动模式描述是不同尺度上的流动规律，因此，裂缝介质中的流体流动是一种典型的多尺度问题。

尺度升级的目的是通过在小尺度上进行计算来预测大尺度上的有效性质，但尺度提升后大尺度油藏数值模拟不能充分捕捉油藏的小尺度特征。多尺度数值模拟方法可有效地解决这一问题。下面基于 DFN 模型针对多尺度混合有限元法（MsMFEM）求解裂缝介质两相渗流问题的方法原理和模拟技术进行研究。

6.4.1　两相流数学模型

考虑多孔介质中不可压缩流体的等温流动过程,其流动方程包括质量守恒方程、广义多相流 Darcy 定律、饱和度约束方程以及毛管压力关系:

$$\frac{\partial(\phi S_n)}{\partial t} = \nabla \cdot \left[\boldsymbol{K}\lambda_n(\nabla p_n - \rho_n g \nabla z) \right] + q_n \tag{6-23}$$

$$\frac{\partial(\phi S_w)}{\partial t} = \nabla \cdot \left[\boldsymbol{K}\lambda_w(\nabla p_w - \rho_w g \nabla z) \right] + q_w \tag{6-24}$$

$$S_n + S_w = 1 \tag{6-25}$$

$$p_n - p_w = p_c(S_w) \tag{6-26}$$

式中,下标 n,w 分别表示非润湿相和润湿相;S_l,p_l,q_l 分别表示 $l(l=n,w)$ 相的饱和度、压力和源汇项;p_c 为毛管压力;$\boldsymbol{K}$ 为渗透率张量;ϕ 为基岩孔隙度;g 为重力加速度;z 为油藏深度;λ_n,λ_w 分别为非润湿相和润湿相流度,并且满足:

$$\lambda_n = -\frac{k_{rn}}{\mu_n}, \quad \lambda_w = -\frac{k_{rw}}{\mu_w} \tag{6-27}$$

其中,k_{rn},k_{rw} 分别为非润湿相和润湿相的相对渗透率;μ_n,μ_w 分别为非润湿相和润湿相的黏度。

定义流动势:

$$\Phi_n = p_n + \rho_n g z \tag{6-28}$$

$$\Phi_w = p_w + \rho_w g z \tag{6-29}$$

可得到毛管压力势:

$$\Phi_c = \Phi_n - \Phi_w = p_c + (\rho_n - \rho_w)gz$$

基于上述定义,方程(6-23)~(6-26)可写为:

$$\nabla \cdot \left[\boldsymbol{K}(\lambda_n + \lambda_w)\nabla\Phi_w \right] = \nabla \cdot \left[\boldsymbol{K}\lambda_n(\nabla\Phi_c) \right] - (q_n + q_w) \tag{6-30}$$

$$\frac{\partial(\phi S_w)}{\partial t} = \nabla \cdot \left[\boldsymbol{K}\lambda_w(\nabla\Phi_w) \right] + q_w \tag{6-31}$$

写成矩阵形式:

$$\begin{bmatrix} 0 & 0 \\ 0 & \phi \end{bmatrix} \frac{\partial}{\partial t} \begin{bmatrix} \Phi_w \\ S_w \end{bmatrix} + \nabla \cdot \left(-\begin{bmatrix} \boldsymbol{K}(\lambda_m + \lambda_n) & \boldsymbol{K}\lambda_n p_c' \\ \boldsymbol{K}\lambda_w & 0 \end{bmatrix} \nabla \begin{bmatrix} \Phi_w \\ S_w \end{bmatrix} \right) = \begin{bmatrix} q_n + q_w \\ q_w \end{bmatrix} \tag{6-32}$$

其中:

$$\nabla\Phi_c = \frac{\mathrm{d}\Phi_c}{\mathrm{d}S_w}\nabla S_w = \frac{\mathrm{d}p_c}{\mathrm{d}S_w}\nabla S_w = p_c'\nabla S_w$$

方程(6-32)将作为粗细尺度上的流动模型,下面介绍相应的初始条件和边界条件。

(1)初始条件:

$$\Phi_i(\boldsymbol{x},t=0) = \Phi_{i,0}(\boldsymbol{x}), \quad S_i(\boldsymbol{x},t=0) = S_{i,0}(x), \quad x \in \Omega$$

(2)Dirichlet 边界条件:

$$\Phi_i(\boldsymbol{x},t) = \widetilde{\Phi}_i, \quad S_i(\boldsymbol{x},t) = \widetilde{S}_i(\boldsymbol{x}), \quad \text{on} \quad \Gamma_D$$

（3）Neumann 边界条件：

$$v_i \cdot n = -(\lambda_i \nabla \Phi_i) \cdot n = 0, \quad \nabla S_i \cdot n = 0, \quad \text{on} \quad \Gamma_N$$

对于二维问题，离散裂缝模型中的裂缝用一维线性单元表示。因此，方程（6-32）可写成如下形式：

$$\int_\Omega FEQ d\Omega = \int_{\Omega_m} FEQ d\Omega_m + \sum_i a_i \times \int_{\Omega_{f,i}} FEQ d\Omega_{f,i} \tag{6-33}$$

式中，研究区域 $\Omega = \Omega_m + \sum_i a_i \times \Omega_{f,i}$；$a_i$ 为第 i 条裂缝开度。

假设在基岩和裂缝交界处，润湿相流动势相等，即 $\Phi_w^m = \Phi_w^f$。当裂缝与基岩中的毛管压力曲线不相同时，裂缝和基岩交界面处的饱和度并不一定连续。此时，需要对裂缝的润湿相饱和度方程进行特殊处理。由润湿相流动势连续可知，毛管压力势和毛管压力均是连续的，那么，在交界面处 S_w^m 和 S_w^f 满足：

$$S_w^f = \frac{p_c^m(S_w^m)}{p_c^f} \tag{6-34}$$

可得：

$$\begin{bmatrix} 0 & 0 \\ 0 & a_w \phi^f \end{bmatrix} \frac{\partial}{\partial t} \begin{bmatrix} \Phi_w^m \\ S_w^m \end{bmatrix} + \nabla \cdot \left(- \begin{bmatrix} K(\lambda_m^f + \lambda_n^f) & a_w K \lambda_n^f (p_c^f)' \\ K \lambda_w^f & 0 \end{bmatrix} \nabla \begin{bmatrix} \Phi_w^m \\ S_w^m \end{bmatrix} \right) = \begin{bmatrix} q_n^m + q_w^m \\ q_w^m \end{bmatrix} \tag{6-35}$$

其中：

$$a_w = \frac{dS_w^f}{dS_w^m}$$

6.4.2　多尺度有限元推导

1）区域离散化

方程（6-36）的变分问题是寻找定义在区域 Ω 上的 $\widetilde{\Phi}_w$ 和 $\widetilde{S}_w$，满足：

$$\int_\Omega K(\lambda_w + \lambda_n) \nabla \widetilde{\Phi}_w \nabla \Psi d\Omega = -\int_\Omega K \lambda_n \nabla \widetilde{\Phi}_c \nabla \Psi d\Omega + \int_\Omega (q_w + q_n) \Psi d\Omega \tag{6-36}$$

$$\int_\Omega \phi \frac{\partial \widetilde{S}_w}{\partial t} \nabla \Psi d\Omega = -\int_\Omega K \lambda_w \nabla \widetilde{\Phi}_w \nabla \Psi d\Omega + \int_\Omega q_w \Psi d\Omega \tag{6-37}$$

其中，Ψ 为权函数。令 Ω_h 是区域 Ω 的粗网格剖分，对于每个粗网格 $E \in \Omega_h$，基岩采用三角形单元离散，裂缝采用线性单元离散，如图 6-14 所示。每个网格 E 对应一组局部基函数 $\{\psi_i^E, i = 1, \cdots, d\}$，$d$ 表示单元节点数。因此，流动势和饱和度可近似为：

$$\Phi_w \approx \widetilde{\Phi}_w = \sum_{i=1}^d \Psi_i \Phi_{w,i}, \quad S_w \approx \widetilde{S}_w = \sum_{i=1}^d \Psi_i S_{w,i} \tag{6-38}$$

将式（6-38）代入式（6-36）和（6-37）可得：

$$\begin{bmatrix} 0 & 0 \\ 0 & A \end{bmatrix} \begin{bmatrix} \dot{\Phi}_w \\ \dot{S}_w \end{bmatrix} + \begin{bmatrix} B & C_1 \\ C_2 & 0 \end{bmatrix} \begin{bmatrix} \Phi_w \\ S_w \end{bmatrix} = \begin{bmatrix} Q_1 \\ Q_2 \end{bmatrix} \tag{6-39}$$

其中：

$$\boldsymbol{A} = \{A_{ij}\}, \quad \boldsymbol{B} = \{B_{ij}\}, \quad \boldsymbol{C}_1 = \{C_{ij,1}\}, \quad \boldsymbol{C}_2 = \{C_{ij,2}\}$$

$$\boldsymbol{Q}_1 = \{Q_{ij,1}\}, \quad \boldsymbol{Q}_2 = \{Q_{ij,2}\}$$

$$A_{ij} = \int_\Omega \boldsymbol{\Psi}_i \phi \boldsymbol{\Psi}_j \mathrm{d}\Omega, \quad B_{ij} = \int_\Omega \nabla^{\mathrm{T}} \boldsymbol{\Psi}_i \left[\boldsymbol{K}(\lambda_{\mathrm{w}} + \lambda_{\mathrm{n}}) \right] \nabla \boldsymbol{\Psi}_j \mathrm{d}\Omega, \quad C_{ij,1} = \int_\Omega \nabla^{\mathrm{T}} \boldsymbol{\Psi}_i (\boldsymbol{K}\lambda_{\mathrm{n}} p'_{\mathrm{c}}) \nabla \boldsymbol{\Psi}_j \mathrm{d}\Omega$$

$$C_{ij,2} = \int_\Omega \nabla^{\mathrm{T}} \boldsymbol{\Psi}_i (\boldsymbol{K}\lambda_{\mathrm{w}}) \nabla \boldsymbol{\Psi}_j \mathrm{d}\Omega, \quad Q_{i,1} = \int_\Omega \nabla^{\mathrm{T}} \boldsymbol{\Psi}_i (q_{\mathrm{n}} + q_{\mathrm{w}}) \mathrm{d}\Omega, \quad Q_{i,2} = \int_\Omega \nabla^{\mathrm{T}} \boldsymbol{\Psi}_i q_{\mathrm{w}} \mathrm{d}\Omega$$

为了显式求解水相饱和度方程以提高计算效率,采用集中质量矩阵 $\boldsymbol{A}^E$,在每个单元上其具体形式如下:

$$A_{ii}^E = \sum_{j=1}^d \int_\Omega \boldsymbol{\Psi}_i \phi \boldsymbol{\Psi}_j \mathrm{d}\Omega = \int_\Omega \boldsymbol{\Psi}_i \mathrm{d}\Omega, \quad A_{ij}^E = 0$$

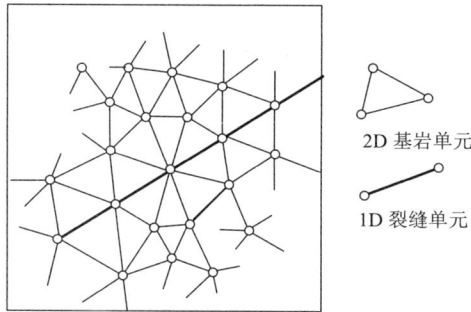

图 6-14　离散模型示意图

2) 多尺度基函数及边界条件

基于 DFN 模型,在粗网格单元 E 内,基函数 $\{\boldsymbol{\Psi}_i\}$ 满足:

$$-\nabla \cdot (\boldsymbol{K} \nabla \boldsymbol{\Psi}_i) = 0 \tag{6-40}$$

在边界上,满足 $\boldsymbol{\Psi}_i = g_i$,其中,$g_i$ 为定义在粗网格单元 E 边界上的函数。

多尺度基函数边界条件的选取至关重要,它对多尺度有限元的计算精度有重要影响。在许多文献中,假设函数 g_i 在 ∂E 上是线性变化的;另一种则令 g_i 是 ∂E 上简化方程的解,如图 6-15 所示,在边界 Γ_1 上,$\boldsymbol{\Psi}_i$ 满足简化方程:

$$\frac{\partial}{\partial y} \left[K(y) \frac{\partial \boldsymbol{\Psi}_i}{\partial y} \right] = 0 \tag{6-41}$$

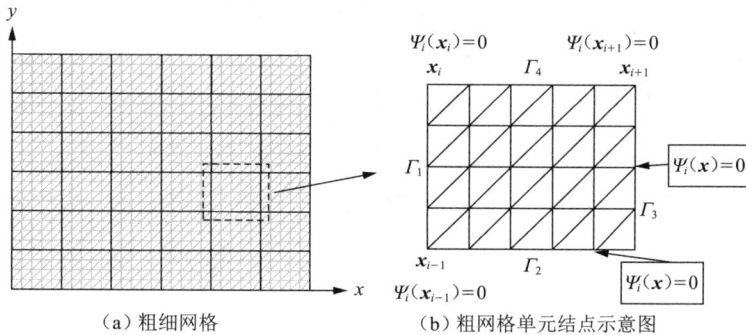

（a）粗细网格　　　　　　　（b）粗网格单元结点示意图

图 6-15　网格剖分示意图

边界条件为 $\boldsymbol{\Psi}_i(\boldsymbol{x}_j) = \delta_{ij}$($\delta_{ij}$ 为 Delta 函数,当 $i \neq j$ 时,$\delta_{ij} = 0$,否则 $\delta_{ij} = 1$),可得到方程(6-41)的解析解:

$$\Psi_i\big|_{\Gamma_1} = \frac{\displaystyle\int_{y_{i-1}}^{y} \frac{\mathrm{d}t}{K(t)}}{\displaystyle\int_{y_{i-1}}^{y_i} \frac{\mathrm{d}t}{K(t)}} \tag{6-42}$$

如果 K 为常数，Ψ_i 就是线性的。

在粗网格剖分模型中，粗网格单元内可能存在裂缝。通常，这些裂缝在粗网格单元内的分布形式可分为三类，如图 6-16 所示。第一类，裂缝与单元边界不相交，那么边界条件与方程（6-42）相同。第二类，裂缝与边界相交，那么，边界条件可取为（以一条裂缝为例）：

$$\Psi_i\big|_{\Gamma_1} = \begin{cases} \dfrac{\displaystyle\int_{y_{i-1}}^{y} \dfrac{\mathrm{d}t}{K^{\mathrm{m}}(t)}}{\displaystyle\int_{y_{i-1}}^{y_i} \dfrac{\mathrm{d}t}{K^{\mathrm{m}}(t)} + \dfrac{a}{K^{\mathrm{f}}}}, & y < y^{\mathrm{f}} \\[2em] \dfrac{\displaystyle\int_{y_{i-1}}^{y} \dfrac{\mathrm{d}t}{K^{\mathrm{m}}(t)} + \dfrac{a}{K^{\mathrm{f}}}}{\displaystyle\int_{y_{i-1}}^{y_i} \dfrac{\mathrm{d}t}{K^{\mathrm{m}}(t)} + \dfrac{a}{K^{\mathrm{f}}}}, & y \geqslant y^{\mathrm{f}} \end{cases} \tag{6-43}$$

式中，y^{f} 为裂缝与边界的交点；a 为裂缝开度。

第三类，裂缝与边界重合，那么，边界条件可取为（以一条裂缝为例）：

$$\Psi_i\big|_{\Gamma_1} = \begin{cases} \dfrac{\displaystyle\int_{y_{i-1}}^{y} \dfrac{\mathrm{d}t}{K^{\mathrm{m}}(t)}}{A^{\mathrm{fm}}}, & y < y^{\mathrm{f_1}} \\[2em] \dfrac{\displaystyle\int_{y_{i-1}}^{y^{f_1}} \dfrac{\mathrm{d}t}{K^{\mathrm{m}}(t)} + \displaystyle\int_{y^{f_1}}^{y} \dfrac{\mathrm{d}t}{K^{\mathrm{m}} + K^{\mathrm{f}}}}{A^{\mathrm{fm}}}, & y^{\mathrm{f_1}} \leqslant y \leqslant y^{\mathrm{f_2}} \\[2em] \dfrac{A^{\mathrm{fm}} - \displaystyle\int_{y}^{y_i} \dfrac{\mathrm{d}t}{K^{\mathrm{m}}(t)}}{A^{\mathrm{fm}}}, & y \geqslant y^{\mathrm{f_2}} \end{cases} \tag{6-44}$$

式中，$y^{\mathrm{f_1}}$ 和 $y^{\mathrm{f_2}}$ 分别为裂缝两个端点；$A^{\mathrm{fm}} = \displaystyle\int_{y_{i-1}}^{y^{f_1}} \dfrac{\mathrm{d}t}{K^{\mathrm{m}}(t)} + \displaystyle\int_{y^{f_1}}^{y^{f_2}} \dfrac{\mathrm{d}t}{K^{\mathrm{m}}(t) + K^{\mathrm{f}}(t)} + \displaystyle\int_{y^{f_2}}^{y_i} \dfrac{\mathrm{d}t}{K^{\mathrm{m}}(t)}$。

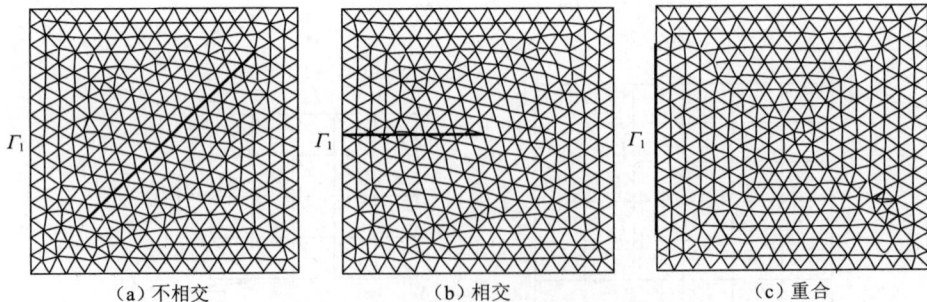

(a) 不相交　　　　　　　(b) 相交　　　　　　　(c) 重合

图 6-16　裂缝在粗网格单元内分布情况

图 6-17 给出了三种不同分布情况下的多尺度基函数。从图中可以看出，多尺度基函数能够反映出裂缝区域的小尺度特征。

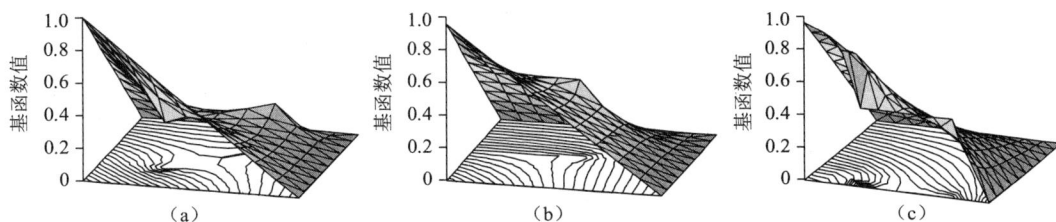

图 6-17　不同裂缝分布情况下的多尺度基函数

3）全局大尺度方程

经过上述计算,将所有小尺度方程进行叠加可得到:

$$\begin{bmatrix} \boldsymbol{\Psi}^{\mathrm{T}} & 0 \\ 0 & \boldsymbol{\Psi}^{\mathrm{T}} \end{bmatrix} \begin{bmatrix} 0 & 0 \\ 0 & \boldsymbol{A} \end{bmatrix} \begin{bmatrix} \dot{\boldsymbol{\Phi}}_{\mathrm{w}}^{\mathrm{f}} \\ \dot{\boldsymbol{S}}_{\mathrm{w}}^{\mathrm{f}} \end{bmatrix} + \begin{bmatrix} \boldsymbol{\Psi}^{\mathrm{T}} & 0 \\ 0 & \boldsymbol{\Psi}^{\mathrm{T}} \end{bmatrix} \begin{bmatrix} \boldsymbol{B} & \boldsymbol{C}_1 \\ \boldsymbol{C}_2 & 0 \end{bmatrix} \begin{bmatrix} \boldsymbol{\Phi}_{\mathrm{w}}^{\mathrm{f}} \\ \boldsymbol{S}_{\mathrm{w}}^{\mathrm{f}} \end{bmatrix} = \begin{bmatrix} \boldsymbol{Q}_1^{\mathrm{f}} \\ \boldsymbol{Q}_2^{\mathrm{f}} \end{bmatrix} \tag{6-45}$$

式中,$\boldsymbol{\Psi}$ 由多尺度基函数 $\boldsymbol{\Psi}_i$ 构成。

小尺度流动势和饱和度与大尺度流动势和饱和度满足如下关系:

$$\boldsymbol{\Phi}^{\mathrm{f}} \approx \boldsymbol{\Psi}\boldsymbol{\Phi}^{\mathrm{c}}, \quad \boldsymbol{S}^{\mathrm{f}} \approx \boldsymbol{\Psi}\boldsymbol{S}^{\mathrm{c}}$$

因而,可得到大尺度方程组:

$$\begin{bmatrix} 0 & 0 \\ 0 & \widetilde{\boldsymbol{A}} \end{bmatrix} \begin{bmatrix} \dot{\boldsymbol{\Phi}}_{\mathrm{w}}^{\mathrm{c}} \\ \dot{\boldsymbol{S}}_{\mathrm{w}}^{\mathrm{c}} \end{bmatrix} + \begin{bmatrix} \widetilde{\boldsymbol{B}} & \widetilde{\boldsymbol{C}}_1 \\ \widetilde{\boldsymbol{C}}_2 & 0 \end{bmatrix} \begin{bmatrix} \boldsymbol{\Phi}_{\mathrm{w}}^{\mathrm{c}} \\ \boldsymbol{S}_{\mathrm{w}}^{\mathrm{c}} \end{bmatrix} = \begin{bmatrix} \widetilde{\boldsymbol{Q}}_1^{\mathrm{f}} \\ \widetilde{\boldsymbol{Q}}_2^{\mathrm{f}} \end{bmatrix} \tag{6-46}$$

其中:

$$\widetilde{\boldsymbol{A}} = \boldsymbol{\Psi}^{\mathrm{T}} \boldsymbol{A}^{\mathrm{f}} \boldsymbol{\Psi}, \quad \widetilde{\boldsymbol{B}} = \boldsymbol{\Psi}^{\mathrm{T}} \boldsymbol{B}^{\mathrm{f}} \boldsymbol{\Psi}, \quad \widetilde{\boldsymbol{C}}_i = \boldsymbol{\Psi}^{\mathrm{T}} \boldsymbol{C}_i^{\mathrm{f}} \boldsymbol{\Psi}, \quad \widetilde{\boldsymbol{Q}}_i^{\mathrm{c}} = \boldsymbol{\Psi}^{\mathrm{T}} \boldsymbol{Q}_i, \quad i = 1, 2$$

6.4.3　数值模拟算例

裂缝模型如图 6-18 所示,模型中包含五条垂直/水平裂缝,裂缝开度为 1 cm,区域划分为 5×5 粗网格单元(见图 6-19),流体参数如表 6-1 所示,基岩孔隙度 $\phi = 0.2$,渗透率 $K_{\mathrm{m}} = 1 \times 10^{-3} \ \mu\mathrm{m}^2$。

表 6-1　流体参数

参　数	水	油
密度/(kg·m⁻³)	1 000	800
黏度/(Pa·s)	1.0×10^{-3}	0.5×10^{-2}

假设油藏是水湿的,且毛管压力满足 Brooks-Corey 公式:

$$p_{\mathrm{c}} = p_{\mathrm{e}} \left(\frac{S_{\mathrm{w}} - S_{\mathrm{wr}}}{1 - S_{\mathrm{wr}} - S_{\mathrm{nr}}} \right)^{-\frac{1}{\lambda}} \tag{6-47}$$

式中,p_{e} 为毛细管吸入压力;S_{wr},S_{nr} 分别为润湿相和非润湿相的残余饱和度;S_{w} 为润湿相饱和度;$\lambda = 3 - D_{\mathrm{f}}$,$D_{\mathrm{f}}$ 为分形维数。

这里取 $p_{\mathrm{c}} = 1\ 000$ Pa,$\lambda = 1$,$S_{\mathrm{wr}} = S_{\mathrm{nr}} = 0.2$,初始饱和度 $S_{\mathrm{w}} = S_{\mathrm{wr}}$。注水速度为 0.1 PV/d。

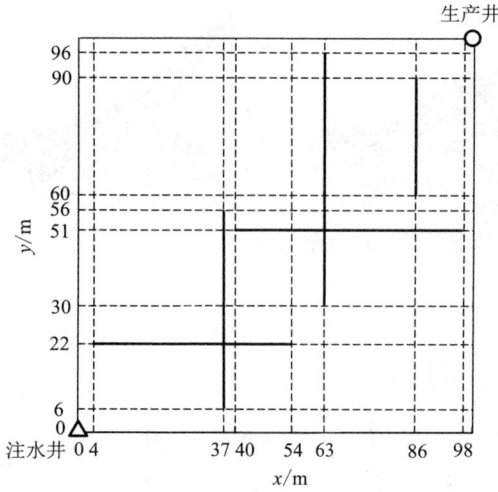

图 6-18　裂缝模型示意图

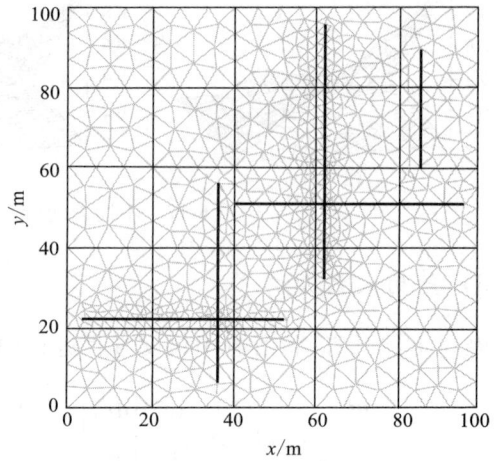

图 6-19　网格剖分示意图

图 6-20 给出了不同时刻(0.1PV 和 0.3PV)下饱和度分布。从图中可以看出,MsFEM 得到的解与参考解基本一致,其相对误差小于 3%。精细求解花费时间分别为 95 s 和 157 s,而 MsMFEM 求解所花费时间分别为 63 s 和 114 s,从而可以看出,MsFEM 在保证计算精度的同时大大节省了计算时间。

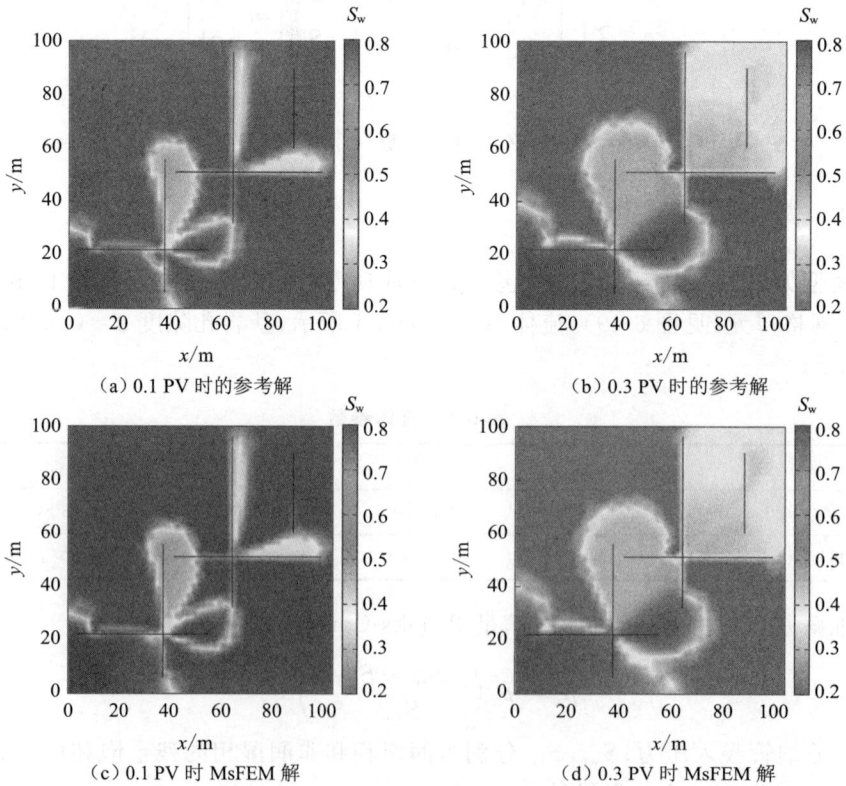

（a）0.1 PV 时的参考解

（b）0.3 PV 时的参考解

（c）0.1 PV 时 MsFEM 解

（d）0.3 PV 时 MsFEM 解

图 6-20　不同时刻饱和度分布对比图

6.5　离散缝洞网络模型的多尺度数值模拟

缝洞型碳酸盐岩油气藏是一种特殊类型的油气藏,其储集空间类型丰富,主要以构造变形产生的裂缝和岩溶作用形成的孔、缝、洞为主,而且洞、缝空间尺度从几微米到几十米跨越多个数量级,具有强烈的非均质性和多尺度性。此类油藏中的流体流动既有多孔介质渗流,又有大空间的自由流动,是一个复杂的耦合流动。若采用传统的有限差分法或有限元法进行求解,需对小尺度信息进行分析,导致计算量巨大,很难在现有计算机技术条件下实现数值模拟。本节基于离散缝洞型(DFVN)模型采用多尺度混合有限元法对缝洞型油藏流体流动问题进行研究。

6.5.1　多尺度数学模型

假设岩石和流体均不可压缩且流动过程恒温;根据 DFVN 模型定义,岩块系统和裂缝系统中的流体流动符合 Darcy 定律,溶洞系统中的流体流动符合 Navier-Stokes 方程;忽略重力和毛管压力的影响,只考虑质量守恒和动量守恒。

岩块和裂缝系统 Ω_{mf} 的数学模型为:

$$\frac{\partial(\rho\phi)}{\partial t} + \nabla\cdot\boldsymbol{v}_d = q, \quad \boldsymbol{v}_d = -\frac{\boldsymbol{K}}{\mu}\nabla p_d \tag{6-48}$$

溶洞系统 Ω_v 的数学模型为:

$$\frac{\partial(\rho\phi)}{\partial t} + \nabla\cdot\boldsymbol{v}_s = q, \quad \mu\nabla\cdot(\nabla\boldsymbol{v}_s + \nabla\boldsymbol{v}_s^T) - \nabla p_S = \rho\frac{\partial\boldsymbol{v}_s}{\partial t} \tag{6-49}$$

将上述方程写成统一形式:

$$\frac{\partial(\rho\phi)}{\partial t} + \nabla\cdot\boldsymbol{v} = q, \quad -\mu\boldsymbol{K}^{-1}\boldsymbol{v} - \nabla p + \tilde{\mu}\Delta\boldsymbol{v} = C\rho\frac{\partial\boldsymbol{v}}{\partial t} \tag{6-50}$$

式中,下标 d 和 s 分别表示达西渗流区和斯托克斯自由流区域;$\boldsymbol{v}$ 为速度;q 为源汇项;ϕ 为孔隙度;$\boldsymbol{K}$ 为渗透率张量;p 为压力;μ 为流体黏度;$\tilde{\mu}$ 为有效黏度。$\boldsymbol{K}$,$\tilde{\mu}$ 和 C 的选取与区域类型有关。式(6-50)即为 Stokes-Brinkman 方程。

在溶洞系统 Ω_v,令 $\boldsymbol{K}$ 趋近于无穷,$\tilde{\mu}$ 等于流体黏度 μ,$C=1$,那么 Stokes-Brinkman 方程可简化为 Stokes 方程。在岩块和裂缝系统 Ω_{mf},令 $\boldsymbol{K}$ 等于多孔介质的渗透率,$C=0$,那么式(6-50)可写成:

$$\nabla p = -\mu\boldsymbol{K}^{-1}\boldsymbol{v} + \tilde{\mu}\Delta\boldsymbol{v} \tag{6-51}$$

可以看出,式(6-51)与 Darcy 方程的区别是多了黏滞项 $\tilde{\mu}\Delta\boldsymbol{v}$。若令 $\tilde{\mu}$ 等于 0,可简化为耦合 Darcy-Stokes 方程,则再次进入界面条件,导致计算困难;若令 $\tilde{\mu}$ 等于 μ,$-\mu\boldsymbol{K}^{-1}\boldsymbol{v}$ 比 $\tilde{\mu}\Delta\boldsymbol{v}$ 大几个数量级,那么 $\nabla p \approx -\mu\boldsymbol{K}^{-1}\boldsymbol{v}$,因此取 $\tilde{\mu}=\mu$。

对于二维问题,裂缝简化为一维直线段,溶洞简化为椭圆或多边形,则控制微分方程式在区域上的积分表达式为:

$$\int_\Omega FEQ\mathrm{d}\Omega = \int_{\Omega_m} FEQ\mathrm{d}\Omega_m + \sum_i a_i \times \int_{\Omega_{f,i}} FEQ\mathrm{d}\Omega_{f,i} + \int_{\Omega_v} FEQ\mathrm{d}\Omega_v \tag{6-52}$$

式中,a_i 为第 i 条裂缝的开度。

根据上述分析,将 Darcy 方程和 Stokes-Brinkman 方程分别作为大尺度和小尺度流动模型。

6.5.2 混合多尺度有限元推导

1) 混合变分形式及离散

令 $\Omega \in \mathbf{R}^d (d=2,3)$ 是有界闭区域,n 为边界 $\partial\Omega$ 的单位外法线向量,则方程(6-50)的等效积分弱形式为:

$$\int_\Omega \boldsymbol{u} \cdot (\lambda\boldsymbol{K})^{-1}\tilde{\boldsymbol{v}}\mathrm{d}\Omega - \int_\Omega \tilde{p}\nabla\cdot\boldsymbol{u}\mathrm{d}\Omega = 0, \quad \boldsymbol{u}\in W \tag{6-53}$$

$$\int_\Omega l\nabla\cdot\tilde{\boldsymbol{v}}\mathrm{d}\Omega = \int_\Omega ql\mathrm{d}\Omega, \quad l\in V \tag{6-54}$$

其中:

$$(\tilde{p},\tilde{v})\in W\times V$$

式中,W 和 V 是 $H_0^{1,\mathrm{div}}(\Omega)$ 和 $L^2(\Omega)$ 在某一网格剖分上的有限维子空间。

对于 Darcy 问题,采用最低阶 Raviart-Thomas($\mathrm{RT_0}$)基函数。为了使法向速度 $v\cdot n$ 在单元界面处连续,引入单元表面压力 λ,相当于引入一个 Lagrange 乘数,不对 v,p 产生影响。令 $v=\sum Q_i\boldsymbol{\Psi}_i, p=\sum p_k\delta_k$,可得到离散方程为:

$$\begin{bmatrix} \boldsymbol{B} & \boldsymbol{C} & \boldsymbol{D} \\ \boldsymbol{C}^\mathrm{T} & 0 & 0 \\ \boldsymbol{D}^\mathrm{T} & 0 & 0 \end{bmatrix} \begin{bmatrix} \boldsymbol{Q}^\mathrm{c} \\ -\boldsymbol{p}^\mathrm{c} \\ \boldsymbol{\lambda}^\mathrm{c} \end{bmatrix} = \begin{bmatrix} 0 \\ \boldsymbol{q}^\mathrm{c} \\ 0 \end{bmatrix} \tag{6-55}$$

式中,$\boldsymbol{Q}^\mathrm{c}$ 为外向流量向量;$\boldsymbol{p}^\mathrm{c}$ 为单元压力向量;$\boldsymbol{\lambda}^\mathrm{c}$ 为表面压力向量;$\boldsymbol{B}=\{\boldsymbol{B}_{ij}\}$,其中 $\boldsymbol{B}_{ij}=\int_\Omega \boldsymbol{\Psi}_i \cdot (\mu\boldsymbol{K})^{-1}\boldsymbol{\Psi}_j\mathrm{d}\Omega$;$\boldsymbol{C}=\{\boldsymbol{C}_{ij}\}$,其中 $\boldsymbol{C}_{ij}=\int_\Omega \delta_j\nabla\cdot\boldsymbol{\Psi}_i\mathrm{d}\Omega$;$\boldsymbol{D}=\{\boldsymbol{D}_{ij}\}$,其中 $\boldsymbol{D}_{ij}=\int_{\partial\Omega}|\boldsymbol{\Psi}_i\cdot\boldsymbol{n}_j|\mathrm{d}s$。$\boldsymbol{\Psi}_i$ 和 $\boldsymbol{\Psi}_j$ 是外向速度基函数,$\boldsymbol{n}_j$ 是单元表面 j 的法向量,δ_j 满足:

$$\delta_j(x) = \begin{cases} 1, & x\in\Omega_i \\ 0, & x\notin\Omega_i \end{cases}$$

对于 Stokes-Brinkman 方程,其等效积分弱形式与 Darcy 方程相似:

$$\int_\Omega \boldsymbol{u} \cdot (\mu\boldsymbol{K})^{-1}\tilde{\boldsymbol{v}}\mathrm{d}\Omega - \int_\Omega \tilde{p}\nabla\cdot\boldsymbol{u}\mathrm{d}\Omega + \int_\Omega \tilde{\mu}\nabla\boldsymbol{u}\cdot\nabla\boldsymbol{v}\mathrm{d}\Omega = 0, \quad \boldsymbol{u}\in Q \tag{6-56}$$

$$\int_\Omega l\nabla\cdot\tilde{\boldsymbol{v}}\mathrm{d}\Omega = \int_\Omega ql\mathrm{d}\Omega, \quad l\in V \tag{6-57}$$

其中:

$$(\tilde{p},\tilde{v})\in Q\times V$$

将速度 v 看作由 v_1 和 v_2 两部分构成。令 $v_k=\sum v_{ik}\psi_i(k=1,2), p=\sum p_k\phi_k$,可以得到线性方程组:

$$\begin{bmatrix} \boldsymbol{B}_1 & 0 & \boldsymbol{C}_1 \\ 0 & \boldsymbol{B}_2 & \boldsymbol{C}_2 \\ \boldsymbol{C}_1^\mathrm{T} & \boldsymbol{C}_1^\mathrm{T} & 0 \end{bmatrix} \begin{bmatrix} \boldsymbol{v}_1 \\ \boldsymbol{v}_2 \\ -\boldsymbol{p} \end{bmatrix} = \begin{bmatrix} 0 \\ 0 \\ \boldsymbol{q} \end{bmatrix} \tag{6-58}$$

式中, $\boldsymbol{v}_1$, $\boldsymbol{v}_2$ 是由速度分量 v_{i1} 和 v_{i2} 构成的速度向量; $\boldsymbol{p}$ 是由压力分量 p_i 构成的压力向量。

$$\boldsymbol{B}_k = (\boldsymbol{B}_k)_{\mathrm{m}} + (\boldsymbol{B}_k)_{\mathrm{f}} + (\boldsymbol{B}_k)_{\mathrm{v}}$$

$$(\boldsymbol{B}_{ij,k})_{\mathrm{m}} = \int_{\Omega_{\mathrm{m}}} \psi_i \cdot (\mu \boldsymbol{K}_{\mathrm{m},k})^{-1} \psi_j \,\mathrm{d}\Omega_{\mathrm{m}} + \int_{\Omega_{\mathrm{m}}} \widetilde{\mu} \left(\frac{\partial \psi_i}{\partial x_1} \frac{\partial \psi_j}{\partial x_1} + \frac{\partial \psi_i}{\partial x_2} \frac{\partial \psi_j}{\partial x_2} \right) \mathrm{d}\Omega_{\mathrm{m}}$$

$$\boldsymbol{K}_{\mathrm{m}} = \begin{bmatrix} K_{\mathrm{m},1} & 0 \\ 0 & K_{\mathrm{m},2} \end{bmatrix}$$

$$(\boldsymbol{B}_{ij,k})_{\mathrm{f}} = a \int_{\Omega_{\mathrm{f}}} \psi_i \cdot \frac{\mu}{K_{\mathrm{f}}} \psi_j \,\mathrm{d}\Omega_{\mathrm{f}} + \int_{\Omega \mathrm{f}} \widetilde{\mu} \left(\frac{\partial \psi_i}{\partial x_1} \frac{\partial \psi_j}{\partial x_1} + \frac{\partial \psi_i}{\partial x_2} \frac{\partial \psi_j}{\partial x_2} \right) \mathrm{d}\Omega_{\mathrm{f}}$$

$$(\boldsymbol{B}_{ij,k})_{\mathrm{v}} = a \int_{\Omega_{\mathrm{v}}} \psi_i \cdot \frac{\mu}{K_{\mathrm{v}}} \psi_j \,\mathrm{d}\Omega_{\mathrm{v}} + \int_{\Omega \mathrm{v}} \widetilde{\mu} \left(\frac{\partial \psi_i}{\partial x_1} \frac{\partial \psi_j}{\partial x_1} + \frac{\partial \psi_i}{\partial x_2} \frac{\partial \psi_j}{\partial x_2} \right) \mathrm{d}\Omega_{\mathrm{v}}$$

$$\boldsymbol{C}_k = (\boldsymbol{C}_k)_{\mathrm{m}} + (\boldsymbol{C}_k)_{\mathrm{f}} + (\boldsymbol{C}_k)_{\mathrm{v}}$$

$$(\boldsymbol{C}_{ij,k})_w = \int_{\Omega_w} \frac{\partial \psi_i}{\partial x_k} \phi_j \,\mathrm{d}\Omega_w, \quad (\boldsymbol{C}_{ij,k})_{\mathrm{f}} = a \int_{\Omega_{\mathrm{f}}} \frac{\partial \psi_i}{\partial x_k} \phi_j \,\mathrm{d}\Omega_{\mathrm{f}}$$

$$\boldsymbol{q} = \boldsymbol{q}_{\mathrm{m}} + \boldsymbol{q}_{\mathrm{f}} + \boldsymbol{q}_{\mathrm{v}}$$

$$\boldsymbol{q}(l)_w = \int_{\Omega_w} \varphi_l q \,\mathrm{d}\Omega_w, \quad \boldsymbol{q}(l)_{\mathrm{v}} = \int_{\Omega_{\mathrm{v}}} \varphi_l q \,\mathrm{d}\Omega_{\mathrm{v}}, \quad \boldsymbol{q}(l)_{\mathrm{f}} = a \int_{\Omega_{\mathrm{f}}} \varphi_l q \,\mathrm{d}\Omega_{\mathrm{f}}$$

其中,下标 m,f,v 分别表示基岩系统、裂缝系统和溶洞系统; $w=\mathrm{m},\mathrm{v}$; $k=1,2$ 表示空间维度; a 为裂缝张开度。

2) MsMFEM 基函数

令 $\Omega_{\mathrm{h}} = \{\Omega_i\}$ 是 Ω 的一粗网格剖分,$\{E_k\}$ 是 Ω 的互不重叠的细网格剖分,剖分满足:只要 $E_k \cap \Omega_i \neq 0$,那么 $E_k \subset \Omega_i$。令 $\Gamma_{ij} = \partial\Omega_i \cap \partial\Omega_j$,每个交界面 Γ_{ij} 对应于一个速度基函数 ψ_{ij},每个粗网格 Ω_i 对应于一个压力基函数 ϕ_i。

在区域 $\Omega_{ij} = \Omega_i \cup \Gamma_{ij} \cup \Omega_j$ 内,速度的基函数 $\boldsymbol{\Psi}_{ij}$ 满足下面的局部流动问题:

$$\mu \boldsymbol{K}^{-1} \psi_{ij} + \nabla \phi_{ij} - \widetilde{\mu} \Delta \psi_{ij} = 0 \tag{6-59}$$

$$\nabla \cdot \psi_{ij} = \begin{cases} w_i(x), & x \in \Omega_i \\ -w_j(x), & x \in \Omega_j \\ 0, & x \notin \Omega_{ij} \end{cases} \tag{6-60}$$

$$\psi_{ij}(x) \cdot \boldsymbol{n} = 0 \quad \forall\, x \in \partial\Omega_{ij} \tag{6-61}$$

式中,$\boldsymbol{n}$ 为 $\partial\Omega_{ij}$ 单位外法线向量;$\boldsymbol{n}_{ij}$ 为由 Ω_i 指向 Ω_j 的 Γ_{ij} 单位法线向量;$w_i(x)$ 和 $w_j(x)$ 分别为 Ω_i 和 Ω_j 上的源汇分布函数,其中 $w_i(x)$ 满足 $\int_{\Omega_i} w_i(x)\mathrm{d}x = 1$。

为了保证局部守恒以及单元内存在渗透率差异,$w_i(x)$ 的选取如下:

$$w_i(x) = \begin{cases} \dfrac{\sigma(x)}{\displaystyle\int_{\Omega_i} \sigma(\xi)\mathrm{d}\xi}, & \displaystyle\int_{\Omega_i} q \,\mathrm{d}x = 0 \\[4mm] \dfrac{q(x)}{\displaystyle\int_{\Omega_i} q(\xi)\mathrm{d}\xi}, & \displaystyle\int_{\Omega_i} q \,\mathrm{d}x \neq 0 \end{cases} \tag{6-62}$$

其中,$\sigma(x) = \mathrm{trace}(\boldsymbol{K})/d$,$d$ 为维数。

多尺度基函数要满足质量守恒,小尺度问题必须采用一种质量守恒方法求解,如有限体积法,求解方法的选取还与局部网格结构有关。

将每个粗网格的压力看作常函数,则压力基函数 $\phi_i \in V$ 满足:

$$\phi_i(x) = \begin{cases} 1, & x \in \Omega_i \\ 0, & x \notin \Omega_i \end{cases}$$

3)全局大尺度方程

首先将局部流动问题求解得到的多尺度基函数分为两部分:

$$\psi_{ij} = \psi_{ij}^H - \psi_{ji}^H$$

其中:

$$\psi_{ij}^H(E) = \begin{cases} \psi_{ij}(E), & E \in \Omega_{ij}\Omega_j \\ 0, & E \notin \Omega_i \end{cases}$$

$$\psi_{ji}^H(E) = \begin{cases} -\psi_{ij}(E), & E \in \Omega_j \\ 0, & E \notin \Omega_j \end{cases}$$

令 ψ 是以所有基函数 ψ_{ij}^H 作为列向量的矩阵。

根据 MsMFEM 原理,小尺度速度和压力可通过多尺度基函数和大尺度值表示,则有:

$$v^f = \psi A^{-1} q^c, \quad p^f = I p^c$$

其中,上标 c 和 f 分别表示小尺度和大尺度;A 为面积矩阵;I 是粗网格到细网格的变换单元,若第 i 个粗网格包含第 j 个细网格,则 $I_{ij}=1$,否则 $I_{ij}=0$。

对于粗网格,表面压力 λ^c 可表示为:

$$\lambda_i^c = \int_{\Gamma_{ij}} \lambda^f \psi_{ij} \cdot n \, ds$$

令 J 是粗网格表面到细网格表面的变换矩阵,若第 i 个粗网格表面包含第 j 个细网格表面,则 $J_{ij}=1$,否则 $J_{ij}=0$,那么大尺度表面压力 λ^f 与小尺度表面压力 λ^c 对应关系可表示为:

$$\lambda^f = J \lambda^c$$

对小尺度方程进行组装,得到大尺度方程组为:

$$\begin{bmatrix} B^c & C^c & D^c \\ C^{cT} & 0 & 0 \\ D^{cT} & 0 & 0 \end{bmatrix} \begin{bmatrix} v^c \\ -p^c \\ \lambda^c \end{bmatrix} = \begin{bmatrix} 0 \\ q^c \\ 0 \end{bmatrix} \tag{6-63}$$

其中:

$$B^c = \Psi^T B^f \Psi, \quad C^c = \Psi^T C^f Y, \quad D^c = \Psi^T C^f J, \quad q^c = Y^T q^f.$$

6.5.3 数值模拟算例

如图 6-21 所示缝洞模型,分别用 MsFEM 和有限元法(FEM)进行模拟计算。模型大小为 25 m × 25 m,左右边界为定压边界,压力梯度为 1.0 Pa/m;上下边界为不渗透边界。多孔介质区域渗透率为 1×10^{-6} m²。裂缝开度为 10 cm。

图 6-22 和 6-23 分别给出了 FEM 和 MsMFEM 计算得到的压力和速度分布图以及 $y = 10$ m 处两种方法求得的压力和速度曲线。从图中可以看出,MsMFEM 得到的压力和速度分布与参考解分布基本一致,相对误差维持在 6% 以内,模拟结果良好;同时,在采用相同细

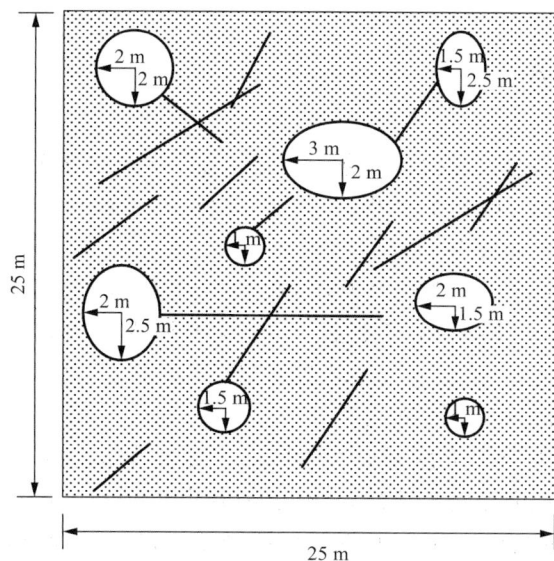

图 6-21　缝洞模型示意图

网格数目条件下，MsMFEM 比精细求解计算速度提高了约 1.2 倍。经过结果对比发现，黏滞项 $\widetilde{\mu}\triangle v$ 中的 $\widetilde{\mu}=\mu$ 相对 $\widetilde{\mu}=0$ 时的计算结果误差数量级为 10^{-11}，因此，黏滞项 $\widetilde{\mu}\triangle v$ 在渗流区域模拟中产生的误差可以忽略。

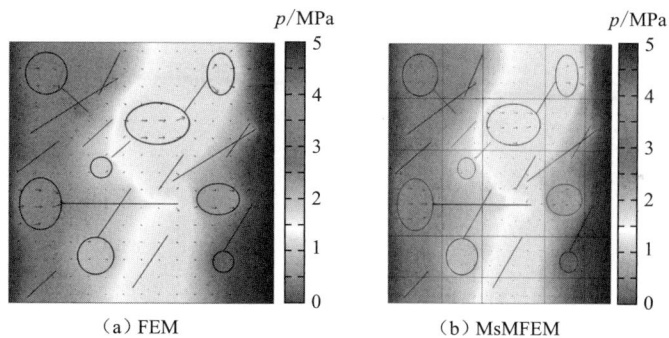

（a）FEM　　　　　（b）MsMFEM

图 6-22　压力和速度分布图

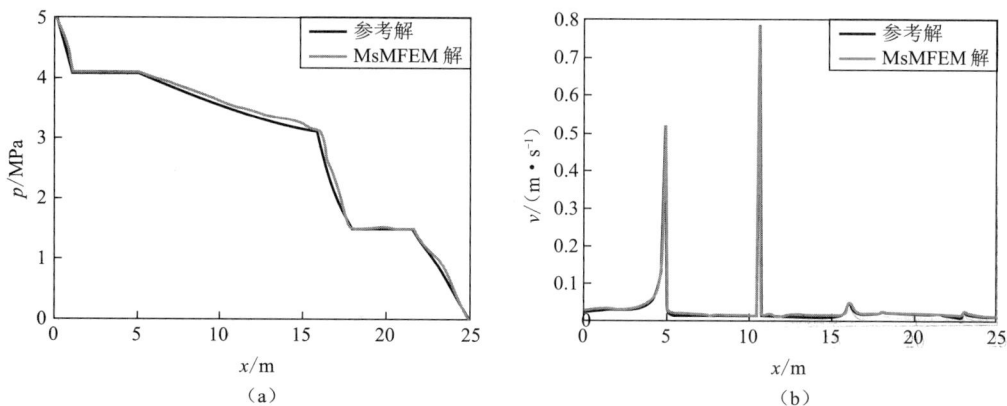

（a）　　　　　　　（b）

图 6-23　缝洞模型参考解与 MsMFEM 求解的压力和速度对比曲线

157

6.6 本章小结

本章针对碳酸盐岩油藏多尺度模拟进行详细介绍,分别对非均质油藏、裂缝性油藏、缝洞型油藏建立了相应的多尺度数学模型,提出了一套适用于碳酸盐岩油藏多尺度模拟的理论及方法。具体研究工作和结论如下:

(1) 对非均质油藏建立了二维多尺度模型,基于多尺度混合有限元法形成了相应的多尺度模拟机方法,通过数值算例验证了数值方法的正确性和可靠性。多尺度法求解结果与精细网格求解结果基本一致,既可大大节省计算量,又能保证计算精度,在处理非均质油藏流体各种流动问题上具有显著的优越性。

(2) 对于裂缝性油藏,基于离散裂缝模型建立了裂缝性油藏多尺度数学模型,通过利用全局信息的多尺度有限元法对模型进行分析,通过数值算例验证了数值方法的正确性。

(3) 基于离散缝洞网络模型建立了缝洞型油藏多尺度数学模型,采用多尺度混合有限元法对模型进行模拟,模拟结果表明,多尺度方法能够有效反映缝洞型油藏的渗流特征。

参考文献

［1］ 徐博. 2013 年国内外油气行业发展报告［R］. 北京：中国石油集团经济技术研究院，2013.

［2］ 姚军，王子胜. 缝洞型碳酸盐岩油藏试井解释理论与方法［M］. 东营：中国石油大学出版社，2007.

［3］ 焦方正，窦之林，等. 塔河碳酸盐岩缝洞型油藏开发研究与实践［M］. 北京：石油工业出版社，2008.

［4］ 李阳. 塔河油田碳酸盐岩缝洞型油藏开发理论及方法［J］. 石油学报，2013，34(1)：115-121.

［5］ Barrenblatt G I，Zehltov Yu P，Kochina I N. Basic concepts in the theory of seepage of homogeneous liquids in fissured rocks［J］. Journal of Applied Mathematics and Mechanics，1960，24(5)：1 286-1 303.

［6］ Warren J E，Root P J. The behavior of naturally fractured reservoirs［J］. SPE Journal，1963，245-255.

［7］ Kazemi H，Merrill L S Jr，Porterfield K L，et al. Numerical simulation of water-oil flow in naturally fractured reservoirs［J］. Society of Petroleum Engineers Journal，1976，16(06)：317-326.

［8］ Saidi A M. Simulation of naturally fractured reservoirs［C］. SPE-12270-MS，SPE Reservoir Simulation Symposium，15-18 November，San Francisco，California，Society of Petroleum Engineers，1983.

［9］ Thomas L K，Dixon T N，Pierson R G. Fractured reservoir simulation［J］. Society of Petroleum Engineers Journal，1983，23(01)：42-54.

［10］ Coats K H. Implicit compositional simulation of single-porosity and dual-porosity reservoirs［J］. SPE 18427，1989.

［11］ Ueda Y，Murata S，Watanabe Y，et al. Investigation of the shape factor used in the dual-porosity reservoir simulator［C］. SPE-19469-MS，SPE Asia-Pacific Conference，13-15 September，Sydney，Australia，Society of Petroleum Engineers，1989.

［12］ Pruess K. A practical method for modeling fluid and heat flow in fractured porous media［J］. Old SPE Journal，1985，25(1)：14-26.

［13］ Wu Y S，Pruess K. A multiple-porosity method for simulation of naturally fractured petroleum reservoirs［J］. SPE Reservoir Engineering，1988，3(1)：327-336.

［14］ 刘慈群. 三重介质弹性渗流方程组的精确解［J］. 应用数学和力学，1981，2(4)：419-

424.

[15] 常学军,姚军,戴卫华,等. 裂缝和洞与井筒连通的三重介质油藏试井解释方法研究[J]. 水动力学研究与进展,2004,19(3):339-346.

[16] 姚军,戴卫华,王子胜. 变井筒储存的三重介质油藏试井解释方法研究[J]. 石油大学学报(自然科学版),2004,28(1):46-51.

[17] 康志江. 缝洞型碳酸盐岩油藏数值模拟新方法[J]. 大庆石油地质与开发,2010,29(1):29-32.

[18] Wu Y S,Di Y,Kang Z,et al. A multiple-continuum model for simulating single-phase and multiphase flow in naturally fractured vuggy reservoirs[J]. Journal of Petroleum Science and Engineering,2011,78(1):13-22.

[19] 张有天. 岩石水力学与工程[M]. 北京:中国水利水电出版社,2005:112-114.

[20] 周志芳,王锦国. 裂隙介质水动力学[M]. 北京:中国水利水电出版社,2004.

[21] 王月英,姚军,黄朝琴. 裂隙岩体流动模型综述[J]. 大庆石油学院学报,2011,35(5):42-48.

[22] 严侠,黄朝琴,孙红霞,等. 基于超样本技术的裂缝性油藏等效渗透率计算新方法[C]//第十二届全国渗流力学学术会论文集. 东营:中国石油大学出版社,2013.

[23] Snow D. Rock-fracture spacing,openings and porosities[J]. J. Soil Mech. Founda. Div. ASCE,1968,94:73-91.

[24] Noorishad J,Mehran M. An upstream finite element method for solution of transient transport equation in fractured porous media[J]. Water Resources Research,1982,18(3):588-96.

[25] Kim J G,Deo M D. Finite element,discrete-fracture model for multiphase flow in porous media[J]. AIChE Journal,2000,46(6):1 120-1 130.

[26] 姚军,黄朝琴,王子胜,等. 缝洞型油藏的离散缝洞网络流动数学模型[J]. 石油学报,2010,31(5):15-20.

[27] Van Golf-Racht. Fundamentals of fractured reservoir engineering[M]. New York:Elsevier,1989.

[28] 袁士义,宋新民,冉启全. 裂缝性油藏开发技术[M]. 北京:石油工业出版社,2004.

[29] Slough K,Sudicky E,Forsyth P. Numerical simulation of multiphase flow andphase partitioning in discretely fractured geologic media[J]. Journal of Contaminant Hydrology,1999,40(2):107-136.

[30] Rutqvist J,Wu Y S,Tsang C F,et al. A modelling approach for analysis of coupled multiphase fluid flow,heat transfer,and deformation in fractured porous rock[J]. Int. J. Rock Mech. Min. Sci.,2002,39(4):429-442.

[31] Reichenberger V,Jakobs H,Bastian P,et al. A mixed-dimensional finite volume method for two-phase flow in fractured porous media[J]. Advances in Water Resources,2006,29(7):1 020-1 036.

[32] 冯金德,程林松,常毓文,等. 裂缝各向异性油藏渗流特征[J]. 中国石油大学学报(自然科学版),2009,33(1):78-82.

［33］ 姚军,王子胜,张允,等. 天然裂缝性油藏的离散裂缝网络数值模拟方法[J]. 石油学报,2010,31(2):91-95.

［34］ 周志芳,等. 裂隙介质水动力学原理[M]. 北京:高等教育出版社,2007.

［35］ 黄朝琴,姚军,吕心瑞,等. 介质间流体交换对裂隙介质渗流的影响研究[J]. 中国石油大学学报(自然科学版),2010,34(2):93-97.

［36］ 张奇华,邬爱清. 三维任意裂隙网络渗流模型及其解法[J]. 岩石力学与工程学报,2010,29(4):720-730.

［37］ Karimi-Fard M,Firoozabadi A. Numerical simulation of water injection in fractured media using the discrete-fracture model and the Galerkin method[J]. SPE Reservoir Evaluation & Engineering,2003,6(02):117-126.

［38］ Arnaud Lange,Remy Basquet,Bernard Bourbiaux. Hydraulic characterization of faults and fractures using a dual medium discrete fracture network simulator[C]. SPE 88675, The 11th Abu Dhabi International Petroleum Exhibition and Conference,Abu Dhabi,U.A.E.,2004.

［39］ Bastian P,Chen Z,Ewing R E,et al. Numerical simulation of multiphase flow in fractured porous media[M]//Numerical treatment of multiphase flows in porous media. Berlin:Springer,2000.

［40］ Geiger S,Roberts S,Matthäi S K,et al. Combining finite element and finite volume methods for efficient multiphase flow simulations in highly heterogeneous and structurally complex geologic media[J]. Geofluids,2004,4(4):284-299.

［41］ 黄朝琴,姚军,王月英,等. 基于离散裂缝模型的裂缝性油藏注水开发数值模拟[J]. 计算物理,2011,28(1):41-49.

［42］ 吕心瑞. 基于控制体积方法的离散裂缝网络模型流动模拟研究[D]. 青岛:中国石油大学(华东),2010.

［43］ 吕心瑞,姚军,黄朝琴,等. 基于有限体积法的离散裂缝模型两相流动模拟[J]. 西南石油大学学报,2013,34(6):123-130.

［44］ Lee S H,Lough M F,Jensen C L. Hierarchical modeling of flow in naturally fractured formations with multiple length scales[J]. Water Resources Research,2001, 37(3):443-455.

［45］ Li L,Lee S H. Efficient field-scale simulation of black oil in a naturally fractured reservoir through discrete fracture networks and homogenized media[J]. SPE Reservoir Evaluation & Engineering,2008,11(04):750-758.

［46］ Moinfar A,Varavei A,Sepehrnoori K,et al. Development of a novel and computationally efficient discrete-fracture model to study IOR processes in naturally fractured reservoirs[C]. SPE-154246-MS,SPE Improved Oil Recovery Symposium 14-18 April,Tulsa,Oklahoma,USA,2012.

［47］ Panfili P,Cominelli A,Scotti A. Using embedded discrete fracture models(EDFMs) to simulate realistic fluid flow problems[C]. Second Workshop on Naturally Fractured Reservoirs 8-11 December,Muscat,Oman,2013.

[48] 周方奇,施安峰,王晓宏.压裂油藏导流裂缝多相流动的高效有限差分模型[J].石油勘探与开发,2014,41(2):239-243.

[49] 严俠,黄朝琴,姚军,等.基于模拟有限差分的嵌入式离散裂缝数学模型[J].中国科学:技术科学,2014.(出版中)

[50] 张娜,姚军,黄朝琴,等.多孔介质两相流的局部守恒有限元分析[J].计算物理,2013,30(5):667-674.

[51] Monteagudo J E P,Firoozabadi A. Control-volume model for simulation of water injection in fractured media:incorporating matrix heterogeneity and reservoir wettability effects[J]. SPE Journal,2007,12(03):355-366.

[52] Matthäi S K,Belayneh M. Fluid flow partitioning between fractures and a permeable rock matrix[J]. Geophysical Research Letters,2004,31(7):L07602.

[53] Reichenberger V,Jakobs H,Bastian P,et al. A mixed-dimensional finite volume method for two-phase flow in fractured porous media[J]. Advances in water resources,2006,29(7):1 020-1 036.

[54] Granet S,Fabrie P,Lemonnier P,et al. A single-phase flow simulation of fractured reservoir using a discrete representation of fractures[C]. 6th European Conference on the Mathematics of Oil Recovery,Peebles,Scotland,8-11 September,1998.

[55] Karimi-Fard M,Durlofsky L J,Aziz K. An efficient discrete-fracture model applicable for general-purpose reservoir simulators[J]. SPE Journal,2004,9(02):227-236.

[56] Sandve T H,Berre I,Nordbotten J M. An efficient multi-point flux approximation method for Discrete Fracture-Matrix simulations[J]. Journal of Computational Physics,2012,231(9):3 784-3 800.

[57] Raviart P A,Thomas J M. A mixed finite element method for 2-nd order elliptic problems[M]//Mathematical aspects of finite element methods. Berlin:Springer,1977:292-315.

[58] Hoteit H,Firoozabadi A. Compositional modeling of discrete-fractured media without transfer functions by the discontinuous Galerkin and mixed methods[J]. SPE Journal,2006,11(3):341-352.

[59] Huang Z Q,Yan X,Yao J. A Two-phase flow simulation of discrete-fractured Media using mimetic finite difference method[J]. Communications in Computational Physics,2014,16(3):799-816.

[60] Brezzi F,Lipnikov K,Simoncini V. A family of mimetic finite difference methodson polygonal and polyhedral meshes[J]. Mathematical Models and Methods in Applied Sciences,2005,15(10):1 533-1 551.

[61] Lie K A,Krogstad S,Ligaarden I S,et al. Open-source MATLAB implementation of consistent discretisations on complex grids[J]. Computational Geosciences,2012,16(2):297-322.

[62] Lipnikov K,Manzini G,Shashkov M. Mimetic finite difference method[J]. Journal of Computational Physics,2014,257:1 163-1 227.

［63］ Reddy J N. An introduction to the finite element method［M］. New York：McGraw-Hill Inc.,1993：232-233.

［64］ Rainer Helmig,Ralf Huber. Comparison of Galerkin-type discretization techniques for two-phase flow in heterogeneous porous media［J］. Advances in Water Resources,1998,21(8):697-711.

［65］ Dalen V. Simplified finite-element models for reservoir flow problems［J］. SPE J.,1979：333-343.

［66］ Durlofsky L J. A triangle based mixed finite element-finite volume technique for modeling two phase flow through porous media［J］. Journal of Computational Physics,1993,105(2):252-266.

［67］ 王勖成. 有限单元法［M］.北京：清华大学出版社,2003.

［68］ Edward M G. Unstructured,control-volume distributed,full-tensor finite-volume schemes with flow based grids［J］. Computational Geosciences,2002,6(3-4):433-452.

［69］ Durlofsky L J. Accuracy of mixed and control volume finite element approximations to Darcy velocity and related quantities［J］. Water Resources Research,1994,30(4):965-973.

［70］ Lucia F J. Carbonate reservoir characterization［M］. Berlin：Springer,2007.

［71］ Eezeybek S,Akin S. Pore netwpork modeling of multiphase flow in fissured and vuggy carbonates［C］. SPE 113384,2008 SPE/DOE Improved Oil Recovery Symposium,Tulsa,Oklahoma,USA,19-23 April,2008.

［72］ Popov P,Qin G,Bi L,et al. Multiscale methods for modeling fluid flow through naturally fractured carbonate karst reservoirs［J］. SPE Reservoir Evaluation & Engineering,2009,12(2):218-231.

［73］ 郑松青,李阳,张望明,等. 缝洞型油藏复合介质模型及流体流动数学模型［J］. 大庆石油地质与开发,2009,28(2):63-66.

［74］ 吴玉树,葛家理. 三重介质裂-隙油藏中的渗流问题［J］. 力学学报,1983,19(1):81-85.

［75］ Abdassah D,Ershaghi I. Triple-porosity systems for representing naturally fractured reservoirs［J］. SPE Formation Evaluation,1986,1(2):113-127.

［76］ Liu J,Bodvarsson G,Wu Y S. Analysis of flow behavior in fractured lithophysal reservoirs［J］. Journal of Contaminant Hydrology,2003,62-63:189-211.

［77］ 杨坚,姚军,王子胜. 三重介质复合油藏压力动态特征研究［J］. 水动力学研究与进展A辑,2005,20(4):418-425.

［78］ Camacho-Velazquez R,Vasquez-Cruz M,Castrejon-Aivar R,et al. Pressure transient and decline curve behaviors in naturally fractured vuggy carbonate reservoirs［J］. SPE Reservoir Evaluation & Engineering,2005,8(2):95-112.

［79］ Wu Y S,Liu H,Bodvarsson G. A triple-continuum approach for modeling flow and transport processes in fractured rock［J］. Journal of Contaminant Hydrology,2004,73(1-4):145-179.

[80] Wu Y S,Qin G,Ewing R,et al. A multiple-continuum approach for modeling multi-phase flow in naturally fractured vuggy petroleum reservoirs[C]. SPE 104173,2006 SPE International oil & Gas Conference and Exhibition,Beijing,China,5-7 December,2006.

[81] Wu Y S,Ehlig-Economides C,Qin G,et al. A triple-continuum pressure-transient model for a naturally fractured vuggy reservoir[C]. SPE 110044,2007 SPE Annual Technical Conference and Exhibition,Anaheim,California,U.S.A.,11-14 November,2007.

[82] 张德志,姚军,王子胜,等. 三重介质油藏试井解释模型及压力特征[J]. 新疆石油地质,2008,29(2):222-226.

[83] Arbogast T,Brunson D S,Bryant S L,et al. A preliminary computational investigation of a macro-model for vuggy porous medium[C]. Computational Methods in Water Resources XV,New York,2004.

[84] Louis C,Wittke W. Experimental study of water flow in jointed rock masses[J]. Tachien Project Formosa Geotechnique,1971,21(1):29-35.

[85] Wilson C R,Witherspoon P A. Steady state flow in rigid networks of fractures[J]. Water Resources Research,1974,10(2):328-335.

[86] Baca R,Arnett R,Langford D. Modelling fluid flow in fractured-porous rock masses by finite-element techniques[J]. International Journal for Numerical Methods in Fluids,1984,4(4):337-348.

[87] Huang Z Q,Yao J,Wang Y Y,et al. Numerical study on two-phase flow through fractured porous media[J]. Science China Technological Sciences,2011,54(9):2 412-2 420.

[88] Yao J,Huang Z Q,Li Y J,et al. Discrete fracture-vug network model for modeling fluid flow in fractured vuggy porous media[C]. SPE 130287,the CPS/SPE International Oil & Gas Conference and Exhibition,Beijing,China,8-10 June,2010.

[89] Rhodes C A,Rouleau W T. Hydrodynamic lubrication of partial porous metal bearings[J]. Journal of Basic Engineering,1966,88(1):53-60.

[90] Beavers G S,Joseph D D. Boundary conditions at a naturally permeable wall[J]. J. Fluid Mech.,1967,30(1):197-207.

[91] Beavers G S,Sparrow E M,Magnuson R A. Experiments on coupled parallel flows in a channel and a bounding porous medium[J]. Journal of Basic Engineering,1970,92(4):843-848.

[92] Beavers G,Sparrow E,Masha B. Boundary condition at a porous surface which bounds a fluid flow[J]. AIChE Journal,1974,20(3):596-597.

[93] Saffman P G. On the boundary condition at the surface of a porous medium[J]. Stud. Appl. Math.,1971,50(2):93-101.

[94] Dagan G. The generalization of Darcy's law for nonuniform flows[J]. Water Resources Research,1979,15(1):1-7.

[95] Taylor G. A model for the boundary condition of a porous material. Part 1[J]. Journal of Fluid Mechanics,1971,49(02):319-326.

[96] Richardson S. A model for the boundary condition of a porous material. Part 2[J]. Journal of Fluid Mechanics,1971,49(02):327-336.

[97] Jones I. Low Reynolds number flow past a porous spherical shell[J]. Mathematical Proceedings of the Cambridge Philosophical Seciety,1973,73(01):231-238.

[98] Jäger W,Mikelić A. On the interface boundary condition of Beavers,Joseph,and Saffman[J]. SIAM Journal on Applied Mathematics,2000,60(4):1 111-1 127.

[99] Jäger W,Mikelić A. Modeling effective interface laws for transport phenomena between an unconfined fluid and a porous medium using homogenization[J]. Transport in porous media,2009,78(3):489-508.

[100] Goyeau B,Lhuillier D,Gobin D,et al. Momentum transport at a fluid-porous interface[J]. International Journal of Heat and Mass Transfer,2003,46(21):4 071-4 081.

[101] Zhang Q,Prosperetti A. Pressure-driven flow in a two-dimensional channel with porous walls[J]. Journal of Fluid Mechanics,2009,631:1-21.

[102] Liu Q,Prosperetti A. Pressure-driven flow in a channel with porous walls[J]. Journal of Fluid Mechanics,2011,679:77-100.

[103] Neale G,Nader W. Practical significance of Brinkman's extension of Darcy's law: Coupled parallel flows within a channel and a bounding porous medium[J]. The Canadian Journal of Chemical Engineering,1974,52(4):475-478.

[104] Ochoa-Tapia J A,Whitaker S. Momentum transfer at the boundary between a porous medium and a homogeneous fluid— I . Theoretical development[J]. International Journal of Heat and Mass Transfer,1995,38(14):2 635-2 646.

[105] Ochoa-Tapia J A,Whitaker S. Momentum transfer at the boundary between a porous medium and a homogeneous fluid— II . Comparison with experiment[J]. International Journal of Heat and Mass Transfer,1995,38(14):2 647-2 655.

[106] Chandesris M,Jamet D. Boundary conditions at a planar fluid-porous interface for a Poiseuille flow[J]. International Journal of Heat and Mass Transfer,2006,49(13):2 137-2 150.

[107] Chandesris M,Jamet D. Derivation of jump conditions for the turbulence k-model at a fluid/porous interface[J]. International Journal of Heat and Fluid Flow,2009,30(2):306-318.

[108] Jamet D,Chandesris M. On the intrinsic nature of jump coefficients at the interface between a porous medium and a free fluid region[J]. International Journal of Heat and Mass Transfer,2009,52(1):289-300.

[109] Nield D. The Beavers-Joseph boundary condition and related matters:A historical and critical note[J]. Transport in Porous Media,2009,78(3):537-540.

[110] Le Bars M,Worster M. Interfacial conditions between a pure fluid and a porous

medium: implications for binary alloy solidification[J]. Journal of Fluid Mechanics,2006,550(1):149-173.

[111] Mosthaf K,Baber K,Flemisch B,et al. A coupling concept for two-phase compositional porous-medium and single-phase compositional free flow[J]. Water Resources Research,2011,47(10):W10522.

[112] Bear J. Dynamics of fluids in porous media[M]. New York:Dover Publications,1972.

[113] Slattery J C. Flow of viscoelastic fluids through porous media[J]. AIChE Journal,1967,13(6):1 066-1 071.

[114] Whitaker S. The method of volume averaging[M]. Berlin:Springer,1999.

[115] Truesdell C,Toupin R. The classical field theories[M]. Berlin:Springer,1960.

[116] Whitaker S. Flow in porous media Ⅰ. A theoretical derivation of Darcy's law[J]. Transport in Porous Media,1986,1(1):3-25.

[117] Whitaker S. Flow in porous media Ⅱ. The governing equations for immiscible, two-phase flow[J]. Transport in Porous Media,1986,1(2):105-205.

[118] Drew D. Mathematical modeling of two-phase flow[J]. Annual Review of Fluid Mechanics,1983,15(1):261-291.

[119] Mat M D,Ilegbusi O J. Application of a hybrid model of mushy zone tomacro segregation in alloy solidification[J]. International Journal of Heat and Mass Transfer,2002,45(2):279-289.

[120] Harlow F H,Amsden A A. A numerical fluid dynamics calculation method for all flow speeds[J]. Journal of Computational Physics,1971,8(2):197-213.

[121] Brooks A N,Hughes T J R. Streamline upwind/Petrov-Galerkin formulations for convection dominated flows with particular emphasis on the incompressible Navier-Stokes equations[J]. Computer methods in applied mechanics and engineering,1982,32(1):199-259.

[122] Hughes T J R,Franca L P,Balestra M. A new finite element formulation for computational fluid dynamics:V. Circumventing the Babuska-Brezzi condition:A stable Petrov-Galerkin formulation of the Stokes problem accommodating equal-order interpolations[J]. Computer Methods in Applied Mechanics and Engineering,1986,59(1):85-99.

[123] Popov P,Efendiev Y,Qin G. Multiscale modeling and simulations of flows in naturally fractured karst reservoirs[J]. Commun. Comput. Phys.,2009,6(1):162-184.

[124] Qin G,Bi L,Popov P,et al. An efficient upscaling procedure based on Stokes-Brinkman model and discrete fracture network method for naturally fractured carbonate karst reservoirs[C]. SPE-132236-MS, the CPS/SPE International Oil and Gas Conference and Exhibition,Beijing,China,8-10 June,2010.

[125] Baecher G B. Statistical analysis of rock mass fracturing[J]. Mathematical Geology,1983,15(2):329-348.

[126] Lehmer D H. Mathematical methods in large-scale computing units[C]. 2nd Symp. on Large-scale Digital Calculating Machinery,1951.

[127] Long J C S,Remer J S,Wilson C R,et al. Porous media equivalents for networks of discontinuous fractures[J]. Water Resources Research,1982,18(3):645-658.

[128] Oda M. Permeability tensor for discontinuous rock masses[J]. Geotechnique,1985,35 (4):483-495.

[129] 田开铭,万力. 各向异性裂隙介质渗透性的研究与评价[M]. 北京:学苑出版杜,1989.

[130] 刘建军,刘先贵,胡雅礽,等. 裂缝性砂岩油藏渗流的等效连续介质模型[J]. 重庆大学学报:自然科学版,2000(z1):158-161.

[131] Louis C. Rock hydraulics[M]//Rock mechanics. Vienna:Springer,1972:299-387.

[132] 周德华,焦方正,葛家理. 裂缝渗流研究最新进展[J]. 海洋石油,2004,24(2):34-38.

[133] Wilson C R,Witherspoon P A,Long J C S,et al. Large-scale hydraulic conductivity measurements in fractured granite[J]. Int. J. Rock Mech. Min. Sci. & Geomech. Abstr.,1983,20(6):269-276.

[134] Long J C S,Witherspoon P A. The relationship of the degree of interconnection to permeability in fractured networks[J]. Journal of Geophysical Research,1985,90 (134):3 087-3 098.

[135] Neale G,Nader W. The permeability of a uniformly vuggy porous medium[J]. Old SPE Journal,1973,13(2):69-74.

[136] Arbogast T,Brunson D S,Bryant S L,et al. A preliminary computational investigation of a macro-model for vuggy porous media[J]. Developments in Water Science,2004,55:267-278.

[137] Arbogast T,Lehr H L. Homogenization of a Darcy-Stokes system modeling vuggy porous media[J]. Computational Geosciences,2006,10(3):291-302.

[138] Arbogast T,Brunson D S. A computational method for approximating a Darcy-Stokes system governing a vuggy porous medium[J]. Computational Geosciences,2007,11(3):207-218.

[139] Arbogast T,Gomez M S M. A discretization and multigrid solver for a Darcy-Stokes system of three dimensional vuggy porous media[J]. Computational Geosciences,2009,13(3):331-348.

[140] Huang Z Q,Yao J,Li Y J,et al. Permeability analysis of fractured vuggy porous media based on homogenization theory[J]. SCIENCE CHINA Technological Sciences,2010,53(3):839-847.

[141] Huang Z Q,Yao J,Li Y J,et al. Numerical calculation of equivalent permeability tensor for fractured vuggy porous media based on homogenization theory[J]. Commun. Comput. Phys.,2011,9(1):180-204.

[142] Huang Z Q,Yao J,Wang Y Y. An efficient numerical model for immiscible two-phase flow in fractured karst reservoirs[J]. Commun. Comput. Phys.,2013,13

(2):540-558.

[143] Durlofsky L J. Numerical calculation of equivalent grid block permeability tensors for heterogeneous porous media[J]. Water Resources Research,1991,27(5):699-708.

[144] Aarnes J E,Lie K A,Kippe V,et al. Multiscale methods for subsurface flow[M]// Multiscale modeling and simulation in science. Berlin:Springer,2009:3-48.

[145] Efendiev Y,Durlofsky L. Numerical modeling of subgrid heterogeneity in two phase flow simulations[J]. Water Resour. Res.,2002,38(8):1 128.

[146] Benssousan A,Lions J L,Papanicoulau G. Asymptotic analysis for periodic structures[M]. Amesterdam:NorthHolland,1978.

[147] Auriault J L. Heterogeneous medium:Is an equivalent macroscopic description possible [J]. Int. J. Eng. Sci.,1991,29(7):785-795.

[148] Allaire G. Homogenization and two-scale convergence[J]. SIAM J. Math. Anal.,1992,23(6):1 482-1 518.

[149] Hornung U. Homogenization and porous media[M]. New York:Springer-Verlag Inc.,1997.

[150] Hearn C L. Simulation of stratified waterflooding by pseudo relative permeability curves[J]. SPE Journal of Petroleum Technology,1971,23(7):805-813.

[151] Talleria M S,Virues C J J,Crotti M A. Pseudo relative permeability functions limitations in the use of the frontal advance theory for 2-Dimensional systems[C]. Paper SPE 54004,presented at the SPE Latin American and Caribbean Petroleum Engineering Conference,Caracas,Venezuela,21-23 April,1999.

[152] Van Golf-Racht T D. Fundamentals of fractured reservoir engineering[M]. Amsterdam:Elsevier Publishing Co.,1982.

[153] Pruess K,Wang J S Y,Tsang Y W. On the thermohydrologic conditions nearhigh-level nuclear wastes emplaced in partially saturated fractured tuff,Part 2. Effective continuum approximation[J]. Water Resources Res.,1990,26(6):1 249-1 261.

[154] Van Lingen P,Daniel J M,Cosentino L,et al. Single medium simulation of reservoirs with conductive faults and fractures[C]. Paper SPE 68165,presented at the SPE Middle East Oil Show,Bahrain,17-20 March,2001.

[155] Rida Abdel-Ghani. Single porosity simulation of fractures with low to medium fracture-to-matrix permeability contrast[C]. SPE 125565,presented at the 2009 SPE/EAGE Reservoir Characterization and Simulation Conference held in Abu Dhabi,UAE,19-21 October,2009.

[156] Durlofsky L J. A triangle based mixed finite element-finite volume technique for modeling two phase flow through porous media[J]. Journal of Computational Physics,1993,105(2):252-266.

[157] Yotov I. Mixed finite element methods for flow in porous media[D]. College Station:Texas A&M University,1996.

[158] Aarnes J E,Gimse T,Lie K A. An introduction to the numerics of flow in porous media using matlab[M]//Geometric modelling,numerical simulation,and optimization. Berlin:Springer,2007:265-306.

[159] Afif M,Amaziane B. On convergence of finite volume schemes for one-dimensional two-phase flow in porous media[J]. J. Comput. Appl. Math.,2002,145(1):31-48.

[160] Afif M,Amaziane B. Convergence of finite volume schemes for a degenerate convection-diffusion equation arising in flow in porous media[J]. Comput. Methods Appl. Mech. Engrg.,2002,191(46):5 265-5 286.

[161] Afif M,Amaziane B. Numerical simulation of two-phase flow through heterogeneous porous media[J]. Numerical Algorithms,2003,34(2-4):117-125.

[162] Bour O,Davy P. Connectivity of random fault networks following a power law fault length distribution. Water Resources Research,1997,33(7):1 567-1 583.

[163] Bour O,Davy P. On the connectivity of three-dimensional fault networks[J]. Water Resources Research,1998,34(10):2 611-2 622.

[164] Dreuzy J R,Davy P,Bour O. Hydraulic properties of two-dimensional random fracture networks following a power law length distribution:1. Effective connectivity [J]. Water Resources Research,2001,37(8):2 065-2 078.

[165] Karimi-Fard M,Gong B,Durlofsky L. Generation of coarse-scale continuum flow models from detailed fracture characterizations[J]. Water Resources Research,2006,42(10):W10423.

[166] Gong B,Karimi-Fard M,Durlofsky L. An upscaling procedure for constructing generalized dual-porosity/dual-permeability models from discrete fracture characterizations:proceedings of the SPE Annual Technical Conference and Exhibition. Society of Petroleum Engineers,2006.

[167] Lee S,Lough M,Jensen C. Hierarchical modeling of flow in naturally fractured formations with multiple length scales[J]. Water Resources Research,2001,37(3):443-455.

[168] Sarda S,Jeannin L,Basquet R,et al. Hydraulic characterization of fractured reservoirs:Simulation on discrete fracture models[J]. SPE Reservoir Evaluation & Engineering,2002,5(2):154-62.

[169] 王月英,姚军,黄朝琴. 裂隙岩体流动模型综述[J]. 大庆石油学院学报,2011,35 (5):42-8.

[170] Brandt A. Multi-level adaptive solutions to boundary value problems[J]. Math. Comput.,1977,31(138):333-339.

[171] Babuška I,Rheinboldt C. A posteriori error estimates for the finite element method[J]. International Journal for Nemerical Methods in Engineering,1978,12(10): 1 597-1 615.

[172] Guo B Q,Babuška I. The h-p version of the finite element method. Part 1,The basic approximation results[J]. Comput. Mech.,1986,1(3):21-41.

[173] Schwarz H A. Gesammelte mathematische abhandlungen[B]. Berlin:Spdnger,1890.

[174] Kevrekidis I G, Gear C W, Hyman J M, et al. The odoropoulos, equation-free, coarse-grained multiscale computation: Enabling microscopic simulators to perform system-level analysis[J]. Commun. Math. Sci.,2003,1(4):715-762.

[175] Cui J,Cao L. Two-scale asymptotic analysis method for a class of elliptic boundary value problems with small periodic coefficients[J].Mathematic Numerical Science, 1999,21(1):19-28.

[176] Dorobantu M,Engquist B. Wavelet-based numerical homogenization[J]. SIAM J. Numer. Anal.,1998,35(2):540-559.

[177] Hughes T J R. Multiscale phenomena:Green's functions,the Dirichlet-to-Neumann formulation,subgrid scale models,bubbles and the origins of stabilized methods[J]. Comput. Methods Appl. Mech. Eng.,1995,127(1):387-401.

[178] Hughes T J R,Gonzalo R. Feijóo,Luca Mazzei,et al. The variational multiscale method—A paradigm for computational mechanics[J]. Comput. Methods Appl. Mech. Eng.,1998,166(1):3-24.

[179] Hughes T J R,Mazzei L,Jansen K E. Large eddy simulation and the variational multiscale method[J]. Comput. Visual. Sci.,2000,3(1-2):47-59.

[180] Hughes T J R,Mazzei L,Oberai A A,et al. The multiscale formulation of large eddy simulation:Decay of homogeneous isotropic turbulence[J]. Phys. of Fluids, 2001,13(2):505-512.

[181] Hughes T J R,Oberai A A,Mazzei L. Large eddy simulation of turbulent channel flows by the variational multiscale method[J]. Phys. of Fluids,2001,13(6):1 784-1 799.

[182] Nolen J,Papanicolaou G,Pironneau O. A framework for adaptive multiscale methods for elliptic problems[J]. Multiscale Model. Simul.,2008,7(1):171-196.

[183] E Weinan,Engquist B. The heterogeneous multiscale method[J]. Communications in Mathematical Sciences,2003,1(1):87-132.

[184] E Weinan. Analysis of heterogeneous multi-scale method for ordinary differential equations[J]. Communications in Mathematical Sciences,2004,1(3):423-436.

[185] E Weinan,Yue X Y. Heterogeneous methods for locally self-similar problems[J]. Communications in Mathematical Sciences,2004,2(1):137-144.

[186] Ren W Q,E Weinan. Heterogeneous multiscale method of the modeling of complex fluids and micro-fluidies[J]. Journal of Computational Physics,2005,204(1):1-26.

[187] E Weinan,Ming P,Zhang P. Analysis of the heterogeneous multiscale method for elliptic homogenization problems[J]. J. Am. Math. Soc.,2005,18(1):121-156.

[188] Jenny P,Lee S H,Tchelepi H. Multi-scale finite-volume method for elliptic problems in subsurface flow simulation[J]. J. Comput. Phys.,2003,187(1):47-67.

[189] Jenny P,Lee S H,Tchelepi H. Adaptive multiscale finite-volume method for multi-phase flow and transport in porous media[J]. Multiscale Model. Simulat.,2004,3(1):50-64.

[190] 贺新光,任理.求解非均质多孔介质中非饱和水流问题的一种自适应多尺度有限元方法—Ⅰ.数值格式[J].水利学报,2009,40(1):38-45.

[191] 贺新光,任理.求解非均质多孔介质中非饱和水流问题的一种自适应多尺度有限元方法—Ⅱ.数值结果[J].水利学报,2009,40(2):138-144.

[192] Desbarats A J. Scaling of constitutive relationships in unsaturated heterogeneous media:A numerical investigation[J]. Water Resour. Res.,1998,34(6):1 427-1 435.

[193] Neuweiler Insa,Cirpka Olaf A. Homogenization of Richards equation in permeability fields with different connectivities[J]. Water Resour. Res.,2005,41(2):W02009.

[194] McCarthy J F. Comparison of fast algorithms for estimating large-scale permeabilities of heterogeneous media[J]. Transport in Porous Media,1995,19(2):123-137.

[195] Babuška I,Osborn E. Generalized finite element methods:Their performance and their relation to mixed methods[J]. SIAM J. Numer. Anmer.,1983,20(3):510-536.

[196] Babuška I,Caloz G,Osborn E. Special finite element methods for a class of second order elliptic problems with rough coefficients[J]. SIAM J. Numer. Anmer.,1994,31(4):945-981.

[197] Hou T Y,Wu X H. A multiscale finite element method for elliptic problems in composite materials and porous media[J]. Journal of Computational Physics,1997,134(1):169-189.

[198] Hou T Y,Wu X H,Cai Z. Convergence of a multiscale finite element method for elliptic problems with rapidly oscillating coefficients[J]. Math. Comput.,1999,68(227):913-943.

[199] Efendiev Y,Hou T,Ginting V. Multiscale finite element methods for nonlinear problems and their applications[J]. Commun. Math. Sci.,2004,2(4):553-589.

[200] Efendiev Y,Pankov A. Numerical homogenization of nonlinear random parabolic operators[J]. Multiscale Modeling & Simulation,2004,2(2):237-268.

[201] Chen Z,Hou T Y. A mixed finite element method for elliptic problems with rapidly oscillating coefficients[J]. Math. Comput.,2003,72(242):541-576.

[202] Chen Z,Yue X. Numerical homogenization of well singularities in flow and transport through heterogeneous porous media[J]. Multiscale Model. Simul.,2003,1(2):260-303.

[203] Chen J,Cui J. A multiscale finite element method for elliptic problems with highly oscillatory coefficients[J]. Applied Numerical Math.,2004,50(1):1-13.

[204] Allaire G,Brizzi R. A multiscale finite element method for numerical homogenization[J]. Multiscale Model. Simul.,2005,4(3):790-812.

[205] 江山,孙美玲.多尺度有限元法求解奇异摄动反应扩散问题[J].应用基础与工程科学学报,2009,17(5):756-764.

［206］ Kevrekidis I G,Gear C W,Hyman J M,et al. Equation free multiscale computa-tion:Enabling microscopic simulators to perform system-level tasks[J]. Commun. Math. Sci.,2003,1(4):715-762.

［207］ Chen Y,Durlofsky L J. Adaptive local-global upscaling for general flow scenarios in heterogeneous formations[J]. Transport Porous Med.,2006,62(2):157-185.

［208］ Aarnes J. On the use of a mixed multiscale finite element method for greater flexi-bility and increased speed or improved accuracy in reservoir simulation[J]. Multi-scale Modeling & Simulation,2004,2(3):421-439.

［209］ Owhadi H,Zhang L. Metric-based upscaling[J]. Communications on Pure and Ap-plied Mathematics,2007,60(5):675-723.